作者简介 /

About the Authors

王　军，男，1977 年出生，博士，副教授，博士生导师，2011 年毕业于中南大学资源加工与生物工程学院矿物加工工程专业。主要从事矿物加工工程和生物冶金领域研究，发表 SCI 论文 30 篇，EI 论文 40 篇，授权专利 13 项，主持国家级科研项目 5 项。

覃文庆，1969 年出生，博士，二级教授，博士生导师，1997 年毕业于中南大学资源加工与生物工程学院矿物加工工程专业。主要从事矿物加工工程和生物冶金领域研究，发表 SCI 论文 130 篇，EI 论文 170 篇，授权专利 18 项，主持国家级科研项目 15 项。

邱冠周，1949 年出生，博士，一级教授，博士生导师，中国工程院院士，主要从事矿物加工工程和生物冶金领域研究，发表了 97 篇科技论文，出版了 5 部专著，先后获得国家技术发明二等奖 2 项，国家科技进步一等奖 1 项，国家科技进步二等奖 1 项，中国高等学校十大科技进展 2 项；2003 年担任国家自然科学基金创新群体学术带头人，2004 年、2009 年连续两次担任生物冶金领域"国家 973 计划项目"首席科学家，担任 2011 年第 19 届国际生物冶金大会主席，并被推选为国际生物冶金学会副会长。

学术委员会

国家出版基金项目
有色金属理论与技术前沿丛书

主 任
王淀佐　中国科学院院士　中国工程院院士

委 员 （按姓氏笔画排序）

于润沧	中国工程院院士	古德生	中国工程院院士
左铁镛	中国工程院院士	刘业翔	中国工程院院士
刘宝琛	中国工程院院士	孙传尧	中国工程院院士
李东英	中国工程院院士	邱定蕃	中国工程院院士
何季麟	中国工程院院士	何继善	中国工程院院士
余永富	中国工程院院士	汪旭光	中国工程院院士
张文海	中国工程院院士	张国成	中国工程院院士
张 懿	中国工程院院士	陈 景	中国工程院院士
金展鹏	中国科学院院士	周克崧	中国工程院院士
周 廉	中国工程院院士	钟 掘	中国工程院院士
黄伯云	中国工程院院士	黄培云	中国工程院院士
屠海令	中国工程院院士	曾苏民	中国工程院院士
戴永年	中国工程院院士		

总序 /

Preface

当今有色金属已成为决定一个国家经济、科学技术、国防建设等发展的重要物质基础，是提升国家综合实力和保障国家安全的关键性战略资源。作为有色金属生产第一大国，我国在有色金属研究领域，特别是在复杂低品位有色金属资源的开发与利用上取得了长足进展。

我国有色金属工业近 30 年来发展迅速，产量连年来居世界首位，有色金属科技在国民经济建设和现代化国防建设中发挥着越来越重要的作用。与此同时，有色金属资源短缺与国民经济发展需求之间的矛盾也日益突出，对国外资源的依赖程度逐年增加，严重影响我国国民经济的健康发展。

随着经济的发展，已探明的优质矿产资源接近枯竭，不仅使我国面临有色金属材料总量供应严重短缺的危机，而且因为"难探、难采、难选、难冶"的复杂低品位矿石资源或二次资源逐步成为主体原料后，对传统的地质、采矿、选矿、冶金、材料、加工、环境等科学技术提出了巨大挑战。资源的低质化将会使我国有色金属工业及相关产业面临生存竞争的危机。我国有色金属工业的发展迫切需要适应我国资源特点的新理论、新技术。系统完整、水平领先和相互融合的有色金属科技图书的出版，对于提高我国有色金属工业的自主创新能力，促进高效、低耗、无污染、综合利用有色金属资源的新理论与新技术的应用，确保我国有色金属产业的可持续发展，具有重大的推动作用。

作为国家出版基金资助的国家重大出版项目，"有色金属理论与技术前沿丛书"计划出版 100 种图书，涵盖材料、冶金、矿业、地学和机电等学科。丛书的作者荟萃了有色金属研究领域的院士、国家重大科研计划项目的首席科学家、长江学者特聘教授、国家杰出青年科学基金获得者、全国优秀博士论文奖获得者、国家重大人才计划入选者、有色金属大型研究院所及骨干企业的顶尖专家。

　　国家出版基金由国家设立,用于鼓励和支持优秀公益性出版项目,代表我国学术出版的最高水平。"有色金属理论与技术前沿丛书"瞄准有色金属研究发展前沿,把握国内外有色金属学科的最新动态,全面、及时、准确地反映有色金属科学与工程技术方面的新理论、新技术和新应用,发掘与采集极富价值的研究成果,具有很高的学术价值。

　　中南大学出版社长期倾力服务有色金属的图书出版,在"有色金属理论与技术前沿丛书"的策划与出版过程中做了大量极富成效的工作,大力推动了我国有色金属行业优秀科技著作的出版,对高等院校、研究院所及大中型企业的有色金属学科人才培养具有直接而重大的促进作用。

2010 年 12 月

前言
Foreword

　　生物冶金是利用微生物直接或间接氧化溶解硫化矿物，使金属离子进入溶液，然后通过萃取—电积的方法制备高纯度的金属材料的现代湿法冶金过程。针对铜矿物资源的生物冶金技术研究，解决了次生硫化铜矿和氧化铜矿的关键技术，并已经用于大规模生产。而地球上铜储量最丰富的是低品位黄铜矿石，采用常规的选冶技术难以经济、有效地处理，使得它成为生物冶金提铜产业化拓展的新对象。黄铜矿的微生物浸出率低，浸出速度慢，这是铜矿生物湿法冶金技术产业化发展的瓶颈。

　　目前，在微生物浸矿方面，主要采用高效浸矿微生物组合来提高黄铜矿工业浸出效率，在黄铜矿生物浸出机制方面，采用电化学手段研究其浸出过程的化学反应及其控制条件；深入开展低品位黄铜矿石的生物浸出过程的基础理论研究，进一步在不同类型矿石中推广应用至关重要。

　　本书以硫化铜矿生物冶金为背景，针对广东梅州玉水铜矿的低品位铜矿，开展了浸矿细菌选育及浸矿微生物组合的研究、硫化铜矿矿物和矿石的实验室摇瓶和柱浸试验、万吨级矿石的矿井下生物堆浸工业试验和原生硫化铜矿的电化学行为研究，对 7 个典型矿物硫化矿进行生物浸出试验，并在赞比亚谦比希铜矿成功开展生物冶金的工业应用。全书共分 7 章，内容分别如下：第 1 章，介绍国内外生物冶金在基础理论和工程应用方面的进展；第 2 章，介绍最典型的浸矿微生物（嗜酸氧化亚铁硫杆菌）的筛选培育方法及其生理特性；第 3 章，研究黄铜矿、斑铜矿和原矿石在 $A.f$ 菌和浸矿组合菌群作用下的浸出行为；第 4 章，研究微生物浸出多因素耦合规律；第 5 章，介绍在梅州玉水进行的低品位铜矿石生物冶金示范产业化试验；第 6 章，揭示黄铜矿和斑铜矿在不同条件下的电化学行为；第 7 章，国内外 7 个典型硫化矿区低品位矿石微生物可浸性研究及其推广应用探讨。

　　本书在撰写过程中得到王淀佐院士、胡岳华教授、姜涛教授、刘学端教授和刘新星教授的关心和指导，其出版得到国家自然科学基金（编号：51374248）、教育部新世纪人才计划项目（编号：NECT - 13 - 0595）、教育部博士点基金（编号：20120162120010）、中国博士后科学基金（编号：2014T70692）、111 计划项目（编号：B0704）、973 计划项目（编号：2010CB630900）、863 计划课题（编号：2012AA612601）的支持，该书的出版还得到中国有色集团和大冶有色集团的大力支持，在此一并表示感谢。

　　由于作者水平有限，书中难免存在一些不足之处，敬请广大同行专家批评指正。

著者
2015 年 9 月

目录 / Contents

第1章 绪 论

1.1 微生物冶金的历史、现状及未来

1.1.1 铜、金、锌、镍和钴金属矿物资源及其利用现状

1. 铜、金、锌、镍和钴金属矿物资源现状

矿产资源是自然资源的重要组成部分，是人类社会发展的重要物质基础。矿产资源为国民经济的持续快速协调健康发展提供了重要保障。我国92%以上的一次能源、80%的工业原材料、70%以上的农业生产资料来自于矿产资源。目前，我国铜、镍、锌和金4种金属矿物资源的储量不是很丰富，A、B级储量的情况如图1-1所示，具体储量及占全球的百分比如表1-1所示。由图1-1和表1-1可见，我国铜、镍、锌、金4种金属的储量总量并不少(占全球的百分比分别为5.53%、1.77%、15%和2.86%)，且在全球排名靠前，但除锌储量所占的比例较大以外，其余3种金属所占全球的比例均不足6%。钴在地壳中的平均含量为0.001%(质量百分比)，海洋中钴总量约23亿t，全世界已探明钴金属储量148万t，中国已探明钴金属储量仅47万t。刚果(金)和赞比亚是世界上两大钴生产国，其产量之和约占世界总产量的70%，近年刚果(金)的钴产量飞速增长。

表1-1 中国铜、镍、锌、金4种金属A级储量及排名情况

铜				镍			
排名	国家	储量/万t	占全球百分比/%	排名	国家	储量/万t	占全球百分比/%
1	智利	14000	29.78	1	澳大利亚	2200	35.48
2	美国	3500	7.45	2	俄罗斯	660	10.65
3	印度尼西亚	3500	7.45	3	古巴	560	9.03
7	中国	2600	5.53	9	中国	110	1.77
世界总计		47000	100	世界总计		6200	100

续表 1-1

锌				金			
排名	国家	储量/万 t	占全球百分比/%	排名	国家	储量/万 t	占全球百分比/%
1	澳大利亚	3300	15.00	1	南非	6000	14.29
2	中国	3300	15.00	2	澳大利亚	5000	11.90
3	哈萨克斯坦	3000	13.64	3	秘鲁	3500	8.33
4	美国	3000	13.64	8	中国	1200	2.86
世界总计		22000	100	世界总计		42000	100

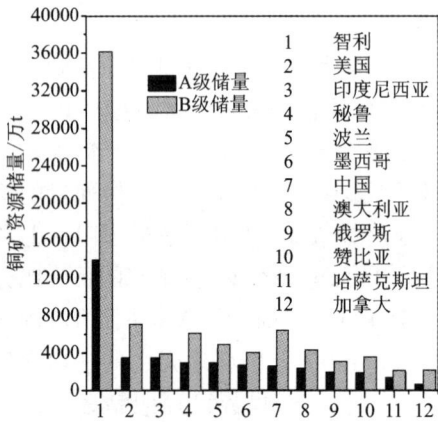

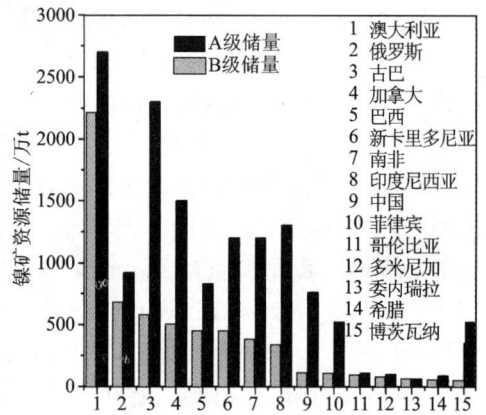

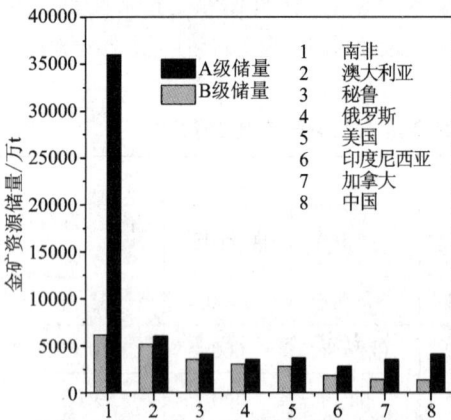

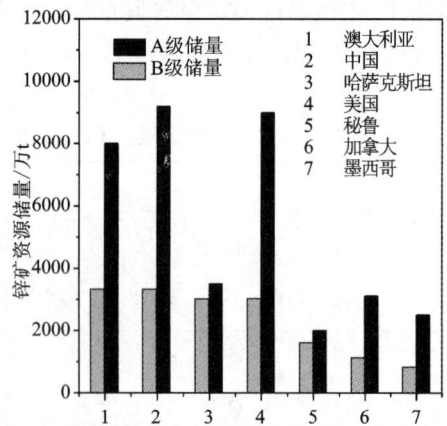

图 1-1　世界主要国家铜、镍、锌和金 4 种金属矿产资源储量情况

由于经济飞速发展的巨大需求和占全球 1/4 的人口总量，与美国、智利和俄

罗斯等矿产资源丰富的国家相比，我国存在严重的资源短缺问题。2008年《全国矿产资源规划》指出，在我国特别是与国民经济发展比较密切的重要矿产，如铜、铝、铅、锌、锰、镍、钴、金、银等，可经济开采的资源储量非常短缺。如果没有新技术的突破，预计到2020年，我国铜的对外依存度仍将保持在70%左右，铜精矿长期严重依赖进口的被动局面难以转变。矿产资源的持续稳定供给对我国国防安全、经济安全和社会稳定具有重大意义。因此，增强矿产资源开发利用的新技术，有效扩大我国铜、镍、锌、金、钴矿产资源储量，具有十分重要的战略价值。

2. 铜、金、锌、镍和钴金属矿产资源开发利用情况

我国矿产资源的特点是：贫矿多，富矿少；难选矿多，易选矿少；共生矿多，单一矿少，超过85%以上的是综合矿。迄今为止我国共发现铜矿矿产地900个，其中大型矿床仅占2.7%，已发现的储量500万t以上的特大铜矿只有3个。目前已开采的329个铜矿，全年矿山产量仅95.1万t。世界超200t储量的超大型金矿有48个，我国金矿储量超过60t的产地仅有7处。中国钴资源主要分布在甘肃、山东、云南、湖北、青海、河北和山西，这7个省的合计储量占全国总保有储量的71%。其中，甘肃储量最多，占全国的28%，主要集中在金川，镍矿资源也集中在金川。随着不可再生矿产资源的不断开发利用，富矿资源日趋枯竭，以贫、细、杂为突出特点的难选冶矿石所占的比例不断上升，致使常规选冶方法在技术和经济上面临严峻的挑战。一方面，我国有色金属矿产资源综合回收率为35%，比发达国家低约20%；另一方面，矿业生产环境污染严重，面临巨大的技术难题和社会舆论压力。对铜、金、锌、镍、钴等金属的需求以及降低成本的要求，促使矿物加工和冶金技术不断进步，由此催生了矿物生物提取技术。

2008年出台的《全国矿产资源规划》指出"提高矿产资源综合利用率"和"推动矿业走节约、清洁、安全的可持续发展道路"。中国有色金属工业协会有关规划报告研究指出："资源领域研究的关键技术是低品位铜矿矿物生物提取"。而目前我国正进入快速工业化阶段，矿产资源储量增长速度远远赶不上产量增加速度。我国低品位铜矿资源在1200万t（金属量）以上，采用传统的选矿冶金工艺成本高、经济指标低，要提高低品位铜矿资源利用率，扩大可利用资源量，就必须增加生物湿法炼铜产量。

矿物生物提取（也称生物冶金）科学是一门以矿产资源为对象，利用以矿物为营养基质的微生物将矿物氧化分解，使金属进入溶液，通过进一步分离、富集、纯化制备金属的学科，它是矿冶工程和现代生物科学交叉融合形成的一门新型学科。矿物生物提取是20世纪60年代以后逐渐发展起来的一种高新技术。它具有流程短、成本低、环境友好和低污染等优点，尤其在低品位、复杂难处理矿产资源的开发利用中，显示出强大的优势，可以大幅度提高矿产资源的开发利用率和资源的保障程度。此外，矿物生物提取工艺不仅可高效利用贫矿、表外矿、尾矿，而且将大幅度减少电、煤、油等的消耗和废气、废水的排放。2008 年，美国工程院 C. L. Brierley 院士指出，矿物生物提取技术存在巨大的应用推广机遇，全球大约有 20 亿 t 品位为 0.5% 的低品位黄铜矿矿石，可以采用矿物生物提取技术来提取其中的铜金属。以铜为例，因为显著提高了原生硫化矿的浸出率，新工艺使可利用资源量大幅增加，就中国而言，可以将铜储量的保证年限从 10 年延长至 50 年。

1.1.2 微生物冶金的历史

矿物生物提取技术的应用有着悠久历史，在 2000 年以前的古希腊和罗马时代，已有用微生物从矿石中提取金属铜的记载，远在公元前六七世纪的《山海经》中就有"石脆之山，其阴多铜，灌水出焉，北流注于禹，其中多流赤者"的记载。到了唐朝就有官办的湿法炼铜生产，到宋朝则发展更盛，北宋时的年产量最高达到 100 多万斤。在欧洲这种技术的应用最早始于公元 2 世纪，从 1687 年开始，瑞典中部 Falun 矿山的铜矿至少已经浸出了 200 万 t。但无论在中国还是外国，湿法提铜实践中细菌的利用程度尚不清楚。在这些实践中浸出母液中的铜是用金属铁沉积出来的，这种方法首先见于中国的记载。秦汉时的《神农本草》写到"石胆能化铁为铜，成金银"。汉代《淮南万毕术》卷下记有"白青得铁化为铜"，白青即水胆矾。西方学者也承认用金属铁从铜溶液中置换铜是古代中国人的发明。1670 年，西班牙人从奥里廷托矿坑水中回收细菌浸出的铜标志着细菌浸矿的开始。1762 年西班牙人在 RioTito 矿利用矿坑水浸出含铜黄铁矿中的铜，只是当时并没有意识到是细菌在起作用。在当时对微生物在其中的作用一无所知的情况下，不自觉地应用了细菌作用。

生物湿法冶金（英文称 Biohydrometallurgy，Bioleaching 或者 Biooxidation，Biomining）是指利用某些特殊微生物的代谢活动或代谢产物从矿物或其他物料中浸取金属的过程，根据微生物所起的作用可分为生物浸出、生物吸附和生物累积。其中生物浸出倍受关注。生物浸出是借助于微生物的作用把有价金属从矿石中溶浸出来，使其进入溶液的过程，它是综合了湿法冶金、矿物加工、化学工程、环境工程和微生物学的多学科交叉领域。其研究和应用领域包括铜、铀、钴、镍、锌等金属硫化矿的浸出，难处理金矿的预氧化，海底锰结核/结壳浸出，从炉渣烟灰、尾矿、污泥等二次物料中回收金属和浸出除杂如煤矿脱硫、高岭土除铁、铁矿除磷、橡胶脱硫等。矿物微生物提取技术是利用微生物或其代谢产物溶浸提取矿石中有价金属元素，从而制备金属材料的一种新技术，具有工艺简单、流程短、装备简单、投资小、成本低、污染轻、资源消耗量小以及能够处理低品位矿石等诸多优点。矿物生物提取技术可以解决当前部分矿产资源难以有效利用的问题，现已成为世界各国矿冶工程研究和应用的热点，是 21 世纪最具竞争力的矿冶技术之一。

人们对细菌浸出的真正认识以及微生物在矿业中的应用还是 20 世纪 20 年代末的事。1922 年 Rudolf 等人首次报道了使用未鉴定的细菌浸出铁和锌的硫化矿物。1947 年，Clomer 首先发现了一种可将 Fe^{2+} 氧化成 Fe^{3+} 的细菌，认为该菌在金属硫化矿的氧化和某些矿山坑道水的酸化过程中起着重要作用。1951 年 Temple 和 Hinkle 从煤矿的酸性矿坑水中首先分离出一种能氧化金属硫化物的细菌，并命名为氧化亚铁硫杆菌（*Thiobacillus ferrooxidans*）。1954 年，L. C. Bryer 与 J. V. Beck 在 Utah Bingham Vanyon 铜矿坑水中找到了氧化亚铁硫杆菌与氧化亚硫硫杆菌。他们的实验研究结果表明氧化亚铁硫杆菌能够浸出各种硫化铜矿及辉钼矿。1958 年，美国 Kennecott 铜矿公司 Otoh 矿首先将细菌浸铜工艺应用于工业生产中，并获得成功，取得了第一个有关细菌浸出技术的专利，从而推动了矿物生物提取技术的发展。1966 年，加拿大用细菌浸铀获得成功，1967 年 Silverman 提出了著名的金属硫化物细菌浸出的直接作用和间接作用模型。此后，世界上许多国家开展了微生物在矿业工业中的应用研究。

1.1.3 微生物冶金的现状

自 20 世纪 80 年代铜矿矿物生物提取技术大规模产业化以来，现在全世界每年有 200 多万 t 铜是采用矿物生物提取技术生产的，约占世界精铜产量的 20%。目前铀和金等的微生物浸出已工业化。矿物生物提取产出的铀和金分别占世界总产量的 13% 和 20%。除此之外，锌、钴、镓、钼、镍、铅的生物浸出已经在实验室广泛试验，对被硫化物封闭的金聚合体（铂金、铼、铷、钯、锇、铱等）的微生物处理也开展了试验研究。微生物湿法冶金自 20 世纪 50 年代问世以来，一直是研究的热门领域。

在经历了半个世纪的努力之后，该领域无论是在基础研究方面还是在产业化方面均取得了长足的进步，生物冶金发展历史中的重大事件如图 1 - 2 所示。生物冶金技术在湿法冶金中充当越来越重要的角色在于该技术具有如下特点：①低成本、低能耗、低药剂消耗量、低劳动力需求；②工艺流程短、设备简单、易于建设，资金消耗小；③资源利用广，能使更多不同种类及低品位矿物得到有效经济的利用；④无废气，一定程度上可认为无废物、废水排放，可改善环境，增加生产安全性；⑤简化了整个工艺过程。近年来，该技术在国外已成为矿冶领域研究的热点，并在铜、金等金属的提取上获得工业应用。自 1980 年以来，智利、美国、澳大利亚等国相继建成大规模铜矿物堆浸厂，2000 年铜产量最大的美国 Phlps Dodge 公司建成世界最大的铜矿堆浸厂；在金的提取方面，南非、巴西、澳大利亚等国的细菌氧化提金技术已获得工业应用。对于锌、镍、钴、铀等金属的生物提取技术亦在研究。

我国铜矿资源并不丰富，贫矿多、富矿少，而且矿石品位偏低，在全国已探明的铜矿资源中含铜品位在0.7%以下的占总储量的56%；全国未开采利用的铜矿资源中有一半以下是属于低品位的；氧化铜矿的储量有800多万t金属量。国际铜业研究组织（ICSG）公布的数据显示，2009年全球铜产量1835万t，铜消费量1799万t。中国精炼铜产量412万t，比上年增长6.2%，表观消费量723万t，比上年增长38.5%，进口精炼铜318.5万t，占到全球总进口量的28%，比上年增长118.7%，中国铜金属对外依存度很高。因此，发展适于从低品位铜矿和难选氧化铜矿提取铜的矿物生物提取技术是具有重要意义的课题。

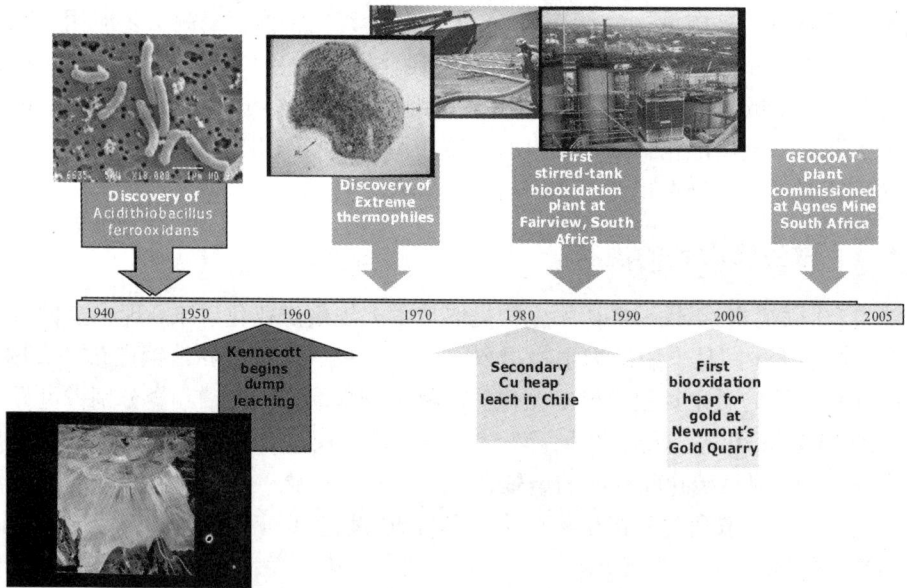

图1-2　世界生物冶金发展过程的重要实践中的里程碑事件

为了推动矿物生物提取技术更快地发展，2000年以来，世界各国都加大了研究和投资力度，希望在该领域能取得一些重大突破，主要重大研究计划有：

（1）AMIRA's堆浸计划。2004年由必和比拓（BHP & Billiton）等多家跨国矿业公司联合澳大利亚联邦科学工业组织（CSIRO）、加拿大UBC大学和南非开普敦大学等研究机构开展从细菌生长到堆浸模拟等方面的研究，以提高硫化矿生物堆浸效率，并实现产业化。

（2）BIOSHALE计划。2004年由欧盟启动，开展黑色页岩（black shale）矿石生物浸出技术研究，以回收其中的稀贵金属。

（3）BioMine计划。2004年由欧盟委员会联合12家企业、7家科研单位、14

所高校和 2 个政府机构进行的矿物生物提取技术研究。该计划投资 1790 万欧元，预期 4 年完成，目标是研究开发未来矿物资源高效利用、安全清洁生产新技术——矿物生物提取技术。

（4）HIOX 高温浸出计划。在欧盟的推动下，由法国的 BRGM、英国的 MIRO 和 Warwick 大学、瑞典的 Boliden、德国的 Cognis 推出的一项高温细菌氧化研究计划，主要应用于黄铜矿的高温浸出。

（5）"973"计划。国家重点基础研究发展计划项目——矿物微生物提取基础研究。中国 2004 年 9 月正式启动，2009 年完成，在 5 年内建立了原生硫化矿专属菌种选育及遗传改造方法和微生物浸出过程复杂界面强化作用理论，揭示了浸矿微生物重要功能基因的作用机制和矿物微生物提取过程多因素强关联规律。

（6）"863"计划。国家高技术研究发展计划重点项目——矿物生物提取关键技术研究。中国于 2006 年 12 月正式启动，到 2010 年 12 月完成。项目是针对我国矿产资源品位低、共伴生矿床多、多集中在西部边远地区的特点，选择铜镍钴等对国民经济发展具有重要影响的有色金属为突破口，开发矿物生物提取关键技术，并在已有工业基础上形成次生/原生硫化铜矿生物堆浸技术工程示范，形成低品位复杂硫化镍钴矿生物浸出与低浓度高杂质浸出液分离提取技术及装备；研制出难处理金精矿高效生物浸矿反应器；逐步发展我国矿物生物提取技术体系，扩大矿产资源利用范围。

（7）中国自然科学基金创新研究群体项目——硫化矿生物提取的基础研究，2004 年正式启动，2009 年完成。项目通过 6 年的研究，构建了第二代群落基因组芯片和功能基因芯片，创立了浸矿微生物活性基因芯片方法，筛选获得了高效菌株，建立了具有不同特性的浸矿微生物菌株的菌种库；阐明了浸矿体系微生物群落与功能活动及微生物种群之间的相互作用规律；揭示了浸矿微生物铁硫氧化系统与矿物氧分解机理，初步解决了长期以来生物浸矿直接作用与间接作用理论之争的问题。利用筛选得到的高活性菌株，提高了细菌浸矿的浸出速率与浸出率，为解决低品位原生硫化矿生物浸出过程存在的浸出速度慢、浸出率低的难题提供了技术支撑。

（8）中国"111"计划项目——矿物生物提取科学高等学校创新引智平台项目。中国 2007 年正式启动，2011 年完成。引进学术大师和国外学术骨干，加深对国外浸矿微生物基础研究、低品位矿生物提取技术的了解，为解决我国低品位矿生物提取难题积累技术基础；同时对国外"资源—冶金—材料"一体化技术有深入的了解，并掌握一些关键技术，根据我国资源的特点，形成低品位矿生物提取的技术原型，不断产生国际一流水平的科研成果。培养和汇聚一批具有国际领先水平的学科带头人、一大批具有创新能力和发展潜力的青年学术骨干，使该项目成为享誉国内外的矿物生物提取人才基地。

（9）重大国际交流和会议——国际矿物加工大会（International Mineral Processing Congress，IMPC）和国际生物湿法冶金大会（International Biohydrometallurgy Symposium，IBS）。2008 年 9 月 19 日至 21 日，由中国工程院、欧盟生物矿业协会联合主办的 2008 国际矿物微生物提取的基础和应用学术会议（International Workshop on Fundamental and Application of Biohydrometallurgy 2008，Changsha）在中南大学举行，并作为第 24 届国际矿物加工大会（24th International Mineral Processing Congress，IMPC2008）的特别分会，来自美国、澳大利亚、加拿大、德国、英国等 15 个国家和地区的 100 余位矿物生物提取专家参会。2010 年 9 月 4 日至 10 日，在澳大利亚召开的第 25 届国际矿物加工大会（25th International Mineral Processing Congress，IMPC2010）设有矿物生物提取（Mineral Bioleaching）专门会议，共有 400 多名代表参会。自 20 世纪 70 年代以来，国际生物湿法冶金大会 IBS 已经连续举办多届，2011 年 9 月 18 日至 22 日，中南大学代表中国承办的第 19 届国际生物湿法冶金大会（19th International Biohydrometallurgy Symposium，IBS2011），全球有近 500 名代表参加大会，中南大学邱冠周教授担任大会主席。

1.1.4　微生物冶金的未来

目前，矿物的生物提取技术研究与工业应用已取得了显著成效，重大项目和日趋广泛的国际合作交流有力地推动了矿物生物提取技术的进一步发展，今后将受到业界更加广泛的关注，并在以下几个方面开展更系统深入的研究。

（1）高效浸矿菌种选育方面。目前高效浸矿菌种仍然是矿物生物提取技术发展的瓶颈，为了获得高效浸矿菌种，国内外专家都在大力开展研究，其研究重点包括：耐寒/耐高温/耐盐/高活性浸矿菌种选育与浸矿应用、异养菌的选育与浸矿应用、浸出过程中微生物生态变化与控制技术研究、现代分子生物学技术在微生物浸矿中的应用。

（2）浸矿微生物的基因组学方面。浸矿微生物在浸矿性能方面的差异，归根于它们在基因上的差异，因此要从基因角度研究浸矿性能的差异，优化此方面的基因性能，进而提高浸矿性能。

（3）生物浸出过程基础理论与工程化技术研究方面。矿物生物提取技术研究起步较晚，在浸出过程中细菌生长模式、浸矿过程氧化机理、浸出过程数学模拟、矿物生物提取工程化技术的完善与标准化等方面缺乏突破性的进展，限制了理论研究的深化和该技术的工程化，对这些方面的深入研究是今后的重要方向。

（4）矿物生物提取技术的应用领域方面。矿物生物提取技术的应用领域还相对较小，目前主要在次生硫化铜矿、难处理金矿等大规模实现了产业化。因此，应加强黄铜矿生物堆浸技术开发，镍钴锌等硫化矿生物浸出技术开发，低温生物堆浸技术研究，异养菌在煤炭浮选、铝土脱硅、红土镍矿等的应用研究，以及对黑色页岩、大洋锰结核等含有金属的矿物的浸出研究，拓宽矿物生物提取的应用领域。

（5）工艺矿物学与矿物晶体性质方面。同一种矿物在成矿过程中的行为存在非常大的差异，矿物晶体性质会截然不同，深入研究所浸矿物的工艺矿物学及矿物晶体性质，深入了解细菌氧化浸出矿物的过程及控制因素，可以进一步优化生物堆浸工艺，提高矿物生物提取生产效率。

（6）中国2010年正式启动新一期的"973计划"国家重点基础研究发展计划项目——矿物微生物提取过程强化的基础研究，项目于2014年完成。项目研究将揭示硫氧化体系中浸矿行为与微生物群落和功能变化规律，阐明高效菌种硫氧化代谢调控机理，实现对浸矿体系微生物种群的优化调控，进一步扩大矿物生物提取菌种资源，建立矿物微生物提取过程中细菌与矿物的化学—生物学相互作用理论。

总之，随着高品位、易选冶的铜、镍、锌、钴、金等有色金属矿物资源的日益减少，低品位复杂难处理资源量开发日益增大，矿物生物提取技术将是21世纪最具有竞争力的矿冶提取技术之一，高温浸矿菌浸出黄铜矿和异养菌浸出镍红土矿等技术将取得突破，矿物生物提取新技术不断涌现，矿物生物提取技术将得到更大的发展。矿物生物提取技术产业化应用越来越成熟，应用领域越来越广泛，矿物生物提取肯定会具有十分光明而广阔的应用前景。

1.2 浸矿微生物及其选育

1.2.1 浸矿微生物的种类

1947年，Colmer和Hinkle在矿山酸性废坑水（Acid Mine Drainage，简称AMD）中发现一种可将Fe^{2+}氧化成Fe^{3+}的细菌，认为该菌在金属硫化矿的氧化和某些矿山坑道水的酸化过程起着重要作用。1951年Temple和Colmer从煤矿的酸性矿坑水中首先分离出一种能氧化金属硫化物的细菌，并命名为氧化亚铁硫杆菌（Thiobacillus ferrooxidans）。1954年，L. C. Bryer与J. V. Beck在Utah Bingham Vanyon铜矿坑水中找到了氧化亚铁硫杆菌与氧化亚硫硫杆菌。

在矿物生物提取过程中，随着微生物对硫化矿的不断氧化，其周围环境条件如pH、温度和溶液中可溶性金属离子的浓度也在不断发生变化，再加之冶金体系中通常缺乏微生物生长所需的营养条件，这些因素一起限制了生命形式的多样性，因此，在生物浸出槽或堆或反应器中存在的微生物生命形式比较简单，往往属于单细胞生物，而且其优势菌群主要是细菌和古生菌。目前所研究的与冶金有关的微生物都具有几个共同的生理特征：①营养类型一般属于化能无机自养型；

②能够利用亚铁离子或还原性无机硫(或二者都能利用)作为电子供体;③由于对硫的氧化所形成的副产物为硫酸,因而大多数菌种能够生长在极端酸性的环境中(pH 1.5~2.0),甚至对于那些仅仅能够使用亚铁作为能源的采矿微生物来说,也能够生长在这种极端酸性环境中;④尽管采矿微生物能够使用 Fe^{3+}(并不是氧气)作为电子受体,但它们通常在氧气充足的条件下生长得更好;⑤尽管主要的采矿微生物之间对二氧化碳的固定效率存在着差异,但它们都能固定二氧化碳;⑥尽管不同种或同种内不同株系之间对金属的抗性存在着某些差异,但它们通常都能耐受一定范围浓度的金属离子。一般认为,与矿物生物提取有关的微生物是那些能够与催化亚铁离子或者(和)还原性无机硫的氧化密切相关的种类,主要包括嗜酸硫杆菌属(*Acidithiobacillus*)、钩端螺旋菌属(*Leptospirillum*)、硫化叶菌属(*Sulfolobus*)、硫化杆菌属(*Sulfobacillus*)、酸菌属(*Acidianus*)、嗜酸菌属(*Acidiphilium*)、金属球菌属(*Metallosphaera*)和铁质菌属(*Ferroplasma*),共 8 个属。

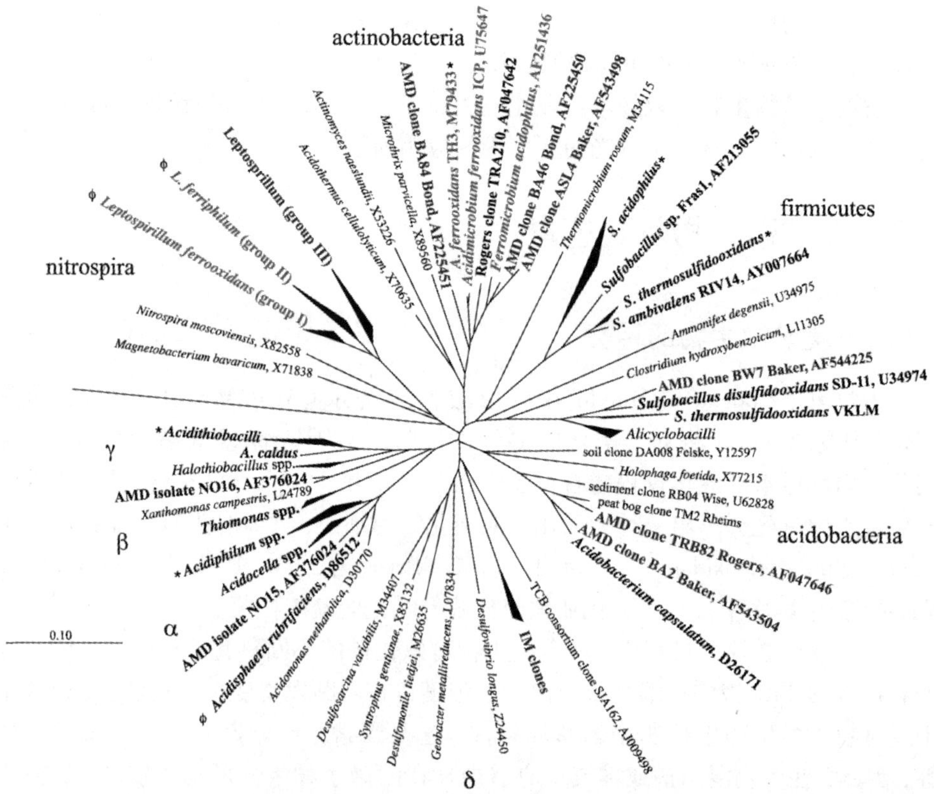

图 1-3　典型酸性矿坑水中微生物群落涉及多样性的微生物种类

Schippers 总结了在矿物生物提取中涉及的微生物种类分类情况，详见表1-2。中南大学矿物生物提取教育部重点实验室通过十几年的基础研究和实践，首次建立了世界上首家比较齐全的矿物微生物提取菌种资源库，表1-3是其保藏菌种情况的基本介绍。但是目前研究最多的还是嗜酸氧化亚铁硫杆菌，初期研究集中于纯的菌株筛选分离和鉴定以及细菌浸出矿物的效率。

1.2.2 浸矿微生物的基本特性

Schippers 总结了在矿物生物提取中涉及的各类微生物的基本生理特性，详见表1-4。按照浸矿微生物种属具体如下：

表 1-2 嗜酸浸矿微生物的种系分类

种类#	门	G+C 含量/（mol%）
嗜常温和中等嗜温细菌（Mesophilic and moderately thermophilic Bacteria）		
Acidimicrobium ferrooxidans	放线菌门	67~69
Acidithiobacillus albertensis	变形菌门	61.5
Acidithiobacillus caldus	变形菌门	63~64
Acidithiobacillus ferrooxidans	变形菌门	58~59
Acidithiobacillus thiooxidans	变形菌门	52
Alicyclobacillus disulfidooxidans	厚壁菌门	53
Alicyclobacillus tolerans	厚壁菌门	49
"*Caldibacillus ferrivorus*"	厚壁菌门	51
"*Ferrimicrobium acidiphilum*"	放线菌门	51~55
Leptospirillum ferriphilum	硝化螺菌属	55~58
"*Leptospirillum ferrodiazotrophum*"	硝化螺菌属	na
Leptospirillum ferrooxidans	硝化螺菌属	52
Sulfobacillus acidophilus	厚壁菌门	55~57
"*Sulfobacillus montserratensis*"	厚壁菌门	52
Sulfobacillus sibiricus	厚壁菌门	48
Sulfobacillus thermosulfidooxidans	厚壁菌门	48~50
Sulfobacillus thermotolerans	厚壁菌门	48
"*Thiobacillus plumbophilus*"	变形菌门	66
"*Thiobacillus prosperus*"	变形菌门	64
Thiomonas cuprina	变形菌门	66~69

续表 1 - 2

种类#	门	G + C 含量/（mol%）
嗜常温和中等嗜温古菌（Mesophilic and moderately thermophilic Archaea）		
"Ferroplasma acidarmanus"	广古菌门	37
Ferroplasma acidiphilum	广古菌门	36.5
"Ferroplasma cupricumulans"	广古菌门	na
极端嗜热古菌（Extremely thermophilic Archaea）		
Acidianus brierleyi	泉古菌门	31
Acidianus infernus	泉古菌门	31
Metallosphaera hakonensis	泉古菌门	46
Metallosphaera prunae	泉古菌门	46
Metallosphaera sedula	泉古菌门	45
Sulfolobus metallicus	泉古菌门	38
Sulfolobus yangmingensis	泉古菌门	42
Sulfurococcus mirabilis	泉古菌门	约为 44
Sulfurococcus yellowstonensis	泉古菌门	45

#按照字母顺序排列；na = 缺乏有关数据，在"http：//www. bacterio. cict. fr/"中尚未明确的微生物种类标注引号

表 1 - 3　嗜酸浸矿微生物最适宜生长温度和 pH 范围

种类	最适 pH	生长 pH 范围	最适温度/℃	生长温度范围/℃
嗜常温和中等嗜温微生物（Mesophilic and moderately thermophilic Bacteria）				
Acidimicrobium ferrooxidans	约为 2.0	na	45 ~ 50	30 ~ 55
Acidithiobacillus albertensis	3.5 ~ 4.0	2.0 ~ 4.5	25 ~ 30	na
Acidithiobacillus caldus	2.0 ~ 2.5	1.0 ~ 3.5	45	32 ~ 52
Acidithiobacillus ferrooxidans	2.5	1.3 ~ 4.5	30 ~ 35	10 ~ 37
Acidithiobacillus thiooxidans	2.0 ~ 3.0	0.5 ~ 5.5	28 ~ 30	10 ~ 37
Alicyclobacillus disulfidooxidans	1.5 ~ 2.5	0.5 ~ 6.0	35	4 ~ 40
Alicyclobacillus tolerans	2.5 ~ 2.7	1.5 ~ 5.0	37 ~ 42	20 ~ 55
"Caldibacillus ferrivorus"	1.8	na	45	<35 或 >55
"Ferrimicrobium acidiphilum"	2.0 ~ 2.5	1.3 ~ 4.8	37	10 ~ 45

续表 1 - 3

种类	最适 pH	生长 pH 范围	最适温度（℃）	生长温度范围（℃）
Leptospirillum ferriphilum	1.3 ~ 1.8	na	30 ~ 37	na
"*Leptospirillum ferrodiazotrophum*"	na	1.1 ~ 1.3	na	36 ~ 38
Leptospirillum ferrooxidans	1.5 ~ 3.0	1.3 ~ 4.0	28 ~ 30	na
Sulfobacillus acidophilus	约为 2.0	na	45 ~ 50	30 ~ 55
"*Sulfobacillus montserratensis*"	1.6	0.7 ~ 2.0	37	30 ~ 43
Sulfobacillus sibiricus	2.2 ~ 2.5	1.1 ~ 3.5	55	17 ~ 60
Sulfobacillus thermosulfidooxidans	约为 2.0	1.5 ~ 5.5	45 ~ 48	20 ~ 60
Sulfobacillus thermotolerans	2.0 ~ 2.5	1.2 ~ 5.0	40	20 ~ 60
"*Thiobacillus plumbophilus*"	na	4.0 ~ 6.5	27	9 ~ 41
"*Thiobacillus prosperus*"	约为 2.0	1.0 ~ 4.5	33 ~ 37	23 ~ 41
Thiomonas cuprina	3.5 ~ 4.0	1.5 ~ 7.2	30 ~ 36	20 ~ 45
嗜常温和中等嗜温古菌（Mesophilic and moderately thermophilic Archaea）				
"*Ferroplasma acidarmanus*"	1.2	0 ~ 1.5	42	23 ~ 46
Ferroplasma acidiphilum	1.7	1.3 ~ 2.2	35	15 ~ 45
"*Ferroplasma cupricumulans*"	1.0 ~ 1.2	0.4 ~ 1.8	54	22 ~ 63
极端嗜热古菌（Extremely thermophilic Archaea）				
Acidianus brierleyi	1.5 ~ 2.0	1.0 ~ 6.0	约为 70	45 ~ 75
Acidianus infernus	约为 2.0	1.0 ~ 5.5	约为 90	65 ~ 96
Metallosphaera hakonensis	3.0	1.0 ~ 4.0	70	50 ~ 80
Metallosphaera prunae	2.0 ~ 3.0	1.0 ~ 4.5	约为 75	55 ~ 80
Metallosphaera sedula	2.0 ~ 3.0	1.0 ~ 4.5	75	50 ~ 80
Sulfolobus metallicus	2.0 ~ 3.0	1.0 ~ 4.5	65	50 ~ 75
Sulfolobus yangmingensis	4.0	2.0 ~ 6.0	80	65 ~ 95
Sulfurococcus mirabilis	2.0 ~ 2.6	1.0 ~ 5.8	70 ~ 75	50 ~ 86
Sulfurococcus yellowstonensis	2.0 ~ 2.6	1.0 ~ 5.5	60	40 ~ 80

#按照字母顺序排列；na = 缺乏有关数据，在"http://www.bacterio.cict.fr/"中尚未明确的微生物种类标注引号

表1-4 嗜酸浸矿微生物的生理特性

种类#	黄铁矿	其他金属硫化物	Fe(Ⅱ)	S⁰	Growth
嗜常温和中等嗜温微生物(Mesophilic and moderately thermophilic Bacteria)					
Acidimicrobium ferrooxidans	+	na	+	–	F
Acidithiobacillus albertensis	–	+	–	+	A
Acidithiobacillus caldus	–	+	–	+	F
Acidithiobacillus ferrooxidans	+	+	+	+	A
Acidithiobacillus thiooxidans	–	+	–	+	A
Alicyclobacillus disulfidooxidans	+	na	+	+	F
Alicyclobacillus tolerans	+	+	+	+	F
"*Caldibacillus ferrivorus*"	+	na	+	+	F
"*Ferrimicrobium acidiphilum*"	+	na	+		H
Leptospirillum ferriphilum	+	+	+	–	A
"*Leptospirillum ferrodiazotrophum*"	na	na	+	na	A
Leptospirillum ferrooxidans	+	+	+	–	A
Sulfobacillus acidophilus	+	+	+	+	F
"*Sulfobacillus montserratensis*"	+	na	+	+	F
Sulfobacillus sibiricus	+	+	+	+	F
Sulfobacillus thermosulfidooxidans	+	+	+	+	F
Sulfobacillus thermotolerans	+	+	+	+	F
"*Thiobacillus plumbophilus*"	–	+	–	+	A
"*Thiobacillus prosperus*"	+	+	+	+	A
Thiomonas cuprina	–	+	–	+	F
嗜常温和中等嗜温古菌(Mesophilic and moderately thermophilic Archaea)					
"*Ferroplasma acidarmanus*"	+	na	+	–	F
Ferroplasma acidiphilum	+	na	+	–	F
"*Ferroplasma cupricumulans*"	na	+			
极端嗜热古菌(Extremely thermophilic Archaea)					
Acidianus brierleyi	+	+	+	+	F
Acidianus infernus	+	+	+	+	A
Metallosphaera hakonensis	na	+	na	+	F
Metallosphaera prunae	+	+	+	+	F

续表 1-4

种类#	黄铁矿	其他金属硫化物	Fe(Ⅱ)	S⁰	Growth
Metallosphaera sedula	+	+	+	+	F
Sulfolobus metallicus	+	+	+	+	A
Sulfolobus yangmingensis	na	+	na	+	F
Sulfurococcus mirabilis	+	+	+	+	F
Sulfurococcus yellowstonensis	+	+	+	+	F

#按照字母顺序排列；A = 自养微生物，F = 兼养微生物，H = 自养微生物，na = 缺乏有关数据，在 "http：//www. bacterio. cict. fr/"中尚未明确的微生物种类标准引号

1. 嗜酸硫杆菌属

该属以前叫做硫杆菌属（*Thiobacillus*）。基于 16S rRNA 基因的序列比较，本属包括属于蛋白菌（*Proteobacteria*）的 α、β 和 γ 组的硫氧化细菌。出于对细菌命名的规范统一性以及这一组细菌的嗜酸性，硫杆菌属被再细分而划出一个新属，命名为嗜酸硫杆菌属。它包括嗜酸氧化亚铁硫杆菌、嗜酸氧化硫硫杆菌和嗜酸喜温硫杆菌。这些细菌普遍存在于世界各地的硫化温泉、酸性矿坑水和其他适宜的环境中。本属细菌属于小杆状细胞，借助于鞭毛进行运动，革兰氏阴性。含一种或多种还原态的或部分还原的含硫化合物，包括各种硫化物、无机硫、硫代硫酸盐、连多硫酸盐和亚硫酸盐。最终氧化产物为硫酸盐。最适宜温度因菌种而异。

（1）嗜酸氧化亚铁硫杆菌。嗜酸氧化亚铁硫杆菌是第一种从酸性矿坑水中被发现的能够氧化硫化矿的菌种，也是目前浸矿细菌中研究得最多，且基因组被完全测序（ATCC23270）的菌种。一般认为，典型的嗜酸氧化亚铁硫杆菌菌株的 G + C 相对百分含量为57% ~59%。但根据不同菌株之间的 DNA - DNA 杂交的相似性，可分为四个不同的组，其中有些菌株之间的 DNA - DNA 杂交的相似度甚至可低到一个可被认为是另一个种的地步（10% ~50%）。营养上，典型的嗜酸氧化亚铁硫杆菌属于专性自养型。嗜酸氧化亚铁硫杆菌既能利用亚铁又能利用各种各样的还原性无机硫成分作为电子供体；它们还能在甲酸限量的恒化培养条件下利用甲酸作为能源生长，其细胞密度高于以亚铁或硫化物作为能源生长时的细胞密度，但当甲酸的含量大于 100 μmol/L 时则完全抑制其生长。同时，嗜酸氧化亚铁硫杆菌既能利用氧气也能在厌氧条件下利用三价铁离子作为电子受体。

尽管自 1970 年以来，许许多多的新型的在系统发育学上具有特定生理特征的原核生物被陆陆续续地分离与描述，比如氧化亚铁钩端螺旋菌（*Leptospirillum ferrooxidans*，*L. ferrooxidans*）和嗜热氧化亚铁钩端螺旋菌（*Leptospirillum thermoferrooxidans*，*L. thermoferrooxidans*）等，但嗜酸氧化亚铁硫杆菌在相当长的一

段时间内仍然被认为是唯一已知的能够氧化亚铁的嗜酸细菌,而且,也被认为是微生物浸出过程中的主导菌种。然而,在氧化还原电位较高、pH 较低(<1.5)时,嗜酸氧化亚铁硫杆菌并不是优势菌种。不过,嗜酸氧化亚铁硫杆菌经过不断地驯化后也能够生长在一个较宽的 pH 范围内。另外,嗜酸氧化亚铁硫杆菌能够生长在一个富含各种金属离子的环境中,表明它对不同的金属离子具有不同程度的抗性。而且,实验表明,同种不同菌株之间对相同的金属离子也表现出不同的抗性差异性。

(2)嗜酸氧化硫硫杆菌。嗜酸氧化硫硫杆菌同样属于革兰氏阴性专性化能无机自养菌,中度嗜温(一般 <35℃),是一种具有代表性的极端嗜酸性细菌,具有很强的硫氧化能力。在实验室条件下,可氧化硫磺产生 0.5 ~ 1.0 mol/L 的硫酸,是浸矿细菌中最耐酸(pH 0.5 ~ 5.5)的一个种。但不同于嗜酸氧化亚铁硫杆菌的是:它们不能利用亚铁作为能源基质;它们的基因组的 G + C 相对百分含量较低,为 53%。嗜酸氧化硫硫杆菌和嗜酸氧化亚铁硫杆菌的 DNA – DNA 杂交的相似性只有 20%,甚至更低。该类细菌广泛分布于各种硫化矿床、酸性矿坑水和土壤中,不但在生物采矿、煤的脱硫和含硫废水的处理等方面发挥重要作用,而且在自然界的硫循环中也起着重要的作用。

(3)嗜酸喜温硫杆菌。长期以来,由于嗜酸喜温硫杆菌与嗜酸氧化硫硫杆菌在许多方面极其相似,如它们对还原性无机硫的氧化能力、在低 pH 条件下的生长能力以及 16S rDNA 序列的相似性等方面,使得从酸性环境中分离出的硫氧化细菌究竟是前者还是后者存在分歧。但根据嗜酸喜温硫杆菌的最适温度(45℃左右),可以将其与其他硫杆菌区分开来。而且,最近的研究表明,利用基因间隔区(Internal Transcribed Spacer, ITS)也可以明显地将其与嗜酸氧化硫硫杆菌和嗜酸氧化亚铁硫杆菌加以区分。另外,嗜酸喜温硫杆菌的某些种能在加了酵母提取物或葡萄糖的混合营养基质中生长,而嗜酸氧化硫硫杆菌却不能在这种基质中生长。至于在浸矿效果方面,一般认为,嗜酸喜温硫杆菌不能单独浸出有价金属,但能促进金属硫化物的浸出。

2. 钩端螺旋菌属

1972 年,Markosyan 首次对在美国的 Alaverda 铜矿的酸性矿坑水中分离出的一株嗜酸、类似弧状的铁氧化细菌进行了详细的描绘,随后命名为 *Leptosipirillum ferrooxidans*,并将其归属于新建立的一个属——钩端螺旋属。该属的细菌呈弧状或螺旋状,有时也可形成球状和假球状。弧状细菌的直径为 0.9 ~ 3.5 μm,宽为 0.2 ~ 0.6 μm。借助于单极鞭毛运动、好氧、化能无机自养、革兰氏阴性、嗜酸,与嗜酸硫杆菌一样也生长在极端酸性(pH 1.5 ~ 1.8)的环境中。然而,在大多数其他方面,该属的细菌又不同于嗜酸硫杆菌。首先,基于 16S rDNA 序列分析,它们并不属于蛋白菌,而是属于硝化螺旋菌。其次,它们只能利用亚铁离子作为电子供体。正是由于这个原因，相对嗜酸氧化亚铁硫杆菌来说，钩端螺旋菌对亚铁离子具有更高的亲和力。在 pH = 2.0 时，Fe^{2+}/Fe^{3+} 电子对的氧化还原电势为 +770 mV，钩端螺旋菌不得不使用 O_2/H_2O 氧化还原电子对（+820 mV）作为电子受体，因此，钩端螺旋菌属于专性好氧微生物。在生物浸出过程中，钩端螺旋菌被广泛报道，而且被认为是主要的铁氧化细菌，但通常结合硫氧化细菌进行混合浸矿。据报道，在对黄铜矿的柱浸（加入银离子作催化剂，37℃）过程中，利用 PCR 技术分析浸出液中微生物的种群变化规律时发现，氧化亚铁钩端螺旋菌很容易被探测到，而嗜酸氧化亚铁硫杆菌和嗜酸氧化硫硫杆菌却没有被发现。

目前，钩端螺旋属中已得到合法认可的有两个种，它们分别是氧化亚铁钩端螺旋菌（*Leptosipirillum ferrooxidans*，*L. ferrooxidans*）和嗜热氧化亚铁钩端螺旋菌（*Leptosipirillum thermoferrooxidans*，*L. thermoferrooxidans*）。据报道，根据细菌基因组 G + C 的相对百分含量和 rrn 操纵子拷贝数，钩端螺旋属可分成两个组，一组的 GC 含量为 49% ~ 51%，其 rrn 拷贝数为 3；另一组 GC 含量为 52% ~ 58%，其 rrn 拷贝数为 2。这两组的 DNA – DNA 杂交的相似性为 11%，甚至更低。由于第一次报道的一种氧化亚铁钩端螺旋属于低 GC 含量的那一组，因此，高 GC 含量的应该属于另外一个种，命名为嗜铁钩端螺旋菌（典型菌株 *L. ferriphilum* Fairview）。事实上，根据 16S rDNA 序列数据（通过对废弃的黄铁矿样品中分离的总 DNA 扩增所获得）分析，应该存在第四种钩端螺旋菌，但在实验室培养条件下很长时间没有分离获得，直到 2005 年报道了 Tyson 等人采用连续稀释法从一个嗜酸性微生物群落里分离到了第四种钩端螺旋菌，命名为 *Leptospirillum ferrodiazotrophum*。它的成功分离表明环境序列数据的分析在以前认为无法培养的微生物的分离方面具有重要的作用。

有趣的是，许多（并非所有）嗜铁钩端螺旋菌能够生长在45℃的环境，而氧化亚铁钩端螺旋菌却不能。据报道，在南非一个商业生物采矿厂分离的所有菌株都是前者。究其原因，可能是由于采矿厂的处理温度为40℃、45℃和50℃，而这种温度正好有利于前者的生长。

3. 嗜酸菌属

迄今为止，该属包括 *Acidiphilium cryptum*、*Acidiphilium acidophilum*、*Acidiphilium rubrum*、*Acidiphilium multivorum*、*Acidiphilium organovorum*、*Acidiphilium multivorum* 6 个合法种名以及 2 个有效种名 *Acidiphilium aminilyticum* 和 *Acidiphilium facile*（这 2 个种的合法种名分别为 *Acidocella aminolytica* 和 *Acidocella facile*）。在上述 8 个种当中，除了 *Acidiphilium acidophilum*（以前叫 *Thiobacillus acidophilus*，是该属唯一能够利用还原性无机硫成分进行自养生长的成员）外，其他均为嗜酸、革兰氏阴性、不能氧化亚铁和元素硫的异养型细菌。正是由于不能氧化亚铁和元素硫，因此它们可能不是生物采矿过程中的主要菌种。然而，由于

它们在分批生物反应器中的存在以及平板分离过程中经常出现在嗜酸氧化亚铁硫杆菌菌落的周围，使得该属的成员被认为与生物采矿有关。现在，一般认为，它们的主要作用是消耗那些铁氧化或硫氧化细菌代谢过程中产生的有机物，以排除这些有机物对铁氧化或硫氧化细菌生长的影响。事实上，该属细菌对有机物的解毒能力正是双层平板技术发展的基本出发点。最典型的莫过于菌株 SJH 的应用。该菌株放在双层平板的下层以解除上层平板培养基中的有机物的毒性，使得那些对有机物敏感的铁氧化或硫氧化自养细菌能够有效地生长繁殖。该属成员的另一个可能的作用是它们在低氧浓度情况下（下层平板中氧气浓度显然比上层低）进行异养生长时，它们能够将铁氧化自养细菌产生的高铁沉淀还原成亚铁状态，反过来又为那些铁氧化自养细菌提供电子供体。此外，有趣的是，该属成员均能产生细菌叶绿素 α。尽管如此，它们也不能把光能作为唯一的能源进行生长。

4. 硫化叶菌属

该属成员包括 *Sulfolobus yangmingensis*、*Sulfolobus tokodaii*、*Sulfolobus solfataricus*、*Sulfolobus shibatae*、*Sulfolobus brierleyi*、*Sulfolobus acidocaldarius* 和 *Sulfolobus tokodaii* 共 7 个种（http://www.bacterio.cict.fr/s/sulfolobus.html），均属于古生菌，球叶状，类似支原体，但该属细胞折光性较强，而且直径又比较规律，无鞭毛和内生孢子。革兰氏阴性，细胞壁缺失肽聚糖。菌落呈"S"形，湿润光滑，不产色素。需氧，兼性自养，能利用亚铁或元素硫作为能源，也可利用酵母膏、谷氨酸或核糖作为碳源和能源。生长 pH 为 0.9~5.8，适宜 pH 为 2.0~3.0。模式种为 *Sulfolobus acidocaldarius* Brock。由于早期研究采用的是非纯培养物，因此，对该属成员的代谢能力的研究非常有限。目前大多数生物采矿研究中使用的是金属硫化叶菌（*Sulfolobus metallicus*），该菌株在 pH 1.3~1.7、温度为 68℃时能很好地氧化含砷黄铁矿和黄铜矿等矿物。最近发现，一些类硫化叶菌能在 80℃~85℃迅速氧化硫化矿。

5. 金属球菌属

目前，该属成员包括 *Metallosphaera prunae*、*Metallosphaera sedula* 和 *Metallosphaera hakonensis*3 个种（http://www3.dsmz.de/bactnom/nam3690.htm#5295），也属于古生菌，好氧，兼性化能无机自养。在硫化物矿石如黄铁矿、闪锌矿、黄铜矿等矿石和元素硫上自养生长，产硫酸，不能通过分子氢还原硫。在牛肉膏、酪蛋白水解物、蛋白胨、胰蛋白胨和酵母膏上异养型生长，不能利用糖。在硫化矿生物氧化过程中经常提到的是 *Metallosphaera sedula*。该菌能在 pH 1.0~4.5 时生长，能在 80℃~85℃氧化各种各样的矿物，因此，又叫做高效浸矿球菌。

6. 嗜酸热类球菌属

该属成员包括 *Acidianus brierleyi*、*Acidianus infernus* 和 *Acidianus ambivalens*3 个种，古生菌，细胞革兰氏阴性，几乎都是单生，均在酸性硫磺矿区和海洋热水系统中出现；细胞具有不规则的类球形形态。细胞没有运动性，其宽度取决于培养条件。虽然该组成员在工业应用上的前景没有硫化叶菌属和浸矿球菌属的成员那么广阔，但其中的 *Acidianus brierleyi* 也显示出较好的应用前景。它不但能通过氧化亚铁或元素硫进行自养生长，而且也能够在复杂的有机基质上异养型生长。至于另外的 2 个种 *Acidianus infernus* 和 *Acidianus ambivalens* 能够通过氧化或还原无机硫进行厌氧或好氧生长。

7. 铁质菌属

该属成员典型的特征是细胞缺乏细胞壁，同样属于古生菌。目前包括有 *Ferroplasma acidiphilum*，*Ferroplasma acidarmanus*[35] 和 *Ferroplasma cupricumulans*3 个种。*Ferroplasma acidiphilum* 分离于哈萨克某含砷黄铁矿生物反应处理厂，只能氧化亚铁，不能氧化硫，好氧，最适温度为 33℃，pH 上限生长温度为 45℃；最适 pH 为 1.7，上限为 2.2，下限为 1.3；而 *Ferroplasma acidarmanus* 与 *Ferroplasma acidiphilum* 类似，不过是分离于某酸性矿坑水。16S 序列分析表明，这两个分离子与 *Picrophilus oshimae* 和 *Thermoplasma acidophilum* 具有密切的亲缘关系。*Ferroplasma cupricumulans* 是最近从缅甸某黄铜矿生物堆浸液中分离出来的一个新种，其适宜生长 pH 为 1.0~1.2，在 pH = 0.4 时也能看到它的生长；可在 22℃~63℃ 范围内生长，最适生长温度为 53.6℃。因此，它是本属中发现的第一个中度嗜热古生菌。尽管这些古生菌都能生长在实验室的培养基中，但是它们的生长往往与化能无机自养型细菌密切相关，因而，尝试对它们的纯培养往往难以成功。

8. 硫化杆菌属

该属成员属于中度嗜热(40℃~60℃)、革兰氏阳性、产芽孢真细菌。包括 *Sulfobacillus thermosulfidooxidans*、*Sulfobacillus acidophilus*、*Sulfobacillus sibiricus* 和 *Sulfobacillus thermotolerans*4 个种(以前 *Sulfobacillus disulfidooxidans* 被归属到该属，但后来被重新命名为 *Alicyclobacillus disulfidooxidans*)。据报道，在上述 4 个种中，*S. thermosulfidooxidans* 氧化亚铁和硫化矿物的能力非常强，而 *S. acidophilus* 氧化硫的能力尤为突出，特别是在缺乏有机质的情况下[37]，这些细菌既可进行自养生长，也可进行异养生长。当进行自养生长时，它们利用亚铁、还原性无机硫或硫化矿物作为电子供体，但它们固定 CO_2 的能力非常有限。当进行异养生长时，它们可以利用葡萄糖作为碳源和能源。此外，厌氧条件下，它们既可以利用三价铁离子作为电子受体，也可以利用有机或无机硫作为电子供体。

1.2.3 浸矿微生物的生物学

嗜酸氧化亚铁硫杆菌最主要的生物学特性就是通过铁氧化系统把 Fe^{2+} 氧化为 Fe^{3+}，从中获得能量。目前嗜酸氧化亚铁硫杆菌铁氧化系统中的大多数功能成分已得到了鉴定。主要包括一个 92 kD 的外膜蛋白，一个称为铁质兰素的铜蓝蛋白

（Rusticyanin），该蛋白的氨基酸序列已经测定可同时在 E. coli 中表达。含许多 c 型和 a 型细胞色素及亚铁氧化酶(Iro)等。亚铁氧化酶定位于周质空间，它可能是电子从 Fe^{2+} 开始传递链途径中的一个组分，是一个位于铁质兰素和各种细胞色素前面的电子传递体，D. E. Rawlings 在这些研究的基础上提出了亚铁氧化模型，如图 1 − 4 所示。

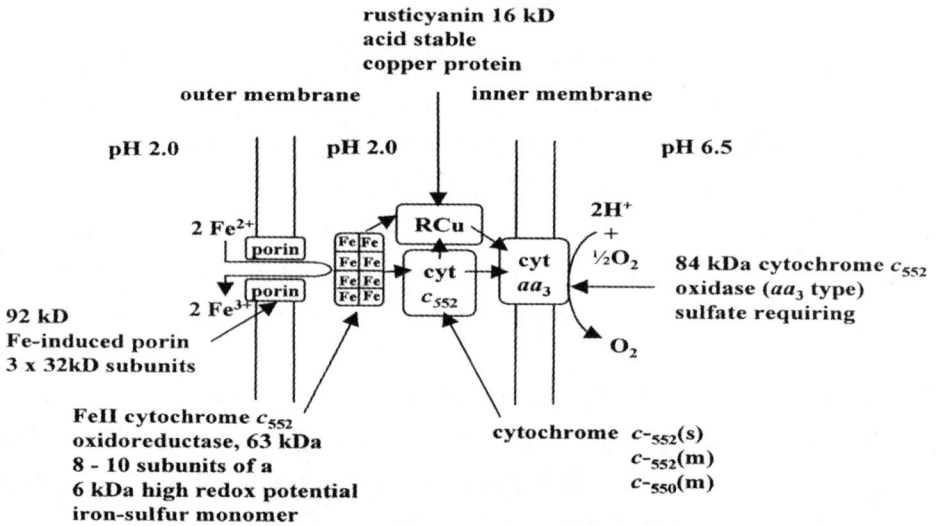

图 1 − 4　D. E. Rawlings 提出的亚铁氧化模型

　　但是，Appia − Ayme 等从嗜酸氧化亚铁硫杆菌 ATCC33020 中分离鉴定一组共表达的细胞色素类基因簇 cyc1 和 cyc2，其中，cyc1 编码含两个血红素的细胞色素 C(Dihemic cytochrome c，CYC41)，而 cyc2 编码的细胞色素 C 位于膜外，也可以由亚铁氧化酶将电子传递到下游。该基因簇与铜蓝蛋白、细胞色素氧化酶(cytochrome oxidase)组成 Rus 操纵子共表达。Guillaume Malarte 等在测定了各种细胞色素以及铜蓝蛋白的结构的基础上，得到相互之间作用的生化数据，利用分子模拟方法，得到了铜蓝蛋白、CYC41 和细胞色素氧化酶的交互作用结构模型，见图 1 − 5。同时，提出了新的亚铁氧化模型，认为亚铁将电子传给 cyc2，然后依次为 Rusticyanin、cyc1、cytochrome oxidase，最后到达电子受体 O_2。

　　对嗜酸氧化亚铁硫杆菌氧化元素硫的机理研究也有许多不同的理论提出。通常认为元素硫转化为亚硫酸这一步反应由硫双加氧化酶催化完成，反应式为：$S^0 + O_2 + H_2O \longrightarrow H_2SO_3(a)$，嗜酸氧化亚铁硫杆菌在硫基质生长时其硫双加氧化酶催化反应需要有还原型谷胱苷肽(GSH)存在。在进行酶反应分析时常发现有硫代硫酸产生，它是由化学反应 $S^0 + SO_3^{2-} \longrightarrow S_2O_3^{2-}$ 而来，由于反应式(a)需要

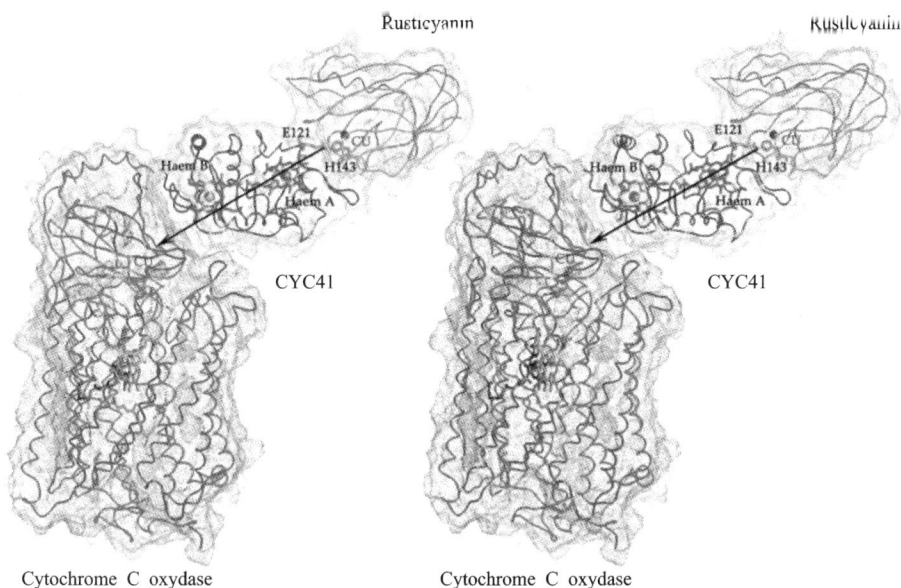

图 1-5　**Rusticyanin/CYC41/cytochrome oxidase 交互作用结构模型**

氧，并将 O_2 中的一分子 O 结合入其产物中，因此，该酶称为硫双加氧化酶。相对铁氧化系统而言，硫的氧化研究则进展较慢。目前 Kino K 和 Cobbet CM 等从亚铁基质上生长的嗜酸氧化亚铁硫杆菌中纯化到一种性质独特的酶，即在好氧条件下它以反应式（a）催化反应，而在厌氧条件下以 Fe^{3+} 取代 O_2 作为电子受体，催化硫氧化反应。它的这种酶需要 -GSH，被称为硫化氢 - Fe^{3+} 氧化还原酶。因此，在嗜酸氧化亚铁硫杆菌中，关于元素硫的氧化已证实存在两种机制：①在硫基础盐培养基中有氧生长时硫氧化以氧为最终电子受体；②在铁基础盐培养基厌氧生长时，它利用 3 个酶即硫化氢 - Fe^{3+} 氧化还原酶、亚硫酸 - Fe^{3+} 氧化还原酶及亚铁氧化酶，共同将元素硫氧化为硫酸。其中硫化氢 - Fe^{3+} 氧化还原酶以 Fe^{3+} 为最终电子受体将元素硫氧化成亚硫酸。上述两种情况下的硫氧化酶均定位于周质空间。但是，Kamimura 等从嗜酸氧化亚铁硫杆菌菌株 NASF 中分离得到 SQR 基因，认为它是参与硫氧化的关键基因，在此基础上提出新的硫氧化模型，见图 1-6。

最近，Bonnefoy 等利用嗜酸氧化亚铁硫杆菌的标准菌株 *ATCC*23270 部分全基因组序列设计了含 3037 开放阅读框（ORF）的 50 个寡聚核甘酸探针的基因芯片，系统研究了嗜酸氧化亚铁硫杆菌铁硫代谢系统的组成，并通过 RT-PCR 进行验证，提出新的铁硫氧化模型，如图 1-7 所示。

早期的研究，主要是针对浸矿微生物的重金属离子抗性，希望能从抗性基因以及抗性质粒方面得到解释。内源质粒在硫杆菌中存在得相当普遍，已对 100 余

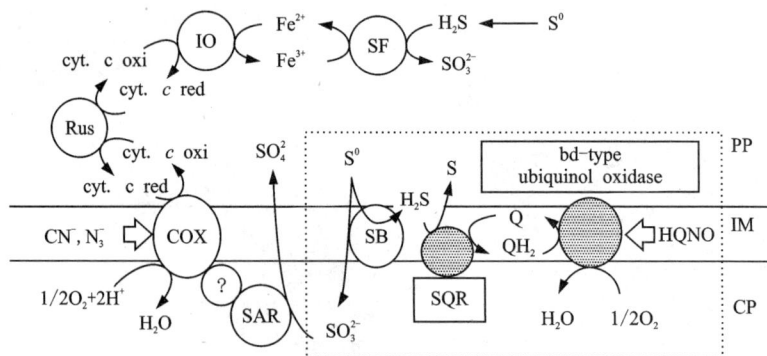

图 1-6   Kamimura 等提出的硫代谢系统模型

株来源于日本、南非、意大利、墨西哥、智利、加拿大和中国的嗜酸氧化亚铁硫杆菌进行了质粒检测，发现有 70% 左右的菌株含有 1～7 个质粒，分子量从 2kb 到 75kb 不等。目前至少有 3 个来源于嗜酸氧化亚铁硫杆菌的质粒被用来构建载体开展该菌株的基因转移研究。现在，由于嗜酸氧化亚铁硫杆菌标准菌株 ATCC23270 由 TIGR 公司进行全基因组测序，并且已经于 2006 年公布了部分注释序列，各国的研究小组都利用这一资源展开嗜酸氧化亚铁硫杆菌基因组学和代谢组学的研究。Selkov 等利用 ATCC23270 部分序列和生物信息学的序列比对方法构建了嗜酸氧化亚铁硫杆菌的氨基酸代谢路径，随后又报道了氢气利用、亚铁利用上调机制以及金属抗性基因簇。最近，Corinne Appia - Ayme 等根据 ATCC23270 基因组序列设计全基因芯片以及 RT - PCR 技术研究了嗜酸氧化亚铁硫杆菌的碳源代谢路径。另外，Ramirez P 等借助二维凝胶研究了嗜酸氧化亚铁硫杆菌 ATCC19859 在不同能源基质下蛋白质表达谱的差异。贺治国等也开展了嗜酸氧化亚铁硫杆菌蛋白质组学在铁硫能源基质以及磷酸缺乏条件下蛋白质表达谱的情况，并结合 MALDI - MS 鉴定一些表达差异显著的蛋白或肽段。

中南大学邱冠周率领的研究团队通过基因组序列、生物信息学和基因芯片等手段，进行基因功能破解，发展了高效菌株快速筛选的基因芯片法。其理论创新是，在世界上首次获得生物冶金纯培养菌——嗜酸氧化亚铁硫杆菌（简称 A. f 菌），以及在其全部 3217 个基因序列信息的基础上，发现了 320 个高氧化活性菌特征基因，135 个与亚铁和硫氧化以及抗性等功能有关的基因。在此基础上，创立了 A. f 菌及其活性的基因芯片检测的国家标准（GB/T20929—2007）。该标准从待检菌与模式菌的共有基因数判定是否为 A. f 菌，根据含有的高活性菌特征基因数以及高表达的功能基因数判定其浸矿活性。该标准不仅使菌种浸矿性能的检测时间从传统浸矿试验的几个月缩短到 3～5 天，而且由于可通过基因芯片对控制生物冶金微生物浸矿性状相关基因的全面检测而对其性能进行评判，克服了传统

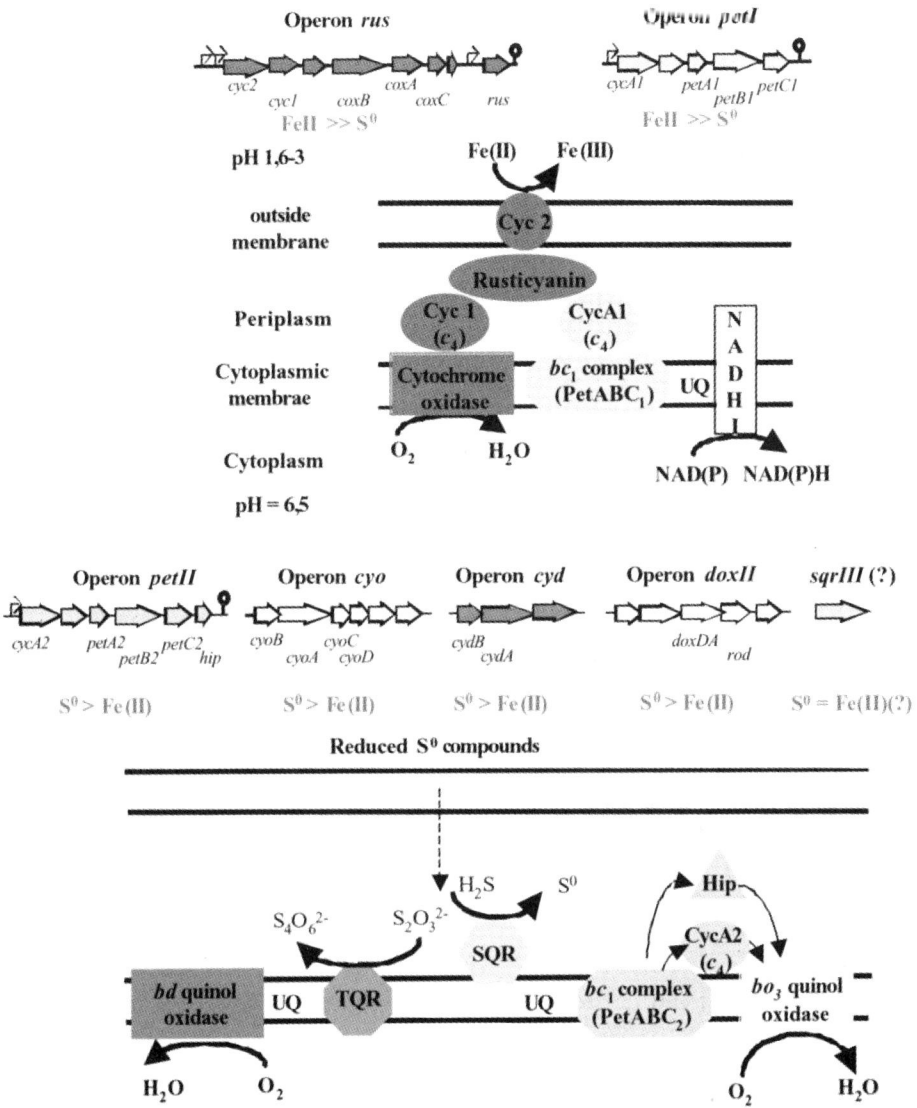

图1-7 Bonnefoy等提出的铁硫代谢系统模型

浸矿方法只测定表型特征、受环境影响很大、结果不稳定的缺点，使检测结果更加准确。应用该标准检测到了5株高活性 *A.f* 菌株，将其中的CMS005菌株应用于云南省江天矿冶有限责任公司官房铜矿对以黄铜矿为主的硫化矿生物浸出，经济效益十分显著，并在国际上首次制订了浸矿微生物检测的国家标准——《嗜酸氧化氧化亚铁硫杆菌及其活性的基因芯片检测方法》。

刘学端等在国际上首次构建了特异性强和灵敏度高(5ng)的浸矿微生物功能

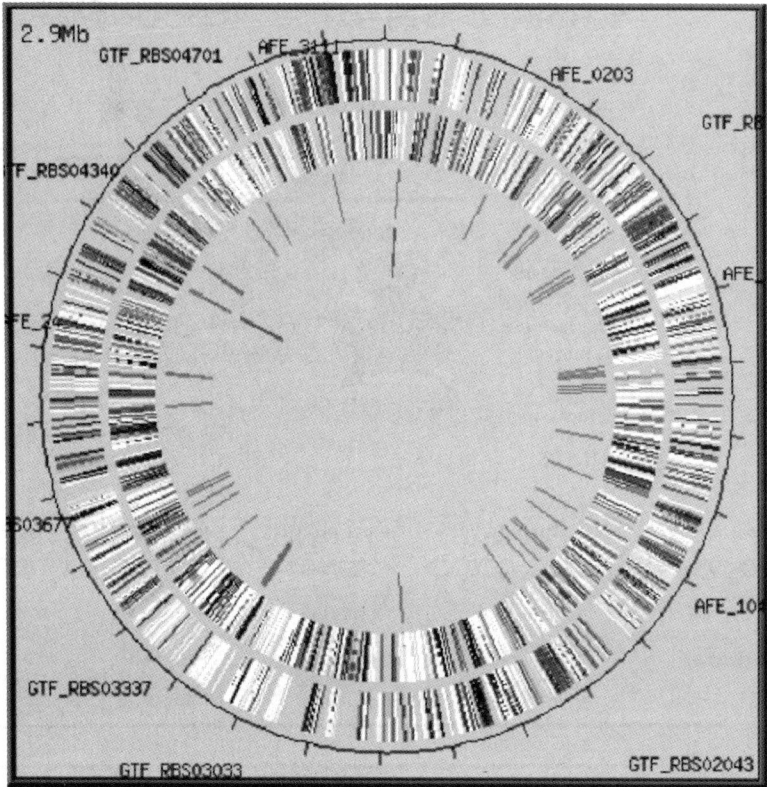

图 1-8　世界上首个 *A. ƒ* 菌(ATCC23270)的全基因组图谱

基因芯片,实现了对浸矿过程中微生物群落与功能的同步检测。通过功能基因芯片分析,探明浸矿过程中的微生物主要有 5 种功能类型:①氧化亚铁,3 属 5 种;②氧化硫,2 属 3 种;③既氧化亚铁又氧化硫,3 属 6 种;④还原三价铁,3 属 4种;⑤分解利用有机物,2 属 4 种。利用所构建的功能基因芯片,对不同浸矿样点进行研究,发现了在浸矿过程中有多种不同的微生物在发挥着作用,共检测到286 个功能基因,这些基因主要涉及与铁、硫、碳、氮等相关的代谢过程。在不同的样点中,其功能基因芯片所检测到的丰度有很大的差异。正在生产的浸矿体系(SLS 和 YTW)中有最多的功能基因并且有更高的重叠性,在亚铁氧化活性高和总铁含量高的浸矿系统,rusA、iro 和 polyferedaxin 等与铁代谢相关的基因含量丰富;在硫氧化活性高和含硫量高的浸矿系统,硫代硫酸盐转移酶基因和 sqr 基因等与硫代谢相关的基因含量丰富。这些研究说明微生物的代谢活动与矿物的分解过程密切相关。综合利用群落基因组芯片和功能基因芯片技术,首先探明了温度、pH、电位、孔隙率等动力学参数是影响浸矿微生物群落结构和群落演替的主要因素，进而揭示了微生物群落结构与功能、反应动力学条件和生物冶金工程条件的强关联规律。其中，高温、中温和低温微生物种群的组成和功能与浸矿体系的温度、筑堆的宽度和高度之间存在相互作用关系；嗜硫、嗜铁微生物种群的组成和功能与浸矿体系 pH、电位和喷淋工作制度之间存在相互作用关系；微生物碳、氮等营养的供应与浸矿过程的充气量和矿堆的通风、粒度之间存在相互作用关系。

1.3 微生物冶金的基础理论

1.3.1 微生物冶金的生物和化学反应

硫化矿的浸出过程主要是一个氧化过程，化学氧化、电化学氧化、生物氧化与原电池反应同时发生。氧化矿的生物浸出则要复杂得多，按其有无电子参加可分为还原过程、氧化过程、酸溶与络合反应等。不同的矿物涉及不同的过程，不同过程有不同的机理，甚至同一过程因微生物的不同，其机理也不同。在当前生物浸出的应用和研究中，硫化矿的生物浸出是一个十分引人关注的领域，也是一个研究得相对透彻和在生物浸矿中具有代表性的领域。这里主要针对硫化矿的生物浸出过程，来阐述其浸出机理。一般来说，硫化矿的氧化分解过程可以按照反应式(1-1)来进行：

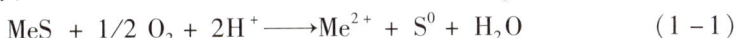

$$MeS + 1/2\ O_2 + 2H^+ \longrightarrow Me^{2+} + S^0 + H_2O \qquad (1-1)$$

但是，这一过程没有细菌参与时虽然在热力学上可行，但十分缓慢，因而不具实用价值。由于细菌的参与而使这一过程大为加快。细菌先把溶液中的 Fe^{2+} 氧化为 Fe^{3+}，反应如下：

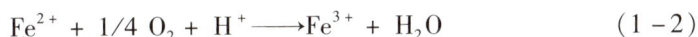

$$Fe^{2+} + 1/4\ O_2 + H^+ \longrightarrow Fe^{3+} + H_2O \qquad (1-2)$$

然后通过 Fe^{3+} 去与矿物发生反应，使矿物氧化分解，反应如下：

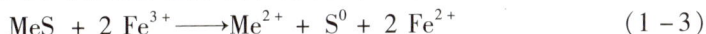

$$MeS + 2\ Fe^{3+} \longrightarrow Me^{2+} + S^0 + 2\ Fe^{2+} \qquad (1-3)$$

矿物氧化后 Fe^{3+} 又被还原为 Fe^{2+}，细菌可再次氧化此 Fe^{2+} 使其再生成 Fe^{3+}，此过程循环进行，从而使细菌间接氧化分解矿物。在矿物被生物氧化分解的过程中，浸矿微生物通过矿物组分和其他含钙镁钾矿物的溶解或者分解获得能量，从而生长。在细菌的浸出过程中，Fe^{2+} 的氧化是一个重要环节，该过程不仅使 Fe^{3+} 再生，为矿物分解提供强氧化剂，使浸出介质保持高的电位，同时通过这一过程使细胞获得能量用于自身的生长与繁殖。这一氧化过程最终的电子受体主要是 O_2，此外，在细菌的生长与繁殖过程中合成生物体组分也需要分出部分电子以提供合成还原力。前者可用反应式(1-2)表示。这一反应在热力学上是完全可行的，而且其趋势很大，不过在动力学上十分缓慢，但在细菌的参与下这一过程大为加快。对于这种情况，细菌所起的作用相当于催化剂，可以使反应速度加快。亚铁离子很容易被氧化成三价铁离子，在这一途径中亚铁离子作为电子供体。Fe^{2+}/Fe^{3+} 氧化还原具有一个高标准氧化还原电势（pH = 2.0 时为 +770mV）。其结果是只有氧能够作为自然电子受体，在质子存在的情况下，反应的产物为水（O_2/H_2O +820 mV，pH = 7.0）。利用二价铁作为电子供体只存在于有氧呼吸的过程中。

对于后者，分出的部分电子首先必须传给 NADP 用于合成通用还原力 NADPH，然后再分发给各生化反应过程。这种情况可用反应式（1 - 4）表示：

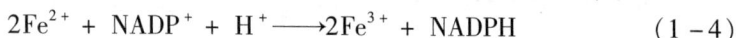

$$2Fe^{2+} + NADP^+ + H^+ \longrightarrow 2Fe^{3+} + NADPH \qquad (1-4)$$

因为 Fe^{2+}/Fe^{3+} 的标准还原半电势（在细胞外溶液 pH = 2.0 时为 +0.77 V）比 NAD(P)/NAD(P)H（在细胞内 pH = 7.0 时为 -0.32 V）的正很多。它面临一个生物能问题的特殊挑战，这意味着从 Fe^{2+} 到 NAD(P) 的电子不得不逆着电势往上推，这也就是所谓的"上山电子传递路径"。上山电子传递路径的驱动力来跨细胞内膜产生的质子梯度（细胞内 pH = 7.0，细胞外 pH = 2.0）。

1.3.2 微生物冶金的经典机理

自 20 世纪 50 年代发现浸矿细菌以来，细菌 - 矿物的作用机理一直是人们力图解决的课题，经过多年的研究和观测，1964 年，Silverman 和 Ehrlich 提出了细菌浸矿作用机理的传统假说：直接作用、间接作用，之后又经过多年的研究和观测，人们提出了基于化学、电化学和生物化学的联合作用。2001 年，Tributsch 认为用"接触"浸出代替"直接"浸出更能反映细菌和硫化矿表面之间的作用。这一假说得到了很多学者的认同。Crundwell（2003）对其进行了改进和总结，提出了直接作用、间接接触作用、间接作用。综合以上观点，对细菌 - 硫化矿的作用机理表述如下：

1. 直接作用

直接作用是指细菌与矿物表面接触，通过酶的作用，直接氧化矿物并从中获得能量，同时溶解矿物晶格，将金属硫化物氧化为酸溶性的二价金属离子和硫化物的原子团，使其矿物溶解。在有水和空气（氧气）存在的情况下，以细菌浸出黄铜矿、黄铁矿、铜蓝为例，发生如下反应：

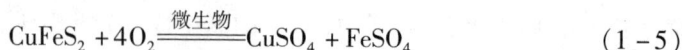

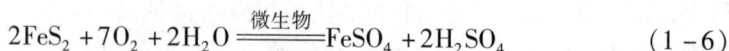

$$CuFeS_2 + 4O_2 \xrightarrow{\text{微生物}} CuSO_4 + FeSO_4 \qquad (1-5)$$

$$2FeS_2 + 7O_2 + 2H_2O \xrightarrow{\text{微生物}} FeSO_4 + 2H_2SO_4 \qquad (1-6)$$

$$CuS + 2O_2 \xrightarrow{\text{微生物}} CuSO_4 \qquad (1-7)$$

图 1 - 9 为硫化矿直接浸出机理示意图。在这类反应中，细菌既不是反应物，

也不是产物,而只起着催化作用,这种催化作用可以理解为是一种"生物电池反应"。如图1-10所示,浸没在浸出体中的硫化矿为负极,细胞膜与细胞质为正极,体系中的O_2为电子的载体。

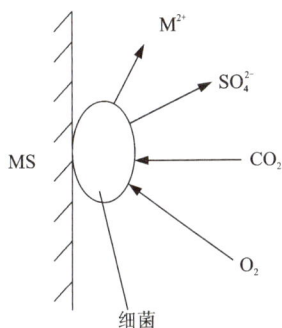

图1-9 硫化矿直接浸出
机理示意图

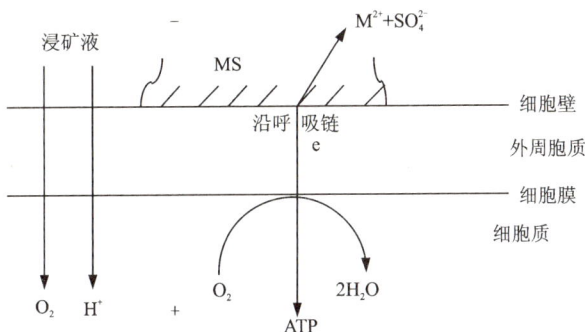

图1-10 硫化矿的氧化机理示意图

有研究指出,细菌与矿物的接触和吸附是直接作用的前提,细菌通过物理吸附或者化学吸附方式,多吸附在晶体表面的离子镶布点、位错点上,使矿物表面形成腐蚀。细菌吸附在矿物表面,氧化硫化物及由硫化物氧化产生的金属离子如亚铁离子、元素硫,为细菌的代谢、生长提供能量,而化学氧化释放的电子则通过细胞壁到达细胞质膜,在那里作为电子的最终点与细菌呼吸的氧结合。

2. 间接作用

间接作用是指矿石在细菌作用过程中产生的硫酸铁和硫酸作用下发生化学溶解作用。反应中产生的Fe^{2+}在细菌作用下又被氧化成Fe^{3+},形成新的氧化剂,使间接作用不断进行下去。这类作用的特点是Fe^{3+}和Fe^{2+}在过程中起桥梁的作用。以黄铜矿为例,发生如下反应:

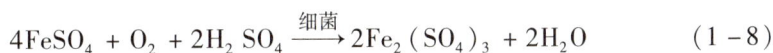

$$4FeSO_4 + O_2 + 2H_2SO_4 \xrightarrow{\text{细菌}} 2Fe_2(SO_4)_3 + 2H_2O \qquad (1-8)$$

$$2S + 3O_2 + 2H_2O \xrightarrow{\text{细菌}} 2H_2SO_4 \qquad (1-9)$$

$$CuFeS_2 + 2Fe_2(SO_4)_3 \xrightarrow{\text{细菌}} CuSO_4 + 5FeSO_4 + 2S \qquad (1-10)$$

在浸矿反应过程中Fe^{3+}可以通过反应式(1-10)消耗掉,通过反应式(1-8)、反应式(1-9)生成Fe^{2+},Fe^{2+}作为细菌的能源基质,促进细菌的生长和繁殖,如此循环进行,使黄铜矿中的铜和铁溶解。反应机理示意见图1-11。

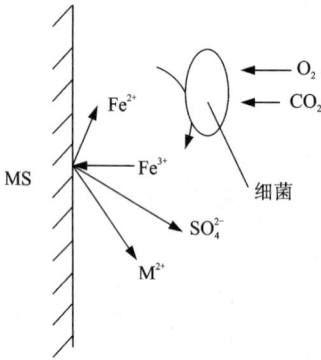

图 1-11　硫化矿间接作用模型示意图　　图 1-12　间接接触作用示意图

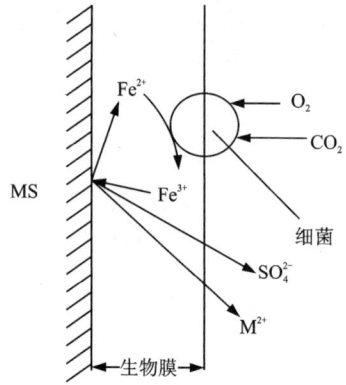

　　Tributsch（2001）指出"接触"浸出代替"直接"浸出更能反应细菌和硫化矿表面之间的作用。Crundwell（2003）对其进行了改进和总结，提出了间接接触作用，如图 1-12 所示。他指出间接接触作用细菌吸附在矿物的表面，形成由细菌和外部分泌的聚合物组成的生物膜，在生物薄膜内，细菌氧化 Fe^{2+} 生成 Fe^{3+}，形成新的氧化剂，在硫酸铁和硫酸作用下矿物发生化学溶解。

　　在间接作用过程中，由于浸出体系的不同，存在以下 2 个反应过程：

　　（1）在矿粒表面生成元素硫的产物层；

　　（2）在一定的 pH 条件下，在矿粒表面生成铁的氢氧化物或铁矾的固体产物层。在此时又派生出 2 种间接反应模型，如图 1-13、图 1-14 所示：

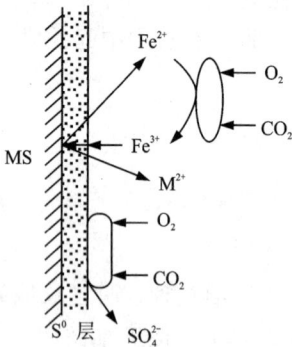

图 1-13　生成硫膜的间接反应模型示意图　　图 1-14　生成铁钒的间接反应模型示意图

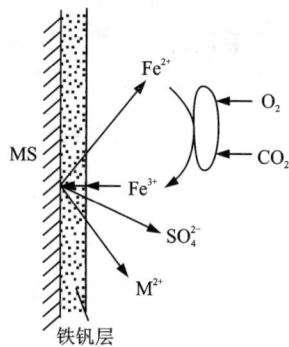

1.3.3 微生物冶金新的作用模式

1. 联合作用

联合作用机制是指在硫化物细菌浸出中,既有细菌的直接作用,又有通过Fe^{3+}氧化的间接作用。有些情况下以直接作用为主,有些则以间接作用为主,2种作用都不可排除,这是金属硫化矿物细菌浸出所遵循的一般规律。诸多资料表明,黄铜矿的细菌浸出作用即为直接作用与间接作用的联合效果。反应式(1-11)至(1-15)描述了黄铜矿细菌浸出的联合作用:

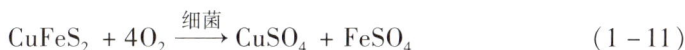

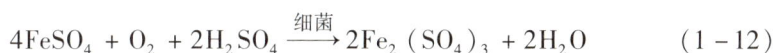

$$CuFeS_2 + 4O_2 \xrightarrow{\text{细菌}} CuSO_4 + FeSO_4 \qquad (1-11)$$

$$4FeSO_4 + O_2 + 2H_2SO_4 \xrightarrow{\text{细菌}} 2Fe_2(SO_4)_3 + 2H_2O \qquad (1-12)$$

$$CuFeS_2 + 2Fe_2(SO_4)_3 \xrightarrow{\text{细菌}} CuSO_4 + 5FeSO_4 + 2S \qquad (1-13)$$

$$2S + 3O_2 + 2H_2O \xrightarrow{\text{细菌}} 2H_2SO_4 \qquad (1-14)$$

总反应式为(1-15):

$$2CuFeS_2 + 8.5O_2 + H_2SO_4 \xrightarrow{\text{细菌}} 2CuSO_4 + Fe_2(SO_4)_3 + H_2O \qquad (1-15)$$

2. EPS 接触浸出

浸矿微生物通过细胞表面的胞外多聚物吸附到矿物表面,这种吸附一般可以在微生物接种后数小时之内完成。随着浸出反应时间的延长,胞外多聚物急剧增加,不但会包裹微生物全身,还会蔓延到矿物表面形成一层连续的生物膜。1998年,Gehrke 等人成功地从浸矿微生物中提取到胞外多聚物,并对其成分和含量进行了分析。胞外多聚物的成分主要为糖类和脂肪酸,并含有少量的蛋白质。另外,他们还在胞外多聚物中发现了三价铁离子。他们推测胞外多聚物中的糖醛酸能以2:1的形式跟三价铁离子结合并生成一种复合物,从而达到富集三价铁离子的效果。SEM 结果显示,浸矿微生物吸附到矿物表面后,会产生大量胞外多聚物包裹自身并覆盖矿物表面,而这些物质很有可能富集三价铁离子到矿物表面,从而达到氧化硫化矿的结果。

在由亚铁培养的铁氧化菌中,如氧化亚铁硫杆菌,胞外多聚物中的糖醛酸成分普遍存在,而在由硫培养的硫氧化菌种中,如氧化硫硫杆菌,却不存在糖醛酸成分。另外,关于吸附微生物表面胞外多聚物的组成成分和含量的报道也不尽一致,这可能是由于菌种类型、培养时间以及提取方法的不同所致。

胞外多聚物对生物浸出有着重要的作用,主要包括:①介导浸矿微生物吸附到矿物表面;②通过糖醛酸等物质富集溶液中的三价铁离子,从而在矿物表面形成一个氧化空间用于溶解矿物(图1-15)。具体而言,浸矿微生物胞外多聚物中糖醛酸等物质极易结合三价铁离子,从而使得细胞表面带正电。在 pH 低于2.0

的情况下，大多数的硫化矿表面带负电。所以带正电的微生物就会通过静电作用吸附到带负电的矿物表面。矿物表面通过胞外多聚物浓缩的三价铁离子主要以化学浸出的方式溶解硫化矿，从而释放出微生物生长所需的能源物质。

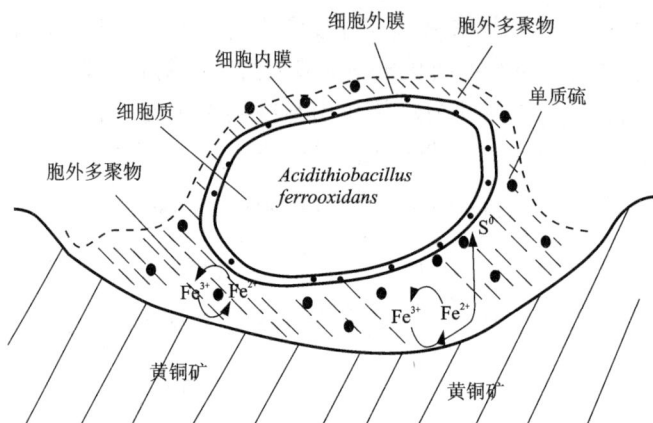

图 1 - 15　矿物表面的吸附微生物通过胞外多聚物浸出黄铜矿的过程

　　胞外多聚物 - 三价铁复合体被认为在黄铜矿生物浸出过程中对矿物的氧化分解起着非常重要的作用，但是其具体的氧化方式及复合体中三价铁离子的走向目前仍不清楚。Beech 和 Sunner 两人推测矿物表面的胞外多聚物 - 三价铁复合体氧化黄铜矿的方式有两种(如图 1 - 16 所示)。①该复合体中的三价铁离子在氧化黄铜矿后，被还原成亚铁离子并从胞外多聚物上脱落下来，同黄铜矿本身溶解过程中释放的亚铁离子一样，有的被吸附微生物利用，有的进入溶液被游离微生物利用。②复合体中的三价铁离子在氧化黄铜矿后，被还原成亚铁离子但是并不从胞外多聚物上脱落，而是形成一种新的复合体——胞外多聚物 - 亚铁复合体。新产物会被吸附微生物以氧气为电子受体再次氧化成胞外多聚物 - 三价铁复合体，而黄铜矿溶解产生的亚铁离子主要进入溶液中被游离微生物利用。两种氧化方式的不同之处主要在于亚铁离子在黄铜矿表面的存在方式。如果亚铁离子能如三价铁离子一样在矿物表面富集，那么上述中的第二种应为黄铜矿的氧化方式。但是 Beech 和 Sunner 两人并没有给出直接的实验证据来证明这种推断。

　　胞外多聚物是近十年来生物冶金领域的研究重点，它不仅对生物浸出机理的阐明有重要推动作用，而且是研究黄铜矿生物浸出钝化现象的关键。据报道，在黄铜矿生物浸出过程中，各种无机盐(包括铁矾沉淀，多硫化物，单质硫等)化合物以胞外多聚物为中心组建"生物矿物"，这层生物矿物随着浸出反应的进行，会严重阻碍黄铜矿与溶液中的气体、离子和电子传递，从而影响铜的持续浸出。事

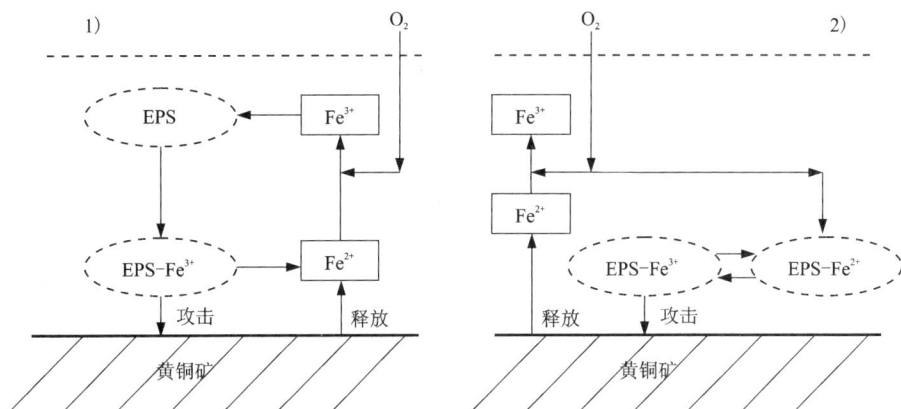

图 1-16 胞外多聚物-三价铁复合体氧化黄铜矿的两种形式

实上，这层"生物矿物"就是生物冶金领域常说的"钝化膜"概念的形象表述。因此，要研究黄铜矿生物浸出过程中的钝化现象，胞外多聚物的研究具有极其重要的地位。

　　硫化矿生物浸出过程中微生物胞外多聚物的提取及鉴定对生物浸出理论的发展提供了重要帮助。1998 年，Gehrke 等人成功地从浸矿微生物中提取到胞外多聚物，并对其成分和含量进行了分析。2001 年，Tributsch 等人认为吸附于矿物表面的微生物存在两种形式：第一种是能氧化硫的微生物，如氧化硫硫杆菌紧贴在矿物表面，以矿物分解释放的 HS^-、S^0 和 $S_2O_3^{2-}$ 为生长能源物质；而第二种是能氧化亚铁的微生物，如氧化亚铁钩端螺旋菌则通过胞外多聚物与矿物表面形成一个氧化空间，里面有富集的三价铁离子。三价铁离子氧化矿物后产生的二价铁离子则成为铁氧化菌生长的能源物质。游离微生物的作用主要是为氧化矿物提供充足的三价铁来源和保持适宜的酸性环境。因此，他们认为生物浸出的"直接-间接作用"理论已经过时，建议用"接触"替代"直接"这个概念。

1.4　微生物冶金的工艺与技术

1.4.1　微生物冶金技术的工艺流程

　　矿物微生物提取技术的浸出工艺基本流程分为三种，包括堆浸：废石堆浸、矿石堆浸；地浸：就地浸出；槽浸：精矿搅拌槽浸。矿物微生物提取的浸出工艺，一般用来处理大量的金属废矿石、贫矿和小而分散的矿山的矿石。

1. 堆浸

堆浸分为废石堆浸(dump leaching)和筑堆浸出(heap leaching)。废石堆浸用来处理低品位的铜矿石。矿石以原始的粒度堆放,大小迥异,粒度范围很大,从几微米到几米,矿石的粒度对浸出效果有很大的影响,大块的矿石由于不能很好地与细菌和浸出液接触,矿物的溶解慢。小块的矿石由于和黏土等混合在一起,使堆内的渗透性减小,阻碍空气和浸出液的流动,从而阻碍了矿物的溶解,所以堆浸周期很长。

筑堆浸出用来处理氧化铜矿和难以浸出的硫化铜矿,矿石经破碎后堆放在专门准备的垫层上,堆高在 3 ~ 15 m,浸出液从顶部均匀地喷淋到堆上,使浸出液渗滤浸出矿物。与废石堆浸相比筑堆浸出周期要短。

2. 就地浸出

就地浸出也叫"溶浸采矿",该浸出过程是由地面注入溶浸剂到矿体中,原地溶浸矿物回收浸出液的方法。

3. 槽浸和搅拌浸出

槽浸是一种渗滤浸出,通常在反应槽中或渗滤池中进行。搅拌浸出分为机械搅拌浸出和空气搅拌浸出。这两种浸出方式主要用来处理高品位的矿石或者精矿。浸出过程的许多操作条件对浸出有很大的影响,在实际过程中调整好工艺参数相当重要。铜矿细菌浸出通常所用的技术工艺流程是细菌浸出—萃取—电积,具体见图 1 - 17。

1.4.2 微生物冶金技术的影响因素

硫化矿的细菌浸出过程是一个复杂的反应过程,在这个过程中存在着细菌的生长繁殖和生物化学反应、细菌与矿物之间的作用、浸出剂和矿物之间的化学反应。在此过程中作用的对象是矿石,矿石的性质是影响浸出的首要因素。再者,浸出体系对细菌的生长和一系列反应的进行有着重要的影响,细菌的生长情况和活性是浸出过程的重要环节。所以菌种及营养条件、环境温度、环境酸度、Fe^{3+}浓度、表面活性剂、金属离子浓度、通气条件、催化金属离子等都是影响浸出的重要因素。对浸出体系多因素相互作用进行深入系统的研究,将为生物浸出速度慢、浸出率低等缺点的解决提供一定的技术支持。影响生物浸出的主要因素可能包括以下几个方面:

1. 细菌的影响

浸出体系中细菌的品质是影响细菌浸出过程的重要因素。细菌的生长、繁殖、氧化活性等都会影响浸出过程。提高细菌的品质、改善细菌生长繁殖的介质条件也成为加强浸出的重要的研究内容。

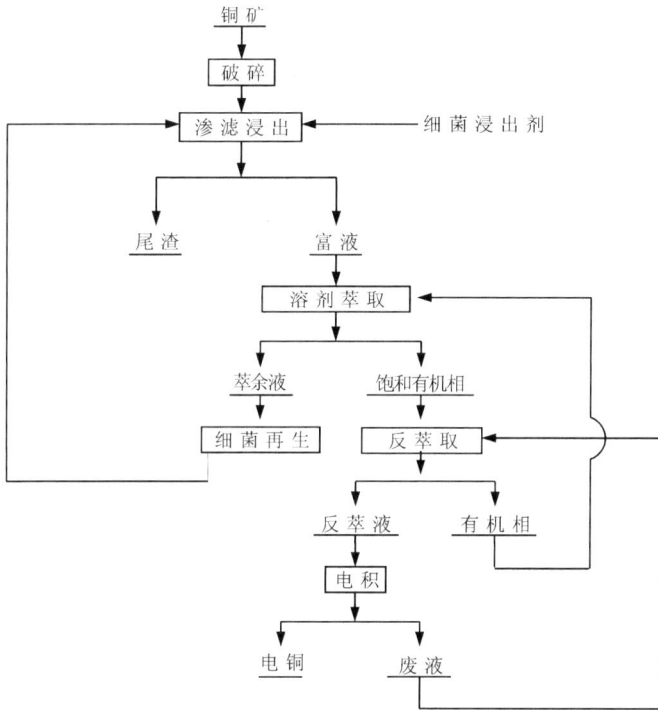

图 1 - 17　细菌浸出—萃取—电积流程示意图

金属矿物的浸出速度和浸出介质中细菌的浓度成正比，要取得矿物浸出的高速度，则须保持细菌生长繁殖的高速度，所以必须提供细菌生长所必需的足够营养。试验证明，在供给足够 CO_2 的情况下，氮对矿石浸出效果影响最明显，磷酸盐浓度是浸出速率的限制因素，铵离子浓度为总浸出率的限制因素，所以浸出过程中要保证细菌生长必需的 NH_4^+ 和磷酸盐。除提供细菌所需的营养外，还要提供细菌进行代谢活动所需的能源。浸矿细菌的能源主要是 Fe^{2+} 和 S。通过培育和驯化细菌使细菌适应浸出矿物的条件，利用矿物中的组分作为代谢活动的能源。

2. 环境温度

温度对细菌的繁殖和生存影响很大，微生物生长需要适宜的温度范围，因此细菌浸出所能选择的温度首先受微生物生长的制约。氧化亚铁硫杆菌的最适生长温度是 30℃ ~ 32℃，此时细菌活力强、生长快、浓度高、浸出快。当温度低于10℃时，细菌活力变得很弱，生长繁殖也很慢。当温度高于45℃时，细菌中酶活性降低，细菌生长受到影响，甚至死亡。

金属硫化矿的氧化浸出为放热反应。研究表明，搅拌槽浸有时温度可达90℃以上，堆浸的矿堆内部温度有时高达80℃以上。因此，使用某些耐高温的菌株是人们感兴趣的方向。Dew 等研究用嗜热细菌浸出黄铜矿，在 68 ℃和 78 ℃下，浸出30 天，浸出效果很好。Norton 和 Crundwell（2004）指出了堆浸过程中温度降低从而影响黄铜矿的浸出的原因，研究人员也已提出了许多保持浸出温度的方法和措施（Plessis 和 Kock，2005；Norton 和 Crundwell，2004；Kohr，2002；Batty 和 Norton，2003；Lane，2000；Winby 和 Miller，2000）。

3. 浸出体系 pH

浸出体系的 pH 直接影响细菌的繁殖速率、细菌的氧化能力和活性以及硫化矿的氧化速率，同时也决定了适宜生长繁殖的细菌和菌种。对于不同的细菌，最适宜的酸度条件不同，Helle 和 Onken 在黄铁矿生物氧化连续浸出实验研究中发现，当矿浆 pH 升高至 1.5 ~ 2.3 时，以氧化亚铁硫杆菌为主；当 pH < 1.5 时，氧化亚铁硫杆菌已为数不多，而代之以铁氧化钩端螺菌氧化为主。同时，在浸出过程中由于酸度的不同，浸出反应会有很大的不同，当 pH 过高时，会生成黄钾铁矾等沉淀，导致细菌生长的能源减少，同时沉淀附着于矿石表面，妨碍细菌与矿石接触，从而降低浸出速度。故在细菌浸出体系中要保持适宜的 pH，提供良好的细菌生长环境，进而提高浸出效果。

4. 介质的氧化还原电位

硫化矿的浸出过程是一个电极腐蚀过程，氧化还原电位对浸出至关重要。已有深入广泛的研究。氧化还原电位及其控制是黄铜矿精矿搅拌浸出和原矿堆浸过程中的关键因素。最近 Hiroyoshi 等指出，在黄铜矿的浸出过程中，当浸出液氧化还原电位低于临界电位时，铜的浸出速度提高。Okamoto 等提出了低品位硫化铜矿浸出过程中控制氧化还原电位的方法。早期，Bruynesteyn 等（1986）充分利用银离子催化黄铜矿的生物浸出，利用硫代硫酸盐调节矿浆氧化还原电位在 540 ~ 660 mV 时，可以极大地提高黄铜矿的浸出率。氧化还原电位是许多浸出过程的固有因素。浸出液中 Fe^{3+}/Fe^{2+} 的浓度比决定氧化还原电位。Dixon 和 Tshilombo 指出通过控制浸出液中的 Fe^{3+} 或者 Fe^{3+}/Fe^{2+}，从而控制氧化还原电位在适宜的浸出要求范围内，一般以控制在 340 ~ 680 mV 为宜。

5. 通气条件的影响

浸矿微生物一般为好氧菌，同时吸收大气中的 CO_2 作为碳源，持续供给 O_2 及 CO_2 是细菌生长繁殖和保持活性的必需条件。所以在这类细菌的培养和浸出作业中，充分供气是很重要的。研究表明，细菌生长中实际消耗的氧比水中溶解的氧多两个数量级。仅靠自然溶解在水中的氧远不能满足细菌需要，除了机械搅拌溶液或加速溶液渗滤循环以强化供氧之外，向溶液中充气或加快溶液的循环速度，都可以改善溶液中氧的供应状况。在细菌堆浸中，矿石堆中供气充分与否是影响浸出效果好坏的决定因素，Readctt 和 Sylwestrzak 指出智利和澳大利亚利用加压通气满足了细菌生长对氧气和二氧化碳的需求，加强了浸出。

但过度充气也会影响细菌活性。一般控制充气速度为 $0.05 \sim 0.10 \text{ m}^3/\text{min}$，此时除保证供氧之外，随空气带入的 CO_2 一般也能满足细菌对碳的需求。但有时为加快细菌繁殖速度，需在供气中补加 $1\% \sim 5\%$ 的 CO_2。

6. 离子浓度

细菌生长需要某些微量元素如 K^+、Mg^{2+}、Ca^{2+} 等金属离子。这些离子在细菌生长中起重要作用，K^+ 影响细胞的原生质胶态和细胞的渗透性；Ca^{2+} 控制细胞的渗透性并调节细胞内的酸度；Mg^{2+} 和 Fe^{2+} 是细胞色素和氧化酶辅基的组成部分。但如果金属离子特别是重金属离子含量过多，将对细菌产生毒害作用。因此，细菌对各种离子的抗性及对浸出的效果是很重要的。研究表明，不同的细菌，同一细菌的不同菌株，同一菌株在经历了不同环境下的培养后，其抗性各异。

研究表明，氧化亚铁硫杆菌在下列金属离子浓度下可以生存：Co^{3+}（30 g/L），Cu^{2+}（55 mg/L），Ni^{2+}（72 g/L），Zn^{2+}（120 g/L），U_3O_8（12 g/L），Fe^{2+}（160 g/L）。但氧化亚铁硫杆菌对 Hg^{2+}、Ag^+、As^{3+}、Mo^{6+} 与负一价阴离子 Cl^-、Br^-、NO_3^-、F^- 敏感，抗性差。研究表明氯化物的存在对 *A. ferrooxidans*、*L. ferriphilum*、*S. Metallicus*、*S. rivotincti* 等诸多细菌的生长有很大的抑制作用。Shiers 等研究指出 7 g/L 的氯化钠可以抑制 50% 的细菌复制。氟离子严重抑制细菌生长，同时降低细菌氧化硫磺的能力。

硫化物溶度积很小的金属阳离子如 Ag^+、Bi^{3+}、Co^{2+}、Hg^{2+} 等对金属硫化物的细菌浸出有催化作用，用氧化亚铁硫杆菌浸出闪锌矿时，Ag^+、Bi^{3+} 可催化闪锌矿的浸出。Ag^+ 和 Hg^{2+} 对复杂金属硫化矿细菌浸出的催化作用也很明显。Hu 等指出催化离子，特别是银离子，可以与黄铜矿表面发生反应生成 Ag_2S，从而改善黄铜矿的阳极溶解过程，抑制钝化作用，加快了黄铜矿的溶解。

也有一些研究者认为，金属阳离子从硫化矿的晶格中取代出 Fe^{2+}，Fe^{2+} 进入溶液后又在细菌参与下氧化为 Fe^{3+}，加快了矿物的溶解过程。

诸多研究表明，各种离子对细菌的生长有很大的影响，在细菌浸出体系中要充分考虑离子带来的影响，进而达到较好的浸出效果。

7. Fe^{3+} 及 Fe^{2+}/Fe^{3+} 的影响

在硫化矿的细菌浸出体系中，铁离子是影响细菌生长和浸出的重要因素，Fe^{3+} 是酸性条件下浸出体系的强氧化剂，在以间接作用为主导的反应体系中，Fe^{3+} 起着首要的作用。Fe^{2+} 是细菌生长的主要能源。在浸出体系中，细菌通过氧化 Fe^{2+} 使 Fe^{3+} 获得生长所需的能量，Fe^{3+} 氧化金属矿物后被还原为 Fe^{2+}，细菌又将 Fe^{2+} 氧化为 Fe^{3+}，此氧化还原过程反复进行。Fe^{2+}/Fe^{3+} 是浸出环境电位的首要影响因素。

Fe^{3+}是酸性条件下浸出体系的强氧化剂，浓度主要受铁沉淀物溶解度控制。由于溶液 pH 升高，硫酸铁水解生成氢氧化物和铁矾，反应如下：

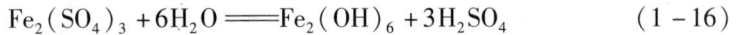

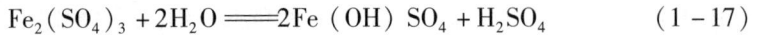

$$Fe_2(SO_4)_3 + 6H_2O \Longrightarrow Fe_2(OH)_6 + 3H_2SO_4 \qquad (1-16)$$

$$Fe_2(SO_4)_3 + 2H_2O \Longrightarrow 2Fe(OH)SO_4 + H_2SO_4 \qquad (1-17)$$

结晶性黄钾铁矾沉淀$[MFe_3(SO_4)_2(OH)_6]$包围在矿石表面，形成比较致密的包裹层，吸附在矿物表面，阻碍了细菌在矿物表面的吸附，减慢了 Fe^{3+} 和溶解反应生成物的扩散速度，从而阻碍了硫化矿物的溶解反应。在堆浸过程中，铁沉淀不仅包围矿石表面，妨碍矿石继续溶解，而且能堵塞矿堆中的孔隙，使矿堆渗透性变差，影响浸出液和空气在矿堆中流通。为防止铁沉淀的生成，浸出过程的酸度应控制在 pH < 2。Kohr、Marsden 等提出了通过降低溶液中 Fe^{3+} 浓度来控制铁的沉淀的方法。

一般认为浸出剂中需要有 Fe^{3+}，但过量 Fe^{3+} 对浸出反而不利，要根据具体情况控制浸出剂中 Fe^{3+} 的浓度，变化范围通常为 0.5 ~ 10 g/L。

8. 矿石粒度和矿浆浓度的影响

矿石粒度和矿浆浓度是在浸出过程中重要的影响因素。

矿石粒度越细，比表面积越大，越有利于微生物与矿石接触，对提高浸出率有利。Rhodes、van Staden 等研究表明黄铜矿粒度为 P_{80} < 15 μm 时，就可以克服浸出速度慢和浸出不完全的缺点。但对于堆浸来说，矿石粒度太细，堆内空气的流通和浸出液的渗透会受到影响。对于含泥矿石来说，粒度过小，泥质成分易堵塞孔隙，使矿堆的渗透性降低，且细泥可以阻碍细菌在矿物表面的吸附从而影响浸出速度。由此可见，根据矿石的性质和浸出方式，存在一个合理的浸出矿石粒度。

搅拌浸出中矿浆浓度对微生物生长及矿石浸出影响很大。当矿浆浓度为 10% ~ 20% 时，微生物生长和浸出效果不受影响；当矿浆浓度大于 20% 时，金属浸出率明显下降；矿浆浓度达到 30% 以上时，微生物很难生存。矿浆浓度大时，除降低空气中的 O_2 和 CO_2 在矿浆中的溶解率外，还会使矿粒之间的摩擦增多，致使矿粒上的细菌易于脱落，且增大了细菌细胞的磨蚀，破碎细胞的有机物，从而抑制细菌的生长，降低了生物浸出速度。因此在浸出过程中，应控制矿浆浓度在 10% ~ 20%，最多 30%。

9. 表面活性剂

表面活性剂可改善矿石的亲水性和渗透性，改善细菌在矿物表面的吸附速度和强度，达到增大浸出速度的目的，但并不能直接促进细菌生长。每种活性剂存在一个最佳使用浓度。研究表明，吐温 20 在最佳浓度（0.003%）时，可以将黄铜矿的浸出速度从 20 mg/(L·h) 提高到 500 mg/(L·h)。如果浓度过高则会引起细菌的死亡。

10. 某些危害细菌的因素

日光中的紫外线有强烈杀菌作用，故应在尽量避光的条件下浸出。红杉木会释放杀菌剂，不宜用它制作槽子或溜槽。F^-、CN^-、乙基黄药阴离子及丁铵黑药阴离子都影响 Fe^{2+} 的细菌氧化，应加以限制。在浸出液再生过程中应设法除去过多的有害金属离子。

1.4.3 铜矿的微生物冶金

目前世界上采用生物冶金提取的铜金属已经占到全球产铜量的25%，世界铜矿生物冶金情况如表1-5所示。1950年美国 Kennecott 铜矿公司开始原生硫化铜矿表外矿生物堆浸试验研究，并于1958年获得矿物生物提取史上第一个专利。研究水平的不断提高，加速了生物提铜技术的工业化应用。1970年铜溶剂萃取-电积技术获得商业化应用，1980年 Lo Aguirre 铜矿实现生物堆浸的商业化应用，这些都标志着生物浸铜技术已迈向了大规模工业生产时代。1986年墨西哥的 Cananea 铜矿实现大规模的废石生物堆浸，该矿石为特大型斑岩铜矿，含铜0.26%。堆浸初期堆高为70～120 m，浸出周期80个月，铜回收率55%～60%。1990年后进行技术改进，使铜回收率从60%提高至85%，浸出周期缩短一半，20世纪末该矿生物堆浸规模达到年处理2750万t表外矿。智利的 Quebrada Blanca 铜矿，位于智利北部海拔4400 m 的 Alti Plano 高原荒漠上，气候严寒，冬天最低气温零下10℃，采用生物堆浸—萃取—电积工艺，1994年投产。处理含铜1.3%的次生硫化铜矿石，铜浸出率达80%以上，年产阴极铜8.0万t。BHP公司在 Spence 建立了低品位黄铜矿生物堆浸试验项目，于2007年建成投产。矿山位于智利北部，是目前正在建设的唯一黄铜矿生物堆浸项目，总储量3.11亿t，铜平均品位1.14%，其中氧化矿7900万t，品位1.18%，硫化矿2.32亿t，品位1.13%。氧化矿和硫化矿分开堆浸，设计规模年产阴极铜20万t，服务年限17年。2004年，BHP公司采用极端嗜热嗜酸菌在 Spence 建成生物搅拌浸出—萃取—电积工业试验厂，处理含砷黄铜矿精矿，含量分别为 Cu 33%、As 4.5%、S 35%，作业温度为78℃～80℃，浸出周期为7～10 d，铜浸出率95%，砷固定率90%，年产阴极铜2万t。

近年来我国生物提铜技术也取得了突破性的进展，在"九五"国家科技攻关计划的支持下，1997年江西德兴铜矿表外矿生物堆浸厂建成投产，入堆 Cu 品位0.1%，矿石未破碎，年浸出率9%，2006年生产阴极铜1500 t，每吨阴极铜生产成本小于1.5万元，其生产环境如图1-18和图1-19所示。在"十五"国家科技攻关计划的支持下，2005年在福建上杭紫金山铜矿建成我国第一座铜矿石的生物湿法堆浸—萃取—电积提铜矿山，设计规模为年采矿石量330万t和年产阴极铜1.3万t，为地下采矿；2006年实际采矿量170万t，处理的矿石铜品位平均为

0.38%，浸出周期7个月，铜浸出率80%，生产阴极铜7000多t，阴极铜生产成本仅为1.39万元/t。图1-20、图1-21和图1-22是紫金山生物冶金生产实际情况。

图1-18 德兴铜矿生物冶金堆场

图1-19 德兴铜矿生物冶金集液库

到目前，生物湿法提铜已在低品位、高海拔、表外矿资源实现了大规模商业应用，全球建成生物堆浸提铜的矿山十几座，扩大铜储量8000万t以上，年产阴极铜超过百万吨，具有广阔的应用前景。Quebrada Blanca矿山位于智利北部的Alti Plano沙漠，是原生斑岩矿床，铜的平均品位为1.41%，含铜矿物为辉铜矿（占73.1%）、铜蓝（占13.1%）以及黄铜矿（占13.5%），采用原位堆浸—萃取—

电积技术（Heap leaching SX - EW），于 1991 年启动工程，1994 年 1 月运转，每天处理硫化矿 17300 t，生产标准铜 206 t。另外，在智利 Codelco 地区的 Baia Ley 矿山设计了废石矿堆堆浸的工艺，图 1 - 23 所示为其堆浸堆以及相关设施。

图 1 - 20　紫金山铜矿生物冶金堆场

图 1 - 21　紫金山铜矿生物冶金浸出液池

图 1 - 22　紫金山铜矿生物冶金电铜产品

图 1 - 23　Cerro Colorado 堆浸

（a）浸堆鼓风机；（b）绝热膜；（c）灌淋装置

表1-5 世界难处理金矿生物预氧化处理工厂一览表

厂矿名称	国家	原料性质	工艺	规模(t/d)	投产时间
Faiview	南非	精矿	BIOX ®	55	1988 年
Sao Bento	巴西	精矿	BIOX ®	150	1990 年
Youanmi	澳大利亚	精矿	BacTech	60	已关闭
Harbour Lights	澳大利亚	精矿	BIOX ®	40	1991 年,现已关闭
Wiluna	澳大利亚	精矿	BIOX ®	158	1993 年
Ashanti	加纳	精矿	BIOX ®	960	1994 年
Nemont - Carlin	美国 (内华达州)	原矿块矿 (含铜金矿)	Newmont	10000	1995 年
Tamboraque	秘鲁	精矿	BIOX ®	60	1998 年
Beaconsfield	澳大利亚	精矿		60	1998 年
Amantaytau	乌兹别克斯坦	精矿		>100	2000 年以后
Olypias	希腊	精矿		>200	2000 年以后
Fosterville	澳大利亚	精矿		120	2000 年以后
烟台黄金冶炼厂	中国	精矿	BIOX ®	80	2000 年 9 月
山东天承金业股份有限公司	中国(莱州)	精矿	BacTech	100	2001 年 5 月

1.4.4 金矿的微生物冶金

难处理金矿生物预氧化研究始于 19 世纪 70 年代,直到 1986 年在南非 FairvieW 细菌处理厂投产,标志着难浸金矿细菌氧化预处理实现了商业化。目前已有几十家生物预氧化提金工厂分布在巴西、澳大利亚、南非、美国、加纳、中国等国家,典型的处理工艺有金精矿搅拌浸出 BIOX、BacTech 工艺和原矿堆浸 MINBACTM 和 Geobiotics 工艺,世界主要生物预氧化提金工厂如表 1-6 所示。中国近几年采用生物预氧化提金技术,相继在山东莱州、烟台和辽宁风城等建立了生物预氧化提金工厂,实现了产业化应用。

自 1986 年全球第一家难处理金矿细菌氧化预处理工厂——南非的 Farirview 厂投产以来,国外至少有 10 家生物氧化提金厂已经筹建投产,国内也相继建成了一些生物预氧化黄金生产厂。

表 1-6　世界生物浸铜厂矿一览表

厂矿名称	国家	矿石特点	工艺	规模(t/d)	服务时间
Lo Aguirre	智利	辉铜矿, 含 Cu 1.4%	堆浸	3500(14000~15000t/a Cu)	1980—1996 年
Gnndpowder, Mammoth	澳大利亚	辉铜矿与斑铜矿, 含 Cu 2.2%	原位浸出	设计能力为 13000t/a Cu	1991 年至今
Leyshon	澳大利亚	含金辉铜矿, 含 Cu 1750g/t, 含金 1.739g/t		1370	1992—1997 年
Cerro Colorado	智利	辉铜矿, 含 Cu 0.25%	堆浸	16000(60000t/a Cu)	1993 年至今
Girilambone	澳大利亚	辉铜矿, 含 Cu 2.5%	堆浸	2000(14000t/a Cu)	1993 年至今
Ivan-Zar	澳大利亚	辉铜矿, 含 Cu 2.5%	堆浸	1500(10000~12000t/a Cu)	1994 年至今
Queered Blanca	智利	辉铜矿, 含 Cu 1.3%	堆浸	17300(75000t/a Cu)	1994 年至今
Sulfuros Bajalay	智利	原生硫化铜矿, 含 Cu 0.35%		14000~15000	1994 年至今
Toquepala	秘鲁	次生与原生, 含 Cu 0.17%		60000~120000	1995 年至今
Mt Cuthbert	澳大利亚	次生硫化铜矿		16000	1996 年至今
Andacollo	智利	辉铜矿		10000	1996 年至今
Dos Amigos	智利	辉铜矿		3000	1996 年至今
Zaldivar	智利	次生硫化铜矿, 含 Cu 1.4%		约 20000	1998 年至今
德兴铜矿	中国	含铜废石堆浸, 原生硫化铜矿, 含 Cu 0.09%	废石堆浸	设计年产电铜 2000t	1997 年至今
紫金山铜矿	中国	矿含铜 0.6%, 辉铜矿占 60%		设计年产电铜 10000t, 2009 年达产 20000t	2004 年至今
官房铜矿	中国	矿含铜 0.9%, 含 Ag 50 g/t, 原生硫化铜矿占 20%, 次生硫化铜矿占 70%		年产 2000t 电铜	2003
Chuqicamata	智利	硫化铜浮选精矿	BIOCOPTM	年产 20000t 电铜	2003

图 1-24　金矿生物槽浸示范厂

（a）Sao Bento BIOXR 反应器（巴西）；（b）Tamboraque BIOXR 工厂（秘鲁）；
（c）兰州 Mintek – BacTech 工厂（中国）；（d）Sansu BIOXR 工厂（加纳）

1.4.5　其他金属矿物的微生物冶金

对硫化镍钴矿的生物提取，国内外都进行了大量研究工作，并初步实现了商业化应用。如法国 BRGM 公司在非洲的乌干达 Kasese 建成一座采用生物浸出技术从含钴黄铁矿中回收钴的工厂，每年可处理 100 万 t 含钴黄铁矿精矿，年产 1000t 阴极钴，1999 年建成投产。由澳大利亚 Gencor 公司研究开发的 BioNIC 工艺浸出硫化镍精矿的半工业试验厂，于 1997 年 2 月投产，处理西澳大利亚 Maggie Hays 矿山的镍黄铁矿精矿，镍的浸出率达到 93%，每天生产 20 kg 阴极镍。2000 年澳大利亚 TitanResources NL 公司成功地采用生物堆浸技术完成了硫化镍矿堆浸工业试验，但由于资源条件发生变化而未实现产业化。2004 年，北京有色金属研究总院采用中温菌和耐热菌在云南含砷低品位镍钴矿生物堆浸提取中工业试验成功。工业实践证明，采用微生物冶金技术提取镍钴生产成本远低于传统工艺的生产成本。TPO（Talvivaara Projekti Oy）公司开展镍锌铜矿低温生物堆浸技术，工业试验获得成功。Talvivaara 矿是欧洲最大的硫化镍矿，1970 年正式开采，镍产量占世界总产量的 2.5%。该矿主要含有镍、铜、钴、锌，储量分别为 100 万 t、

4/ 万 t、8 万 t、190 万 t，2005 年 3 月开始低温生物堆浸中试，温度为 20℃，2010 年已经正式投产，现场照片如图 1-25 所示。

图 1 - 25 芬兰 Talvivaara 生物冶金现场

第 2 章　浸矿微生物的选育及
其生理特性的研究

浸矿微生物是微生物冶金的重要研究对象。高效浸矿微生物的选育是浸出的关键，为了获得高效的浸矿微生物，选取我国 7 个典型金属硫化矿区作为菌种采集样点，包括湖北省黄石大冶铜矿、广东省韶关大宝山铜矿、广东省梅州玉水铜矿、广西南丹大厂矿、黑龙江省多宝山铜矿、江西省九江城门山铜矿和甘肃省金川铜镍矿。本章主要讨论研究最典型的浸矿微生物(嗜酸氧化亚铁硫杆菌)的筛选培育的过程和方法，研究它们的亚铁和硫氧化能力和浸矿过程的相关生理特性，并归纳总结浸矿微生物及其组合的选育的基本原则和方法。

2.1　浸矿微生物的生态环境及采样

2.1.1　7 个典型矿区的自然条件

通过文献和现场考察研究 7 个典型硫化矿区(矿区的分布如图 2 - 1 所示)资源及气候特征，并着重分析不同矿区的硫化矿资源特性，从宏观环境条件查明影响浸矿微生物生存条件的因素。

1. 湖北省大冶铜矿

大冶铜矿是全国 6 大铜矿生产基地之一，铜矿中含有金、银、铜矿，矿区所在的大冶市地处幕阜山脉北侧的边缘丘陵地带，地形分布为南山北丘东西湖，南高北低东西平，一般海拔高度为 120 ~ 200 m，最高点海拔 839.9 m，最低点海拔 11 m。大冶属亚热带大陆性季风气候，春季主要是东风，夏季多东南风，秋季多西南风，冬季多西北风。年平均气温 16.9℃，极端最高气温 40.1℃，极端最低气温零下 10℃，年均无霜期 261 天，年均降水量为 1385.8 mm。

2. 广东省韶关大宝山铜矿

大宝山铜矿地处广东省韶关市曲江区境内，一年四季均受季风影响，冬季盛行东北季风，夏季盛行西南和东南季风。四季特点为春季阴雨连绵，秋季降水偏少，冬季寒冷，夏季偏热。年平均气温 18.8℃ ~ 21.6℃，最冷月份(1 月)平均气温 8℃ ~ 11℃，最热月份(7 月)平均气温 28℃ ~ 29℃，冬季各地气温自北向南递增，夏季各地气温较接近。雨量充沛，年均降雨 1400 ~ 2400 mm，3—8 月为雨季，

● 菌种取样点

图 2 - 1　7 个典型矿山菌种取样点的分布情况

9 月到来年 2 月为旱季。日平均温度在 10℃ 以上的太阳辐射占全年辐射总量的 90%，光能、温度、降水配合较好，雨热基本同季。全年无霜期 310 天左右，年日照时间 1473 ~ 1925 h。

3. 黑龙江省黑河市多宝山铜矿

多宝山铜矿位于黑龙江省东北部黑河市，位于北纬 47°42′ ~ 51°03′，东经 124°45′ ~ 129°18′。临近冷空气发源地——西伯利亚大草原，境内又有小兴安岭山脉纵贯南北，使全市呈寒温带大陆性季风气候特征，横跨三、四、五、六 4 个积温带。春季高温多风，夏季雨热同现，秋季降温急骤，冬季寒冷干燥，冬长夏短、四季分明。全市年均降雨量 500 ~ 550 mm，有效积温 1950 ~ 2300℃，日照时数 2560 ~ 2700 h，无霜期 90 ~ 120 天，年均气温 -1.3 ~ 0.4℃，日最高气温 38.2℃，最低气温零下 40℃，平均风速 2 ~ 3.5 m/s。（http：//www. heihe. gov. cn/htmL/zjhh/index. html）

4. 江西省九江城门山铜矿

城门山铜矿位于江西省九江市，九江地处东经 113°57′ ~ 116°53′，北纬 28°47′ ~ 30°140′，九江地势东西高，中部低，南部略高，向北倾斜，平均海拔 32 m（市区海拔 20 m），修水九岭山海拔 1794 m，为九江最高峰，星子县蛤蟆石附近的鄱阳湖底，海拔 −9.37 m，为全市最低处。九江地处中亚热带向北亚热带过渡区，年平均气温 16 ~ 17℃；年降雨量 1300 ~ 1600 mm，其中 40% 以上集中在第二季度；年无霜期 239 ~ 266 天，年平均雾日在 16 天以内。季节分明，气候温和，雨量充沛，日照充足。(http：//www.jiujiang.gov.cn)

城门山铜矿是隶属于江西铜业集团公司的一家极具潜力的大型铜矿，是江西铜业集团公司新一轮大发展战略重要资源地之一。城门山铜矿是一座资源丰富，以铜、硫为主，共生钼、铁、锌，伴生金、银、铼、铊、硒、碲、锗等的多金属矿床。矿石储量达 2.2 亿 t，其中含铜 165 万 t、硫 3768 万 t，是国内已探明的 18 座大型铜矿之一和 9 大稀有稀散金属矿床之一。目前，城门山铜矿正在实施挖潜扩产技改，将选矿日处理量由 2000 t 提升到 7000 t，最终城门山铜矿将成为世界第二的大型露天开采矿山企业。(http：//www.uxcc.com/index.html)

5. 甘肃金川镍钴铜矿

金川镍钴铜矿位于甘肃西南部，地处北纬 30°04′ ~ 31°58′、东经 101°13′ ~ 102°19′。金川矿区位于东南部峡谷区。地属温带大陆性气候，多晴朗天气，昼夜温差较大。常有冬干、春旱和伏旱。年均气温 12.7℃，年均日照 2129.7 h，无霜期 184 天。年均降水量 616.2 mm，蒸发量 1500 mm，河谷地带气候干燥。

金川镍矿是世界著名的多金属共生的大型硫化铜镍矿床之一，金川矿石还伴生有钴、铂、钯、金、银、锇、铱、钌、铑、硒、碲、硫、铬、铁、镓、铟、锗、铊、镉等元素，其中可供回收利用的有价元素有 14 种。矿床之大、矿体之集中、可供利用金属之多，在国内外都是罕见的。(http：//www.jnmc.com/about/about.asp? newsid = 2194)

6. 广西南丹大厂矿

大厂矿位于广西自治区南丹县，南丹的气候独特，冬无严寒、夏无酷暑，年均气温 16.9℃，大厂矿区有锡、锑、锌、金、银、铜、铁、铟、钨等 20 多种有色金属，总储量 1100 万 t，其中锡储量 144 万多 t，居全国首位。矿区地处环太平洋金属成矿带，丹池矿带矿区面积达到 3000 km²，是世界罕见的多金属共生富矿区。其中锡金属储量居中国首位，达到 90.55 万 t，占全国的 1/3，占世界的 25%；铅锌金属储量 610 万 t，居中国第二位；铟金属储量 4400 多 t，占广西的 99.71%，占世界的 55%，是世界的"铟都"。镓、钒、钼、镉、钯、钴等伴生贵重金属保有储量也达 10 万 t 以上。目前，已开发利用的矿种达 28 种，锡、锌、锑、铟等产品在全国占有重要地位。(http：//www.gx.xinhuanet.com/dtzx/nandan/gk.htm)

7. 广东省梅州玉水铜矿

玉水铜矿位于广东省梅州市玉水村，属亚热带季风气候区，是南亚热带和中亚热带气候区的过渡地带。以大埔县茶阳经梅县松口、蕉岭县蕉城、平远县石正、兴宁市岗背为分界线，平远、蕉岭、梅县北部为中亚热带气候区，五华、兴宁、大埔和平远、蕉岭、梅县南部为南亚热带区。年平均气温20.7~21.9℃，年极端最低气温0.3℃，最高气温38.7℃，日照时数为1669.4~2059.2 h，接近常年同期平均值。年降水时空分布不均匀，龙舟水明显，热带气旋影响多，降雨相对集中，旱涝交替出现。年降水量1247.0~1583.3 mm，年降雨日131~143天。梅州地处低纬度地区，受近临南海、太平洋和山地的特定地形影响，形成夏日长、冬日短、气温高、冷热悬殊、光照充足、气流闭塞、雨水丰盈且集中的气候，有干旱、暴雨、强对流天气和冻害等主要灾害性天气。（http://www.meizhou.gov.cn/mzgk/mzfm/2008-04-21/1208772436d20253.html）

表 2 – 1　6 个典型矿区矿床的成矿类型分类表

矿床工业类型	成矿地质特征	常见的金属矿物	矿体形状	规模及品位	伴生组分	矿床实例
斑岩铜矿	产于各类斑岩（花岗闪长斑岩、二长斑岩、闪长斑岩等）岩体及其周围岩层中	以黄铜矿为主，少量辉铜矿、斑铜矿、黄铁矿、辉钼矿等	层状、似层状、巨大透镜体	中、大型至巨大型，品位一般偏低	钼、硫、金、银、铼、铅、锌、钴等	黑龙江多宝山
矽卡岩铜矿	沿中酸性侵入体和碳酸盐类岩石接触带的内外或离开岩体沿围岩岩层产出	以黄铜矿、黄铁矿、磁铁矿、磁黄铁矿为主，少量辉钼矿、辉铜矿、方铅矿、闪锌矿、白钨矿、锡石等	以似层状、透镜状、扁豆状为主，还有囊状、筒状、脉状等	大、中、小型均有，品位一般大于1%	铁、硫、钨、钼、铅、锌、锡、铍、镓、铟、锗、镉、金、银、硒、碲、铊、铼、钒、铂族	湖北铜录山江西城门山广东大宝山
超基性岩铜镍矿	产于超基性岩（纯橄榄岩、辉橄岩、橄辉岩等）岩体的中、下部	黄铜矿、方黄铜矿、磁黄铁矿、镍黄铁矿、紫硫镍铁矿等	似层状、不连续大透镜状等	大、中、小型均有，品位一般小于1%	铂族、钴、金、银、硒、碲等	甘肃金川

续表 2 - 1

矿床工业类型	成矿地质特征	常见的金属矿物	矿体形状	规模及品位	伴生组分	矿床实例
各种围岩中脉状铜矿	产于各种岩石（侵入岩、喷出岩、变质岩、沉积岩）的断裂带中，常陡倾斜	以黄铜矿、斑铜矿、黄铁矿为主，其次有辉钼矿、闪锌矿、方铅矿、黝铜矿等	板状、脉状、复脉带	中、小型，品位一般大于1%	硫、铅、锌、金、银、钨、锡、钼、钴等	梅州玉水

说明：a、依据《我国铜矿床工业类型划分的初步意见简表》；b、本表铜矿床工业类型是按含矿岩石特点、矿体形成的条件、形态以及物质成分来划分的。

　　根据我国铜矿床工业类型划分的《铜矿地质勘探规范》(试行)，可以将上述6个铜矿区(广西大厂矿区是铅锌锡多金属矿，故不在此列)的铜矿床进行分类，其分类情况如表2-1所示。由表2-1可知，这6个铜矿区分别属于4种不同类型的矿床：黑龙江多宝山属于斑岩型铜矿，湖北大冶铜录山、江西城门山和广东大宝山属于矽卡岩型铜矿，甘肃金川属于超基性岩铜镍矿，梅州玉水属于各种围岩中脉状铜矿。结合本章矿石化学多元素和矿物的物相分析可以看出，典型矿区的成矿矿床类型的分类是十分正确的。因此，矿区的自然环境(气候)和成矿矿床类型(生长需要的营养源和抑制生长的重金属元素)会给在矿区生长的浸矿微生物带来影响，这是影响浸矿微生物特性的宏观因素，因此具有不同气候和矿床性质的矿区，其分离得到的浸矿微生物也会表现出不同的生理特性。

2.1.2　AMD 样品的化学分析

　　在以上7个矿区选取矿山酸性废坑水(Acid Mine Drainage，简称AMD)浸矿微生物的取样点，至少选取2个最具代表性的位置，首先观察酸性废坑水的颜色，一般为红棕色或者深红色，比如江西九江城门山和广西大厂典型酸性废坑水样点，如图2-2和图2-3所示。再采用精密pH试纸(0.5~4.0，精度0.5)测量其pH，要求pH为1.0~4.0。每个位置根据地形实际，至少取样5份。样品采集容器采用600 mL的事先已经灭菌的普通塑料矿泉水瓶，瓶口衬上有孔的塑料膜，再盖上瓶盖子(瓶盖上事先打好2~4个小孔)，取样前将酸性废坑水尽量搅混，获得液体350 mL左右，坑泥湿重约100 g。将采样得到的样品统一进行编号，如表2-2所示。

图 2 - 2　江西九江城门山酸性废坑水采样点

图 2 - 3　广西南丹大厂酸性废坑水采样点

表 2 - 2　采集原始样品编号情况

样地	大厂	城门山	多宝山	大宝山	大冶	玉水	金川
样品编号 1	高峰尾矿 1	城门山 1	堆场 1	废石场	铜山口 1	井下采场	三矿 1
样品编号 2	高峰尾矿 2	城门山 2	堆场 2	露天采场	铜山口 2	井下废水	三矿 2
菌编号	DC	CMS	HDBS	DBS	DY	YS	JC

　　采用 ICP 对样品的液体进行化学全元素分析，精密 pH 计测量液体的 pH。选取最接近微生物冶金生产实际的样点作为菌种分离选育的对象。样品的全元素分析和 pH 见表 2 - 3。由表 2 - 3 可知，不同样点菌种生长的营养环境存在很大差异，反应其主要生长指标的几个重要指数，即使在同一矿区，比如 Cu、Fe、Zn、S、Ca 以及 pH 也存在很大的不同，pH 大小是反应其生长活跃程度的重要指标。

表2-3　AMD样品的化学全元素分析

样品名称	pH	Hg	As	P	Co	Mg	Cu	W
大厂高峰尾矿1	1.81	26.3	20790	784.22	11.63	989.31	95.89	157.64
大厂高峰尾矿2	2.17	0.58	22.31	11.24	0.36	14.19	2.61	4.48
大宝山废石场	2.11	1.49	3.26	6.71	1.53	2974.19	69.47	4.78
大宝山露天采场	2.04	2.51	5.23	13.28	1.43	733.22	2762	9.71
大冶铜山口2	2.31	0.89	1.78	4.22	2.66	343.98	1120	4.15
大冶铜山口1	2.11	0.88	2.13	4.92	1.95	357.98	91.51	2.48
九江城门山1	1.81	0.43	3.11	17.23	2.11	207.58	222.87	2.07
九江城门山2	1.72	0.56	2.31	6.52	1.03	333.38	129.87	1.33
梅州井下采场	2.67	1.12	1.78	13.79	1.15	255.69	98.77	0.23
梅州井下废水	1.97	1.35	1.67	15.67	1.54	211.29	116.53	0.34
金川三矿1	2.78	0.07	1.56	6.64	23.45	2345	57.68	0.93
金川三矿2	2.69	0.23	2.33	3.45	18.76	3008	88.76	2.31
多宝山堆场1	1.97	0.06	12.33	3.21	0.34	8355	2120	2.51
多宝山堆场2	2.11	0.05	32.11	5.42	0.56	7988	2008	3.62

样品名称	Zn	Pb	Mn	Si	Ag	S	Mo	Cd
大厂高峰尾矿1	8517	42.57	815.88	73.64	1.16	52381	10.66	56.13
大厂高峰尾矿2	20.45	2.96	8.73	4.92	0.35	1273	0.33	1.36
大宝山废石场	119	5.19	129.99	41.44	0.31	7760	0.84	0.58
大宝山露天采场	287	7.39	149.99	63.79	0.39	10266	1.26	3.35
大冶铜山口2	59.98	4.19	151.61	59.34	0.37	2881	0.51	0.65
大冶铜山口1	38.36	2.56	149.32	30.79	0.34	3035	0.43	0.46
九江城门山1	6.89	3.11	131.21	13.31	0.04	5548	0.92	0.09
九江城门山2	4.55	2.91	112.61	21.22	0.03	4568	0.45	0.23
梅州井下采场	15.67	5.66	33.52	34.56	0.02	1875	0.75	0.04
梅州井下废水	15.21	6.31	30.95	28.18	0.05	1564	0.56	0.08
金川三矿1	21.45	1.67	35.67	46.55	0.25	2453	3.41	0.34
金川三矿2	13.56	2.56	56.76	55.74	0.28	5671	2.34	1.08
多宝山堆场1	11.52	1.31	321.88	101.71	2.11	32728	14.51	7.65
多宝山堆场2	23.44	2.11	121.18	102.42	1.81	29875	21.56	5.67

续表 2 – 3

样品名称	Fe	Al	Ti	Sn	Sb	Ni	Cr	Ca	K
大厂高峰尾矿 1	81524	2620	4.57	85.99	566.49	20.36	4.35	532	0.54
大厂高峰尾矿 2	1083	9.93	0.16	0.65	1.88	0.75	0.26	226	4.87
大宝山废石场	1325	1413	0.15	1.53	4.33	1.39	0.47	367	4.04
大宝山露天采场	6338	1506	0.22	2.6	6.03	2.58	0.66	284	3.08
大冶铜山口 2	257.12	391.45	0.15	0.92	2.61	2.78	0.49	511	6.08
大冶铜山口 1	1890	114.76	0.15	0.91	2.09	6.06	2.21	475	5.99
九江城门山 1	1231	611.43	0.07	1.38	7.31	1.66	0.44	238	1.33
九江城门山 2	1128	566.31	0.03	1.56	4.51	2.21	0.81	229	1.56
梅州井下采场	500.64	345.56	0.07	1.08	5.78	1.09	0.04	412	1.34
梅州井下废水	456.47	352.26	0.09	0.45	2.34	1.66	0.07	332	2.23
金川三矿 1	1231	345.31	0.12	1.31	2.41	18.31	0.89	231	1.01
金川三矿 2	2314	541.44	0.08	1.11	3.12	23.21	1.05	421	3.21
多宝山堆场 1	5868	13668	2.31	6.51	3.21	1.21	0.45	488	2.11
多宝山堆场 2	5566	12987	1.78	7.77	6.31	3.21	0.66	406	2.43

2.2　嗜酸氧化亚铁硫杆菌的选育及生理特性研究

2.2.1　A. f 菌的分离及纯化

为了获得珍贵的浸矿微生物资源，我们将每一个样品逐一按照如下步骤进行菌种筛选。本研究中，首先分离获得嗜酸氧化亚铁硫杆菌株(简称 A. f 菌)。具体步骤如下：步骤一、9K 液体培养基富集培养；步骤二、加入 KSCN 固体培养基固化培养，挑选具有明显特征的单一菌落；步骤三、液体培养基再培养。以上步骤至少重复 3 次以上，获得的纯化菌株保存作为后续研究对象。在加入 KSCN 的固体培养基中，倒平板经过 10 到 15 天的静置培养，发现 7 个矿区的 A. f 菌都能在固体培养基上生长，形成单菌落(有可能仍是混合菌)，不过其中有两个特别的菌种，DC 和 CMS(见图 2 – 4)。CMS 第二次倒平板的时候，只经过 6 天就有黄色单菌落出现。菌落表面干燥，呈圆形，直径为 0.6 ~ 1.0 mm，边缘不是很规则，中央呈浅褐色。经过传代驯化培养，证明是具有氧化活性的 A. f 菌。其他地方的菌种都比较正常地在平板上生长。挑取单菌落以后，在 9K 液体培养基中，也能和纯

化之前一样,有正常的延滞期、对数生长期、稳定期和衰亡期,符合典型微生物
生长特征。

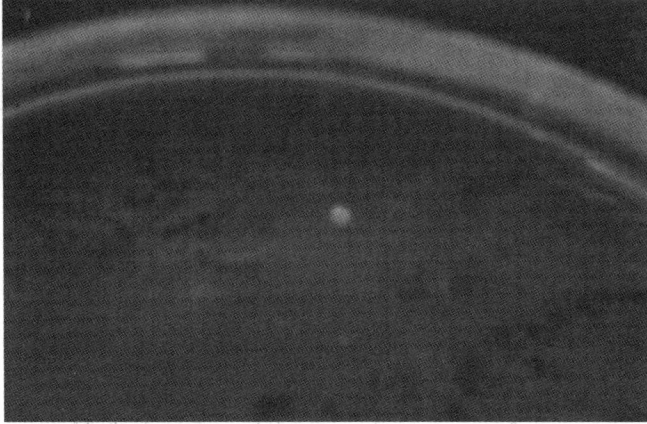

图 2 – 4   在固体培养基上长出的 *A.f* 单菌落(CMS)

2.2.2 *A.f* 菌的生理特性

根据上述研究,从 7 个菌种取样点分别纯化获得 7 株 *A.f* 细菌,加上实验室
保藏的标准菌株 CCTCC23270,分别标记为:湖北大冶 DY、广东大宝山 DBS、广
东梅州玉水 YS、广西南丹大厂 DC、黑龙江多宝山 HDBS、江西德兴城门山 CMS、
甘肃金川 JC、标准菌株 CCTCC23270。首先考察这 8 株 *A.f* 细菌在嗜酸氧化亚铁
硫杆菌标准生长条件下的生长曲线和氧化亚铁的能力,然后选择高中低不同氧化
活性的几株典型的菌株进行研究,分别考察环境温度、培养基 pH、微生物接种浓
度、铜离子和亚铁离子对它们的生长曲线和氧化亚铁能力的影响。

8 株 *A.f* 细菌的亚铁氧化率和生长曲线分别如图 2 – 5 和图 2 – 6 所示。由图
2 – 5 可见,虽然亚铁氧化率达到 99%(考虑到滴定试验的误差,我们认为亚铁氧
化率达到 99% 以上即为亚铁氧化率试验的终点),需要的时间均为 48 小时,但是
8 株细菌在前期的氧化亚铁的行为存在明显差异。由表 2 – 4 可知,24h 亚铁氧化
率较高的菌株是 CMS、DC、DY 和 DBS,36h 亚铁氧化率较高的是 CMS、DC、
HDBS 和 DBS,一直较低的是 JC、YS 和 ATCC23270。总的来看,具有较高亚铁氧
化率的菌株是 CMS、DC、DY 和 DBS,相对较慢的菌株是 HDBS 、JC、YS 和
ATCC23270。

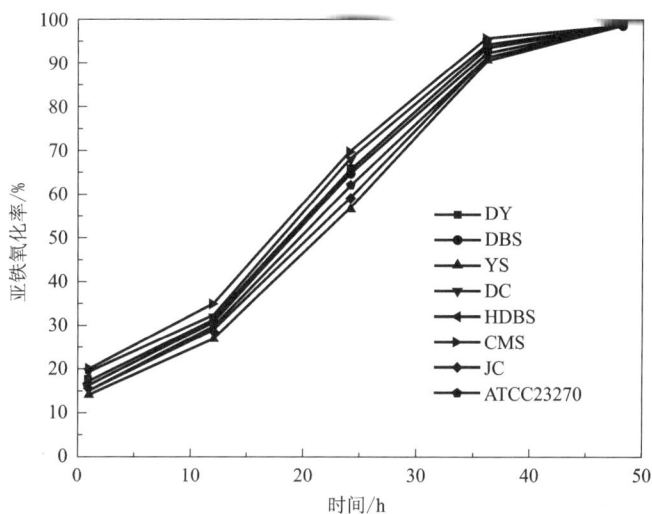

图 2 - 5　8 株细菌的亚铁氧化率曲线

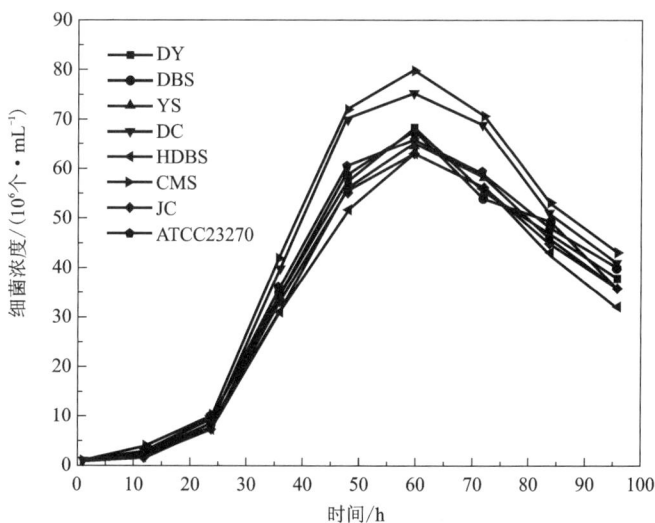

图 2 - 6　8 株细菌的生长曲线

(9K 培养基，接种浓度为 5%，温度为 30℃，溶液 pH = 2.0)

表 2 - 4　8 株细菌亚铁氧化率与时间的关系

时间/h	DY	DBS	YS	DC	HDBS	CMS	JC	23270
24	66	65	57	68	59	70	59	62
36	93	94	91	95	95	96	92	93

表 2-5 8 株细菌细胞生长情况与时间的关系/$(10^6$个/$mL^{-1})$

时间/h	DY	DBS	YS	DC	HDBS	CMS	JC	23270
24	8.6	9.3	7.3	8.5	7.8	10.2	7.5	9.3
48	57	58	56	70	52	72	55	60
60	68	67	65	75	63	80	63	66

由图 2-6 可见，8 株细菌的生长曲线均是典型的微生物生长曲线，包括明显的迟缓期(0~24 h)、对数期(24~48 h)、稳定期(48~72 h)、衰亡期(72~96 h)四个阶段。但是 8 株细菌在 9 K 培养基中的生长行为存在较大差异，由表 2-5 中数据可以得出：24 h 细胞浓度较高的菌株是 CMS、ATCC23270、DBS 和 DC，48 h 细胞浓度较高的是 CMS、DC、ATCC23270 和 DBS，60 h 较高的是 CMS、DC、DY 和 DBS，一直处于较低水平的是 JC 和 YS。总的来说，在 9 K 培养基中，生长较快的菌株是 CMS、DC、DY 和 DBS，相对较慢的菌株是 HDBS、ATCC23270、YS 和 JC。综合亚铁氧化速率和细胞生长速度，二者表现出正相关性，细胞生长快的菌株其氧化亚铁速率较快，反之，则较慢。

从 8 株 $A.f$ 细菌亚铁氧化率和细胞生长情况结果来看，氧化活性较高的菌种有 CMS、DC、HDBS 和 DBS，较低的是 JC、YS 和 ATCC23270。考虑到菌株的代表性和试验的工作量，选取具有最高亚铁氧化能力的 CMS 和 DC。ATCC23270 是标准菌株，YS 菌株来自梅州，比 ATCC23270 氧化亚铁的能力还低，是低活性菌株的代表。因此，选取 CMS、DC、YS 和 ATCC23270 作为后续研究对象，考察温度、pH、接种量、铜离子、亚铁离子以及培养基组成对它们生长曲线和氧化亚铁能力的影响。

1. 温度对细菌生长的影响

温度对 4 株细菌生长的影响如图 2-7 所示。由图 2-7 可知，20℃时，4 株细菌 CMS、DC、YS 和 ATCC23270 的最大细胞浓度分别为 60×10^6、62×10^6、68×10^6 和 72×10^6 个/mL。30℃时，4 株细菌 CMS、DC、YS 和 ATCC23270 的最大细胞浓度分别为 65×10^6、66×10^6、75×10^6 和 80×10^6 个/mL。40℃时，4 株细菌 CMS、DC、YS 和 ATCC23270 的最大细胞浓度分别为 45×10^6、48×10^6、52×10^6 和 55×10^6 个/mL。在 4 株细菌的生长适应范围内，环境温度越高，细菌越早进入对数期，但最大菌浓度会减小，只有处于最适温度 30℃ 左右时，其活性最高，达到最大菌浓度。这可能是由于在细菌的生长适应范围内，温度较低(20℃)时，细菌胞内外酶等物质活性低，细菌生命活动处于较低水平，进入对数期相对较晚，最大菌浓度也较小。随着温度的升高，细菌胞内外酶等物质的活性升高，细菌生命活动旺盛，于是较早进入对数期，但当温度过高(40℃)时，温度的升高也伴随着蛋白质等活性周期的缩短，使细菌寿命减少，代时缩短，最大菌浓度也比最适温度时小。只有环境温度为 30℃ 时，细菌酶等物质的活性适中，周期长，菌浓度也达到最大。因此再次证明，A.f 菌最适宜温度为 30℃，在 20~40℃ 范围，其活性受到影响，但不影响其生存。

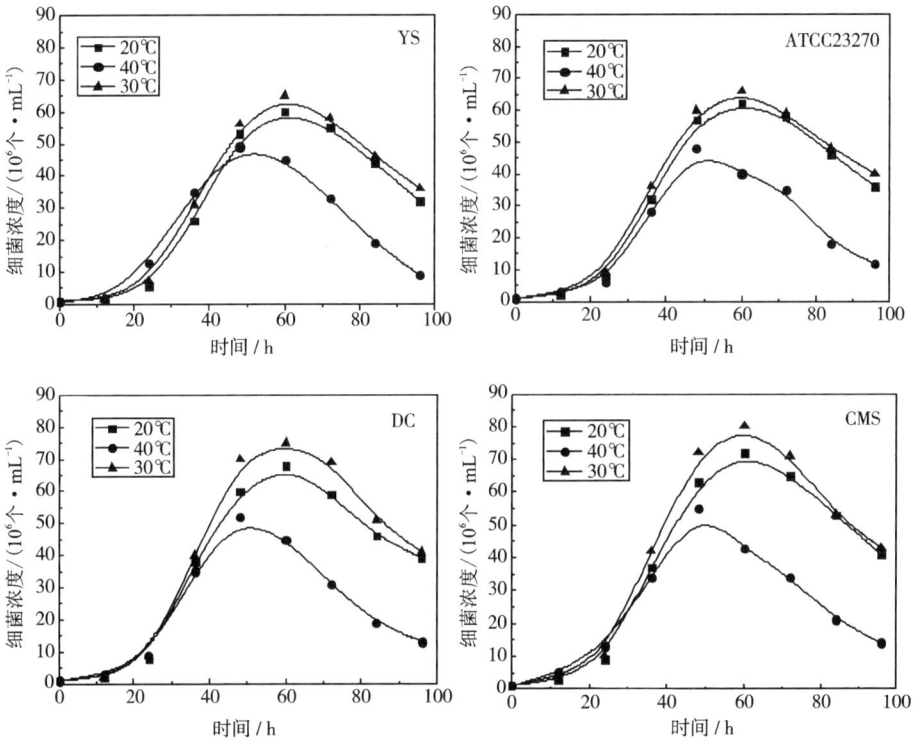

图 2-7　不同温度下 4 种细菌的生长曲线

(9K 培养基，接种浓度为 5%，溶液 pH = 2.0)

2. 培养基 pH 对细菌生长的影响

不同培养基 pH 对四种细菌生长的影响如图 2-8 所示。试验过程中，通过观察培养基颜色的变化，发现 pH = 1.5 和 3.0 时，细菌生长明显受到抑制。由图 2-8 可知，培养基 pH 为 2.0 时，细菌浓度可达 2.4×10^7 个/mL；pH 大于 3.0 时，细菌浓度下降到 1.3×10^7 个/mL 左右。从试验结果可知该菌株 pH 适应范围较小，环境的 pH 过大或过小，都会使细菌的生长受到很大的抑制。

由图 2-8 可知，当 pH 为 2.0 时，其迟缓期约为 26 h，对数生长期的亚铁氧化速率很快；当 pH 为 3.0 时，迟缓期约为 72 h，之后对数生长期的亚铁氧化速率也较快；而 pH 为 1.5 时，亚铁的氧化有很长的迟缓期，对数生长期很短，也很不

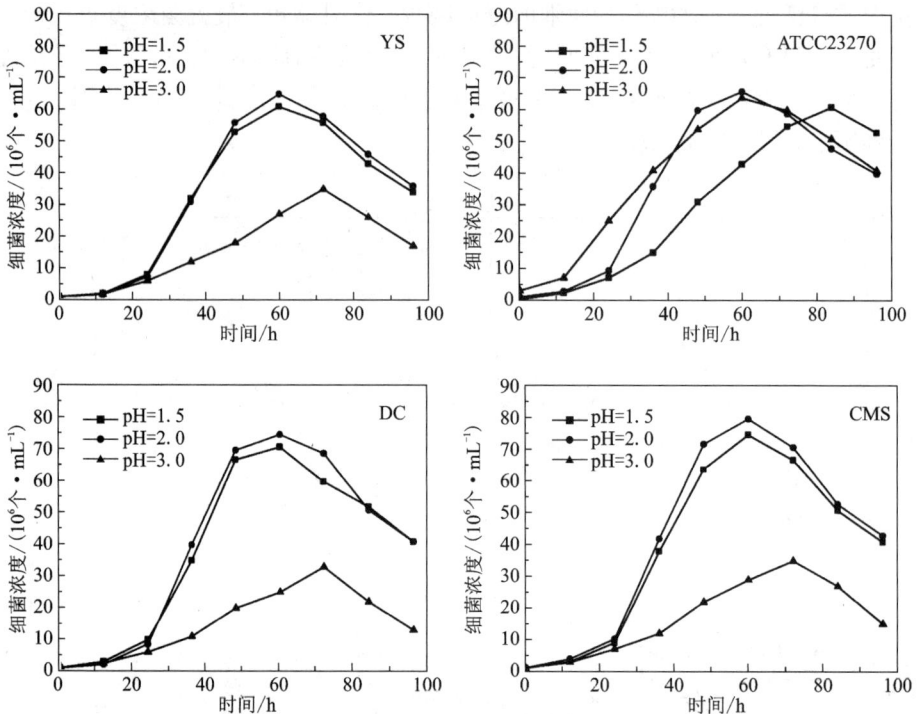

图 2-8 不同培养基 pH 条件下对应的 4 种细菌的生长曲线

(9K 培养基,接种浓度为 5%,温度为 30℃)

明显,这表明此 pH 下的细菌生长很缓慢,抑制了细菌的正常生长。因此可知,培养基 pH = 2.0 是细菌最适宜生长的 pH 条件。

3. 微生物接种浓度对细菌生长的影响

不同微生物接种浓度条件下 4 种细菌的生长曲线如图 2-9 所示。由图 2-9 可知,随着接种量的增大,细菌生长的迟缓期变短;接种量(体积分数)为 1%、5%、15% 时,它们所对应的迟缓期分别为 48、36、24 h。因此,在实际生产中,如果营养充足及其他条件允许,则尽可能地加大细菌的接种量,有利于缩短细菌高效氧化的周期。在一定时间内,细菌氧化 Fe^{2+} 的速度越快,因此,如果单从接种量方面考虑,接种量越多,细菌氧化二价铁的速度越快。但是接种量越大,氧化生成的三价铁越容易累积,在浸出体系中越容易水解形成铁矾沉淀,而大量的铁沉淀将对以后的浸出过程和细菌自身的生长不利。

4. 铜离子对细菌生长的影响

在实际浸矿过程中,浸矿微生物经常受到 Cu^{2+} 的影响,考虑到 Cu^{2+} 在实际生产的浸出液和萃余液中的浓度范围一般为 0.5~17 g/L,因此考察 3 个不同梯

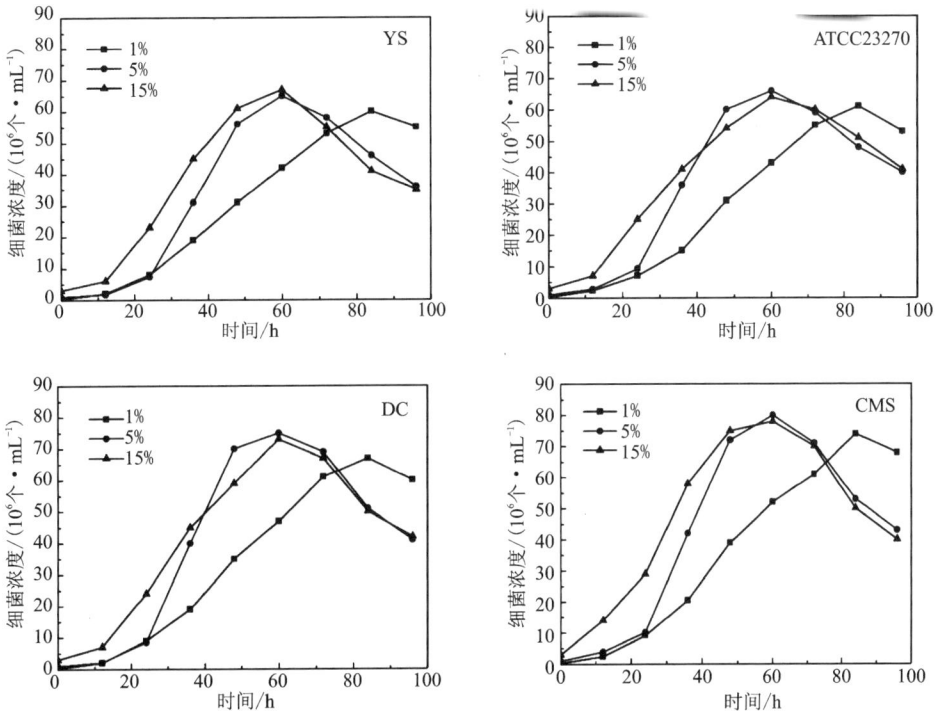

图 2 - 9　不同接种浓度下 4 种细菌的生长曲线

(9K 培养基，温度为 30℃溶液 pH = 2.0)

度的 Cu^{2+} 浓度：1 g/L、4 g/L 和 15 g/L。铜离子浓度对 4 种细菌生长的影响如图 2 - 10 所示。在试验中观察到摇瓶中蓝色溶液在较长时间内不变色，且溶液透明，Cu^{2+} 浓度愈高，蓝色保留时间愈长。几天后（时间随 Cu^{2+} 浓度不同而异），蓝色变暗。表明细菌需要较长的时间以适应含高 Cu^{2+} 浓度的培养基环境。

由图 2 - 10 可知，细菌在大约 84 h 后开始进入对数期，但生长速度仍较缓慢，并且亚铁氧化率一直很低，说明该菌株 Cu^{2+} 耐受性较弱。Cu^{2+} 浓度为 1 g/L 时，细菌的生长几乎不受影响；Cu^{2+} 浓度为 4 g/L 时，对细菌的生长有一定的影响；Cu^{2+} 浓度为 15 g/L 时，严重影响细菌的生长。

Cu^{2+} 作为一种重金属离子，能杀死细菌的主要原因有它与细胞蛋白质结合而使之变性，或进入细胞后与酶上的—SH 基结合而使其失去活性，或与代谢中间产物结合而使代谢受阻，或取代细胞结构上的主要元素，使正常的代谢物变为无效的化合物，从而抑制微生物的生长或导致其死亡。但细菌自身具有调节代谢途径的能力，当环境中有较高浓度 Cu^{2+} 时，细菌经过一段时间的调整，会改变或调整代谢途径以适应新环境。当然这种适应性可能是暂时的，也可能是永久性的或有限度的。太高浓度的 Cu^{2+} 容易使浸矿微生物难以耐受，甚至失去活性，无法

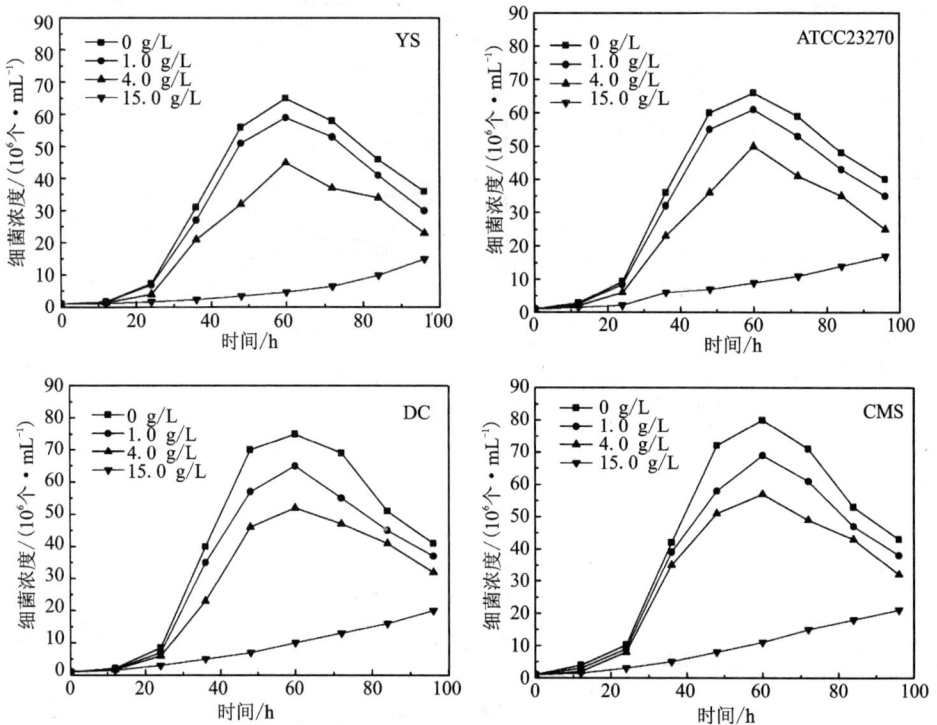

图 2 - 10　不同铜离子浓度下 4 种细菌的生长曲线

（9 K 培养基，接种浓度为 5%，温度为 30℃，溶液 pH = 2.0）

生长。

5. 亚铁离子对细菌生长的影响

由于 A.f 菌生长最适宜的 Fe^{2+} 浓度为 9.0 g/L，而在一般浸矿条件下 Fe^{2+} 难以达到该浓度，因此考察 3 个浓度梯度 1.0 g/L、4.5 g/L 和 9.0 g/L 的 Fe^{2+} 对 A.f 菌生长的影响，其结果如图 2 - 11 所示。

由图 2 - 11 可知，当 Fe^{2+} 浓度为 1.0 g/L 时，细菌生长的迟缓期最短，仅为 12 h 左右，随后进入对数生长期，但由于 Fe^{2+} 浓度太低，使得 Fe^{2+} 迅速耗尽，因此细菌最大菌浓度减小，较早进入衰退期。当 Fe^{2+} 浓度为 4.47 g/L 时，迟缓期大约为 24 h，对数生长期较长，最大菌浓度达到 2.4×10^7 个/mL。当 Fe^{2+} 浓度为 8.0 g/L 时，细菌生长明显受到抑制，迟缓期延长至 60h，最大菌浓度也仅为 8.1×10^6 个/mL。Fe^{2+} 是氧化亚铁硫杆菌的能源，细菌将 Fe^{2+} 氧化为 Fe^{3+} 而获得能量。Fe^{3+} 是金属矿物的氧化剂。Fe^{2+} 在菌液中逐步被氧化后，当溶液中的 Fe^{2+} 全部被氧化后，细菌进入稳定生长期。有研究认为。Fe^{2+} 的初始浓度以 0.05 ~

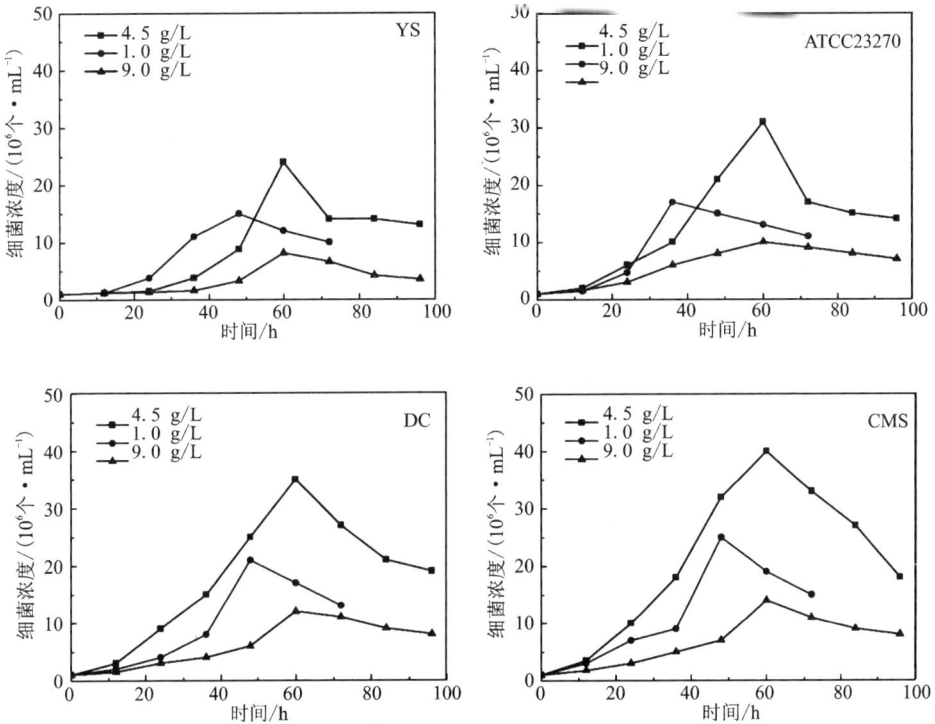

图 2 - 11   不同亚铁离子浓度下 4 种细菌的生长曲线

(9K 培养基，接种浓度为 5%，温度为 30℃，溶液 pH = 2.0)

0.1 mmol/L 为宜，当 Fe^{2+} 浓度大于 0.108 mol/L^3 时，会强烈抑制氧化亚铁硫杆菌的生长。

6. 培养基成分对菌株生长的影响

在实际浸矿过程中，微生物的生长还受到矿石化学成分溶解和多种含硫物质的影响，在此考察三种培养基，分别为 9 K、9 K + S、矿物复合培养基(5% 矿石 + Fe + S，矿石粒度 90% 以上为 - 0.074 mm 粒级)，这 3 种培养基的成分如表 2 - 6 所示。

表 2 - 6   3 种培养基的成分   单位：g/L

培养基	$(NH_4)_2SO_4$	KCl	K_2HPO_4	$MgSO_4 \cdot 7H_2O$	$Ca(NO_3)_2$	$FeSO_4 \cdot 7H_2O$	硫粉	矿石
9K	3.0	0.1	0.5	0.5	0.01	44.7	—	—
9K + S	3.0	0.1	0.5	0.5	0.01	44.7	10	—
复合培养基	3.0	0.1	0.5	0.5	0.01	44.7	5	50

　　研究考察选取的 4 种典型 A.ƒ 菌株（DC、CMS、YS 和 23270）在 3 种不同培养基中的生长情况，培养条件是：微生物接种浓度为 5%，温度 30℃，培养基 pH = 2.0，转速 170 rad/s。由上述研究，可以得到 4 种 A.ƒ 菌株在 9 K 培养基条件下的生长曲线和亚铁离子氧化情况，其结果如图 2 – 12 和图 2 – 13 所示。

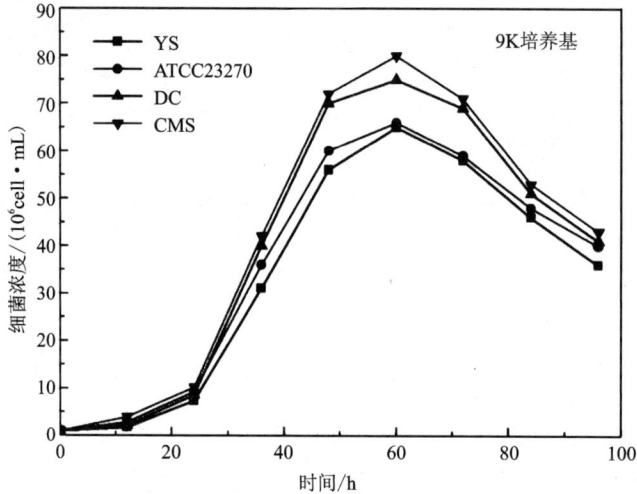

图 2 – 12　9K 培养基中 4 种细菌生长曲线

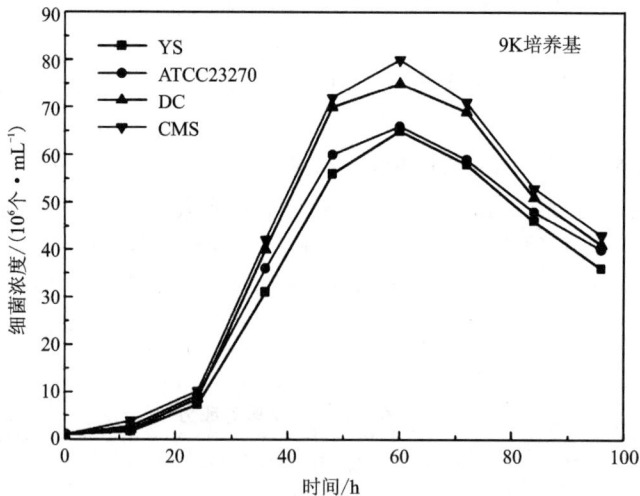

图 2 – 13　9K 培养基中 4 种细菌氧化亚铁情况

　　由图 2 – 12 和图 2 – 13 可知，4 种细菌达到最大细胞浓度的时间均在 60 h 左右，最大细胞浓度从低到高的顺序依次是 YS、ATCC23270、DC 和 CMS。亚铁氧化完成的时间在 35 h 左右，4 种细菌氧化亚铁能力从低到高的顺序依次是 YS、ATCC23270、DC 和 CMS，与它们的生长曲线规律相符。

4 种 *A.f* 菌株在 9K + S 培养基条件下的生长曲线和氧化亚铁离子情况，见图 2 – 14 和图 2 – 15。由图 2 – 14 和图 2 – 15 可知，4 种细菌达到最大细胞浓度的时间均在 72h 左右，最大细胞浓度从低到高的顺序依次是 YS、ATCC23270、DC 和 CMS。亚铁氧化完成的时间在 48 h 左右，4 种细菌氧化亚铁能力从低到高的顺序依次是 YS、ATCC23270、DC 和 CMS，与它们的生长曲线规律相符。

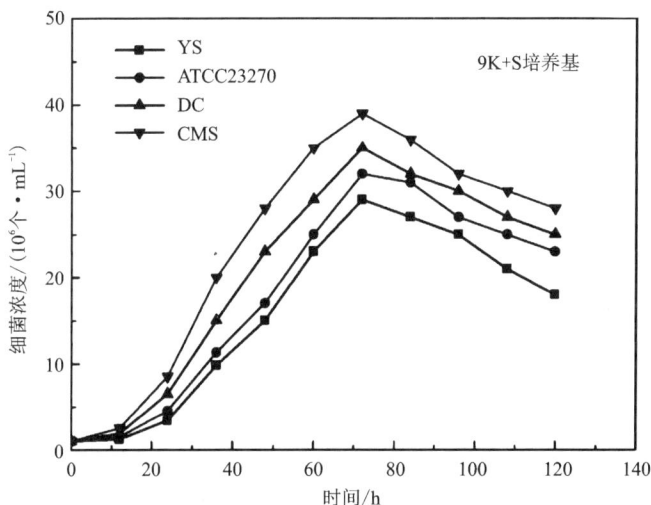

图 2 – 14　9K + S 培养基中四种细菌生长曲线

4 种 *A.f* 菌株在混合培养基条件下的生长曲线和亚铁离子氧化情况见图 2 – 16 和图 2 – 17。由图 2 – 16 和图 2 – 17 可知，4 种细菌达到最大细胞浓度的时间均在 100 h 左右，可能是由于微生物利用矿物作为能源基质需要更长的时间，最大细胞浓度可以达到 $50 \times 10^7 \sim 75 \times 10^7$ 个/mL，比另外两种培养基条件下的细胞浓度要高，其浓度从低到高的顺序依次是 YS、ATCC23270、DC 和 CMS。亚铁氧化完成的时间在 48 h 左右，4 种细菌氧化亚铁的能力按从低到高的顺序依次是 YS、ATCC23270、DC 和 CMS，与它们生长曲线规律相符。

7. 细菌浸矿性能

采用摇瓶浸矿试验来验证菌种浸矿能力的大小。条件是：温度 30℃，5% 微生物接种量，5% 矿浆浓度，转速 170 r/min，矿石量 120 g，3 个平行试验，反应时间 28 天。由图 2 – 18 可知，没有添加 *A.f* 菌，仅靠硫酸的浸出，反应时间为 30 天，其浸出率仅为 5.54%。添加不同的细菌，作用 30 天后，YS、ATCC23270、DC

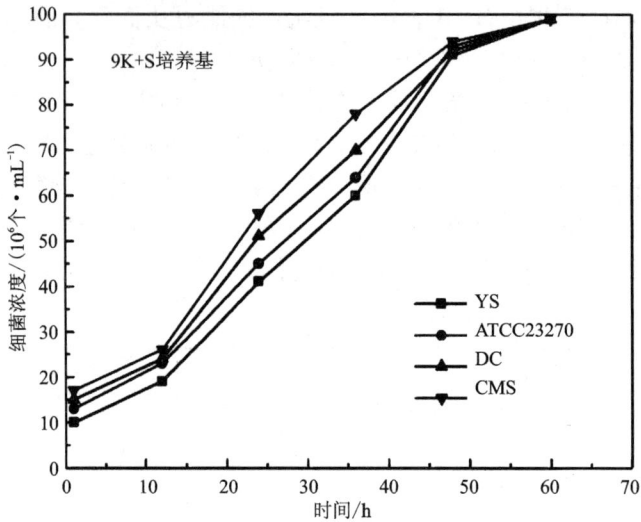

图 2 – 15　9K + S 培养基中 4 种细菌氧化亚铁情况

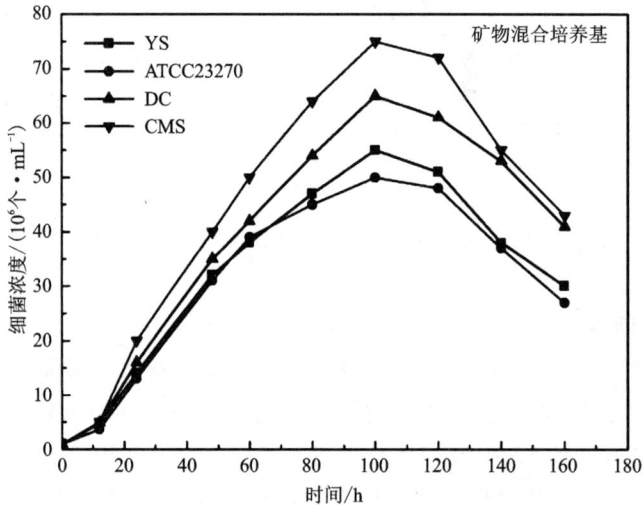

图 2 – 16　矿物混合培养基中 4 种细菌生长曲线

和 CMS 的细菌浸出率分别为 71.21%、77.47%、83.31% 和88.33%。4 种细菌在此条件下浸出斑铜矿的效率由低到高依次是 YS、ATCC23270、DC 和 CMS，和之前研究的细菌生长曲线和亚铁氧化结果相符。

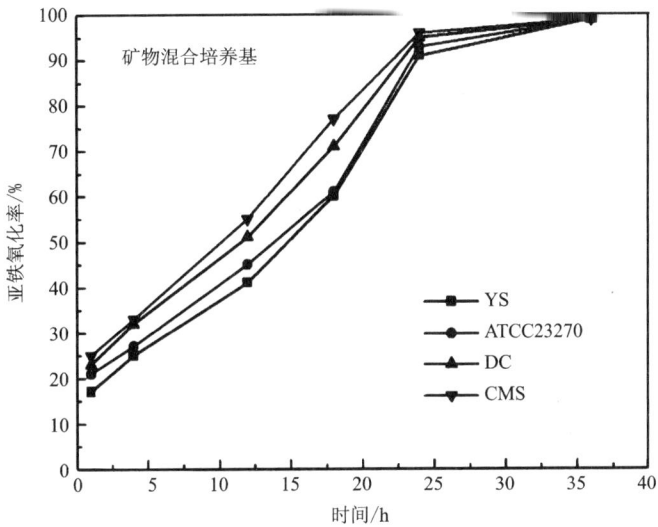

图 2 - 17 矿物混合培养基中 4 种细菌氧化亚铁情况

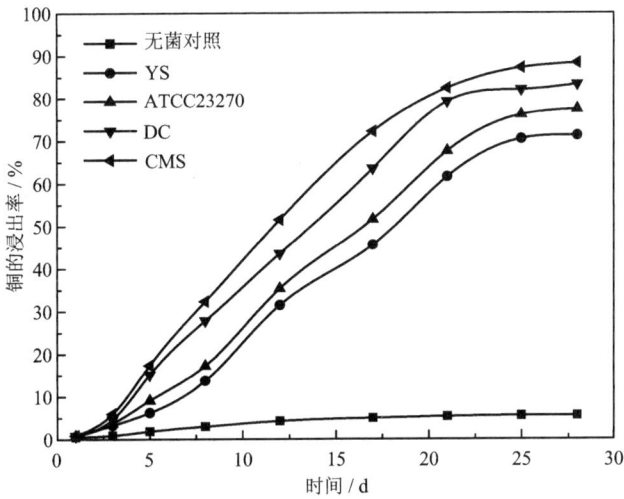

图 2 - 18 4 种细菌摇瓶浸出矿石试验

2.2.3 A.f菌选育的方法和原则

从典型金属矿山的酸性废坑水中筛选培育 A.f 菌须遵循的原则:

(1)选取典型的金属硫化矿山作为取样地,最好是含有黄铁矿、磁黄铁矿、砷黄铁矿、黄铜矿、斑铜矿、辉铜矿、镍钴硫化矿物的矿山。

(2)取样地要符合矿山酸性废坑水的基本特性和相应 pH(1.0~5.0)。

(3)季节最好为夏季，大气温度为15℃～35℃。

(4)培育细菌时采用9 K 培养基和田间 KSCN 的固体培养基多次分离培养。

(5)对获得的 *A.f* 菌采用9 K 培养基考察其氧化亚铁和元素硫的活性情况。

2.3 浸矿微生物组合的选育及生理特性研究

许多研究和工业实践证明，单一菌种浸矿性能不如混合菌种。混合菌种在浸矿方面表现出的适应性和实际工业应用价值远远超过单一菌种。为了更好获得具有应用价值的浸矿微生物组合，将7 个样点的富集物(含有5 g 矿泥和10 mL 水) + *A.f* + *A.t* + *A.c* + *L.f*(各2 mL)，在80 mL 的人工组合培养基中进行混合培养。设计共培养基，考察铁、硫营养源的供给对混合菌群基本生理特性的影响。

2.3.1 菌种组合的驯化和筛选

首先进行混合菌种组合的驯化。菌种组合富集培养所用的初始原液为各种分离培养的浸矿细菌或者酸性矿坑水；将分离获得的浸矿细菌或者酸性矿坑水在离心机或抽滤机上浓缩至细菌浓度为10^6个/mL 左右后，接入富集培养基中；富集培养所用的培养基含有2%的矿浆浓度、0.5%硫酸亚铁、0.5%硫粉；培养条件为pH 控制在1.5～2.0，温度为25℃～35℃，转速为140～250 r/min；浸矿细菌初始富集使用100～150 mL 的摇瓶，培养使用的设备为摇床。温度为30℃，细菌的接种量为3%，主要考察矿浆浓度、铁和硫能源的供给对菌群生长的影响。

表2-7 4种菌种组合基本情况

菌种组合名称	菌种组合方式	温度/℃
菌种组合1	YS 富集物 + *A.f* + *A.t* + *A.c* + *L.f*	25
菌种组合2	DC 富集物 + *A.f* + *A.t* + *A.c* + *L.f*	30
菌种组合3	CMS 富集物 + *A.f* + *A.t* + *A.c* + *L.f*	35
菌种组合4	3 种富集物等比例混合 + *A.f* + *A.t* + *A.c* + *L.f*	30

表2-8 菌种组合驯化研究考察的试验条件

条件	矿浆浓度	温度/℃	硫酸亚铁	硫粉
1	2%	25	0.1%	0.2%
2	5%	30	0.5%	0.5%
3	15%	35	1.5%	1.0%

根据 C_4^3 正交设计表，设计条件试验，其试验结果如表 2－9 所示。由表 2－9 可知，组合 1 最佳条件对应试验 1，组合 2 和组合 4 最佳条件对应试验 2，组合 3 最佳条件对应试验 3。由此可以得出每个菌种组合的最佳培养营养条件，其结果如表 2－10 所示，组合 1 的最佳生长温度为 25℃，而梅州采样点在井下，温度基本常年维持在 22℃~24℃，二者比较相符。同样，组合 2 最佳生长温度为 30℃，与城门山样地夏天采样时的温度基本相符。而组合 4 的最佳温度为 30℃，符合组合 1、2 和 3 的适宜生长温度。因此，菌种组合的最佳生长温度与菌种采集样地采样时的气温相符合，其利用的能源物质主要为亚铁和硫。

表 2－9　驯化培养完毕的菌种组合生长曲线的结果

试验号	矿浆浓度	温度/℃	硫酸亚铁	硫粉	微生物计数最大值 /(10^7个·mL^{-1})			
					组合 1	组合 2	组合 3	组合 4
1	2%	25	0.1%	0.2%	35	32	27	25
2	2%	30	0.5%	0.5%	31	52	38	41
3	2%	35	1.5%	1.0%	29	31	46	33
4	5%	25	0.5%	1.0%	25	33	41	35
5	5%	30	1.5%	0.2%	26	42	40	32
6	5%	35	0.1%	0.5%	28	40	32	34
7	15%	25	1.5%	0.5%	17	31	23	29
8	15%	30	0.1%	1.0%	23	38	33	32
9	15%	35	0.5%	0.2%	21	34	31	30

表 2－10　4 个菌种组合的最佳生长条件

组合名称	地点	温度/℃	矿浆浓度	硫酸亚铁	硫粉
组合 1	梅州	25	2%	0.5%	0.5%
组合 2	城门山	30	2%	0.5%	0.5%
组合 3	大厂	35	2%	0.5%	0.5%
组合 4	混合菌群	30	2%	0.5%	0.5%

2.3.2 菌种组合的生理特性

对于获得的 4 个菌群组合，在最佳生长条件下对它们进行超过 15 代以上时间（大约 6 个月）的驯化，目的是保证其稳定生长及基本生理特征。4 个菌种组合的生长曲线如图 2 - 19 所示，包括明显的迟缓期（0 ~ 30 h）、对数期（30 ~ 90 h）、稳定期（90 ~ 130 h）、衰亡期（130 ~ 170 h）4 个阶段。但是相比单一菌种的生长情况，各个阶段时间有所延长。4 个菌种组合的生长行为存在较大差异。由图 2 - 19 中可知：108 h 细胞浓度从高到低的组合依次是组合 2、组合 3、组合 4 和组合 1。

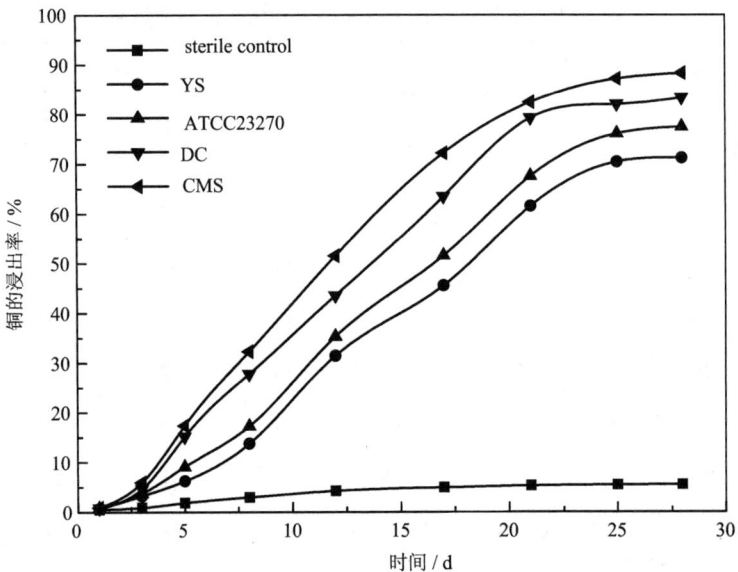

图 2 - 19 4 个菌种组合的生长曲线（矿浆浓度 5%，接种浓度 3%，矿物粒度 85% 以上为 -0.074 mm 粒级，温度分别为 25℃、30℃ 和 35℃，转速 170 rad/s，溶液 pH = 2.0）

由图 2 - 20 可见，4 个菌种组合亚铁氧化率达到 99% 需要的时间存在明显差异。组合 2 和组合 3 时间为 68 h，而组合 1 和组合 4 时间为 88 h。4 个组合中，氧化亚铁活性较高的组合是组合 2 和组合 3，较低的是组合 4 和组合 1。

此外，还考察了四个组合最佳生长条件下的氧化硫能力。其结果如图 2 - 21 所示。由图 2 - 21 可知，随着菌种组合生长时间的延长，溶液 pH 不断降低，反应 5 天后，溶液 pH 由高到低依次为组合 1（1.72）、组合 3（1.67）、组合 4（1.63）和组合 2（1.56）。具有较强氧化元素硫活性的组合是组合 2 和组合 4、较弱的是组合 3 和组合 1。

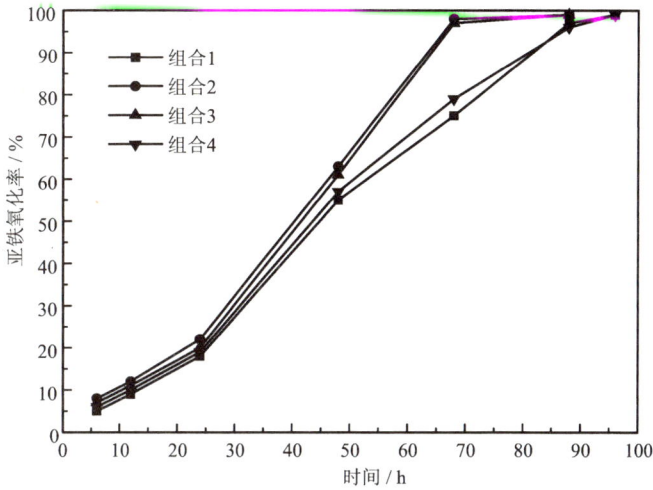

图 2 - 20　4 个菌种组合的亚铁氧化效率(矿浆浓度 5%，接种浓度 3%，矿物粒度
85% 以上为 - 0. 074 mm 粒级，温度 30℃，转速 170 rad/s，溶液 pH = 2. 0)

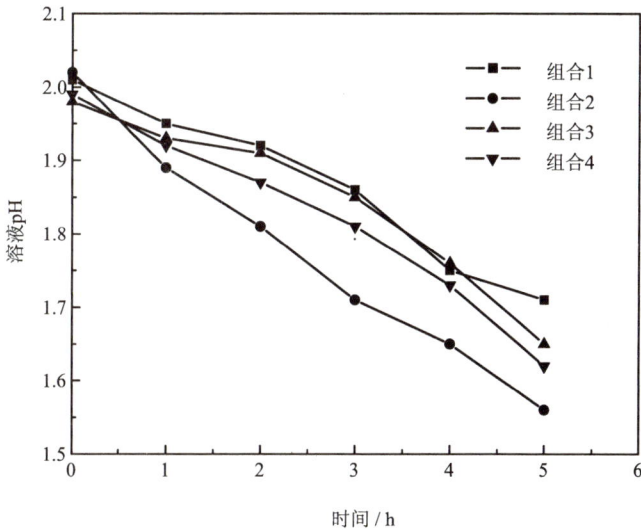

图 2 - 21　菌种组合生长时溶液 pH 的变化(矿浆浓度 5%，接种浓度 3%，
温度 30℃，转速 170 rad/s，溶液起始 pH = 2. 0)

2.3.3　菌种组合的基本原则和方法

　　构建典型浸矿微生物组合需要遵循的原则：

（1）选取典型的金属硫化矿山作为取样地，获得 AMD 样品及底泥作为菌群组合的种群源。

（2）富集培养所用的培养基含有 2% ~ 5% 的矿浆浓度，0.5% 硫酸亚铁，0.5% 硫粉。

（3）细菌的起始浓度不低于 10^6 个/mL，培养温度尽量接近采样时的季节温度。

（4）需要较长的驯化时间，至少 15 代以上。

此外，采用基因芯片检测国家标准对获得的菌种进行检测，结果如表 2 - 11 所示。由表 2 - 11 可知，根据《国家标准》判定方法，与 ATCC23270 相比，CMS、DBS、DY 和 DC 为高活性菌株，HDBS、YS 和 JC 为低活性菌株。

将获得的菌株交由中国典型培养物保藏中心（CCTCC）的生物冶金菌种资源中心保藏，保藏情况如表 2 - 12 所示，全部为嗜酸氧化亚铁硫杆菌。

表 2 - 11　　7 株 *A. f* 菌基因芯片检测结果

A.f	取样点	基因芯片检测结果		
		相同基因 a（数量/比率）	特征基因 b（数量）	功能基因 c（数量/比率）
CMS	江西城门山	2782/86.5%	320	106/78.5%
DBS	广东大宝山	2715/84.4%	320	96 /68.1%
DY	湖北大冶	2560/79.6%	320	87/64.4%
DC	广西大厂	2731/84.5%	320	101/74.8%
HDBS	黑龙江多宝山	2565/79.7%	153	69/51.1%
YS	广东玉水	2296/71.4%	143	73/54.1%
JC	甘肃金川	2315/72.0%	156	66/48.9%

表 2 - 12　　7 株 *A. f* 菌 CCTCC 保藏情况

A.f	取样点	编号	种属情况
CMS	江西城门山	CSU206061	嗜酸氧化亚铁硫杆菌
DBS	广东大宝山	CSU206079	嗜酸氧化亚铁硫杆菌
DY	湖北大冶	CSU206067	嗜酸氧化亚铁硫杆菌
DC	广西大厂	CSU206070	嗜酸氧化亚铁硫杆菌
HDBS	黑龙江多宝山	CSU206123	嗜酸氧化亚铁硫杆菌
YS	广东玉水	CSU206087	嗜酸氧化亚铁硫杆菌
JC	甘肃金川	CSU206124	嗜酸氧化亚铁硫杆菌

2.4　本章小结

本章通过对 7 个矿区 AMD 样品筛选获得 7 株 *A.f* 菌，研究其相关生理特性，并归纳总结了浸矿微生物的选育的基本原则和方法。

（1）矿区生态环境决定了富集物的微生物多样性，分离鉴定获得 7 株 *A.f* 菌。并送入中国典型培养物保藏中心平台保藏。

（2）温度、pH、接种量、铜离子、铁离子对 *A.f* 菌的生长和氧化活性有影响。获得 3 株高效 *A.f* 的菌种，其氧化铁、硫性能良好。

（3）通过对富集物培养、反复试验和驯化，获得 4 个菌群组合，其氧化亚铁和硫性能良好。

（4）总结归纳了筛选浸矿微生物的基本技术流程和浸矿菌种组合的基本原则和方法。

第3章 原生硫化铜纯矿物和
原矿石的微生物浸出研究

摇瓶浸出是实验室中最常用的一种浸出试验研究方式，试验是将一定粒度范围内的纯矿物或者矿石直接放入培养微生物的摇瓶中进行浸出，接种一定量的浸矿微生物。一般利用恒温气浴或者水浴振荡器，采用一次一因素或正交实验方法对浸出的适应性、浸出机理以及最佳浸出工艺参数进行条件试验。因此，在实验室研究纯矿物或者矿石的微生物可浸性中最有效的研究手段就是摇瓶浸出。

本章利用第2章筛选获得的浸矿微生物进行摇瓶浸出，主要研究黄铜矿、斑铜矿和实际矿石在 A. f 菌和浸矿组合菌群作用下的浸出行为，并利用扫描电镜（SEM）和能谱分析（EDAX）研究矿物浸出过程的表面形貌和元素成分的变化，考察矿石浸出过程化学成分和硫化矿物相的变化。研究分析微生物作用下原生硫化矿和实际矿石的浸出行为和浸出过程相关的反应机理。

3.1 黄铜矿的微生物浸出

3.1.1 黄铜矿的 A. f 菌浸出

首先研究黄铜矿纯矿物的 A. f 菌浸出，黄铜矿 − 0.074 mm 粒级含量达到 95% 以上，考察温度、微生物接种量、矿浆浓度和溶液 pH 以及菌种组合对浸出的影响。图 3 − 1 是温度对黄铜矿 A. f 菌浸出的影响。

如图 3 − 1 所示，对于同一株细菌，以 CMS 细菌为例，浸出作用 30 天，在 20℃、30℃ 和 40℃ 条件下，黄铜矿最大浸出率分别为 42.31%、54.25% 和 48.21%，30℃ 条件下的浸出效果最佳。另外 3 株细菌也表现出同样的情况，即在 30℃ 条件下的浸出效果最佳。这与细菌在不同温度条件下的生长情况有关，生长条件越好，其活性越高，表现出的浸矿效率越好。由第 2 章微生物生理特性研究可知，过高温度（40℃）或者过低的温度（20℃）均不适合菌种的生长，30℃ 是 A. f 菌生长的最佳温度，因此，30℃ 条件下 A. f 菌浸出黄铜矿的效果最好。同样在 30℃ 条件下，YS、ATCC23270、DC 和 CMS 细菌最大浸出率分别为 38.15%、47.23%、51.34% 和 54.25%。CMS 细菌浸出的效果最好，YS 细菌最差。这与第 2 章微生物氧化亚铁和生长情况相吻合。

因此，不同温度对 4 种 *A. f* 菌浸出黄铜矿结果均存在影响，30℃条件下 *A. f* 菌浸出黄铜矿的效果最好，4 株细菌在 30℃浸出黄铜矿的效率由低到高依次是 YS、ATCC23270、DC 和 CMS。

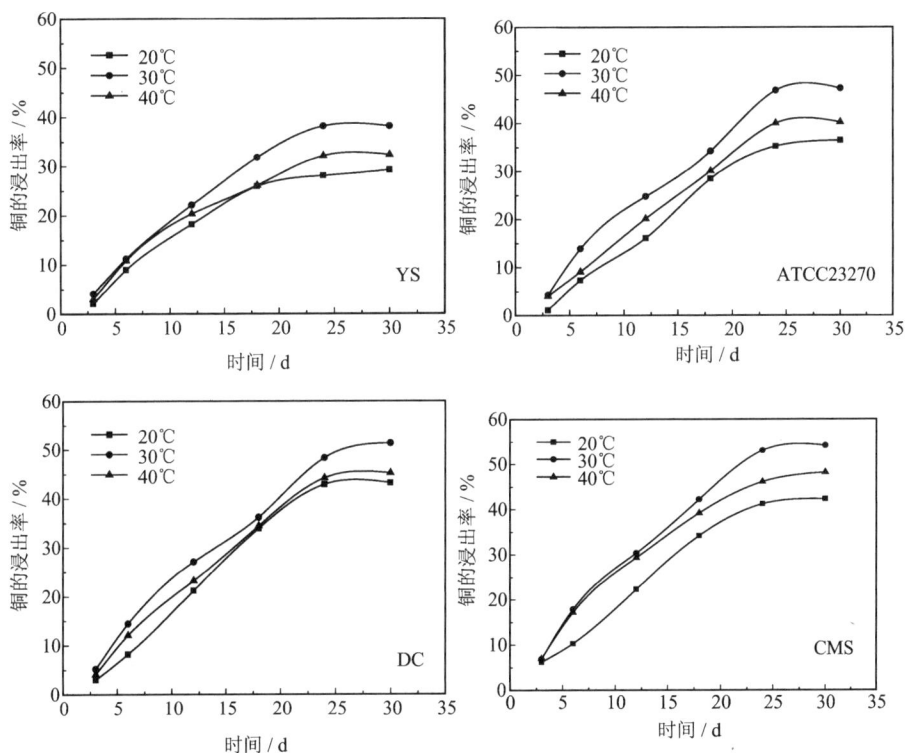

图 3-1 温度对黄铜矿 *A. f* 菌浸出的影响(矿浆浓度 5%，微生物接种浓度 3%，矿物粒度 95%以上为 -0.074 mm 粒级，转速 170 rad/s，溶液 pH =2.0)

图 3-2 是微生物接种浓度对黄铜矿 *A. f* 菌浸出的影响。对于同一株细菌，以 DC 细菌为例，浸出作用 30 天，在接种浓度 0.03%、0.30%和3.00%条件下，黄铜矿最大浸出率分别为49.32%、51.34%和46.37%，因此 3.00%接种浓度条件下的浸出效果最佳。另外三株细菌也表现出同样的情况，3.00%接种浓度条件下的浸出效果最佳。相同条件下，接种浓度越大，微生物生长越快，微生物在溶液中的数量越大，生物氧化的活性越好，浸出效果也越好。同样在 3.00%接种浓度条件下，YS、ATCC23270、DC 和 CMS 细菌最大浸出率分别为 38.15%、47.23%、51.34% 和 54.25%。CMS 细菌浸出的效果最好，YS 细菌最差。

因此，不同微生物接种浓度对 4 种 *A. f* 菌浸出黄铜矿的结果均存在影响，

3.00% 接种浓度条件下 *A.f* 菌浸出黄铜矿的效果最好，4 株细菌在此条件下浸出黄铜矿的效率由低到高依次是 YS、ATCC23270、DC 和 CMS。

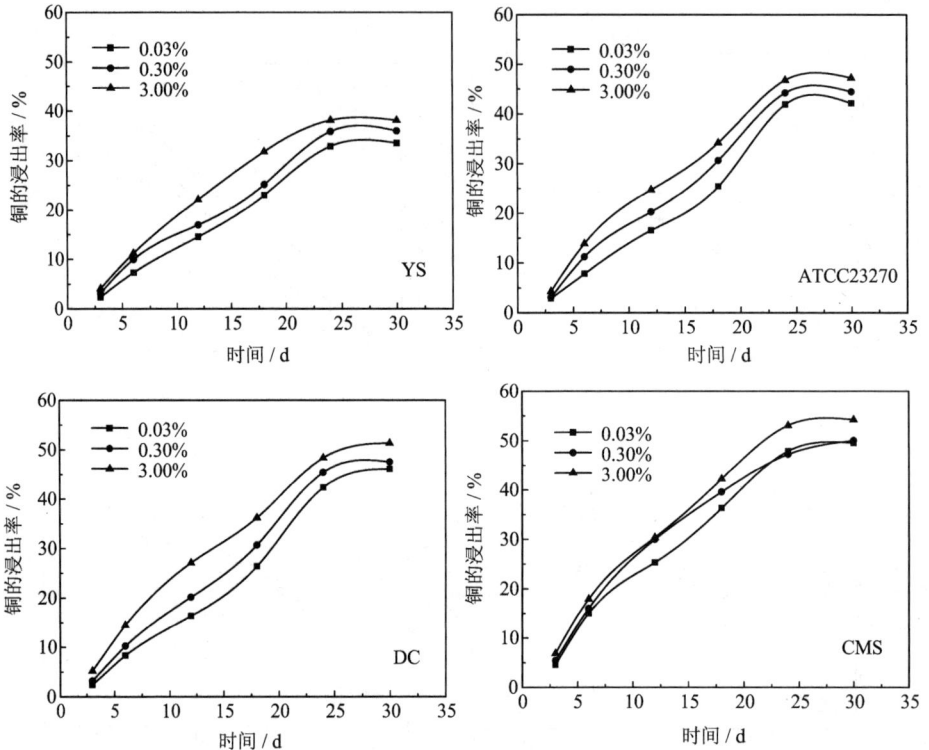

图 3-2　微生物接种浓度对黄铜矿 *A.f* 菌浸出的影响(矿浆浓度 5%，矿物粒度 95% 以上为 -0.074 mm 粒级，温度 30℃，转速 170 rad/s，溶液 pH = 2.0)

图 3-3 是矿浆浓度对黄铜矿 *A.f* 菌浸出的影响，对于同一株细菌，以 YS 细菌为例，浸出作用 30 天，矿浆浓度在 2%、5% 和 15% 条件下，黄铜矿最大浸出率分别为 29.11%、38.15% 和 29.71%，5% 矿浆浓度条件下的浸出效果最佳。另外 3 株细菌也表现出同样的情况，5% 矿浆浓度条件下的浸出效果最佳。矿浆浓度过低，则微生物生长容易受到营养物质匮乏的限制，影响生长，浸出效果不佳；矿浆浓度过高，微生物生长容易受到矿颗粒在振荡过程中的碰撞，由于微生物细胞壁不耐受而受到抑制，浸出效果同样不佳。只有在合适的矿浆浓度条件下，微生物生长的营养物质才能够有保证，并且微生物生长较少受到矿颗粒碰撞的影响，所以对于黄铜矿的浸出，5% 矿浆浓度是最佳的。在 5% 矿浆浓度条件下，YS、ATCC23270、DC 和 CMS 细菌最大浸出率分别为 38.15%、47.23%、51.34% 和 54.25%。CMS 细菌浸出

的效果最好，YS 细菌最差。

　　因此，不同矿浆浓度对 4 种 A.f 菌浸出黄铜矿结果均存在影响，5% 矿浆浓度条件下 A.f 菌浸出黄铜矿的效果最好，4 株细菌在此条件下，浸出黄铜矿的效率由低到高依次是 YS、ATCC23270、DC 和 CMS。

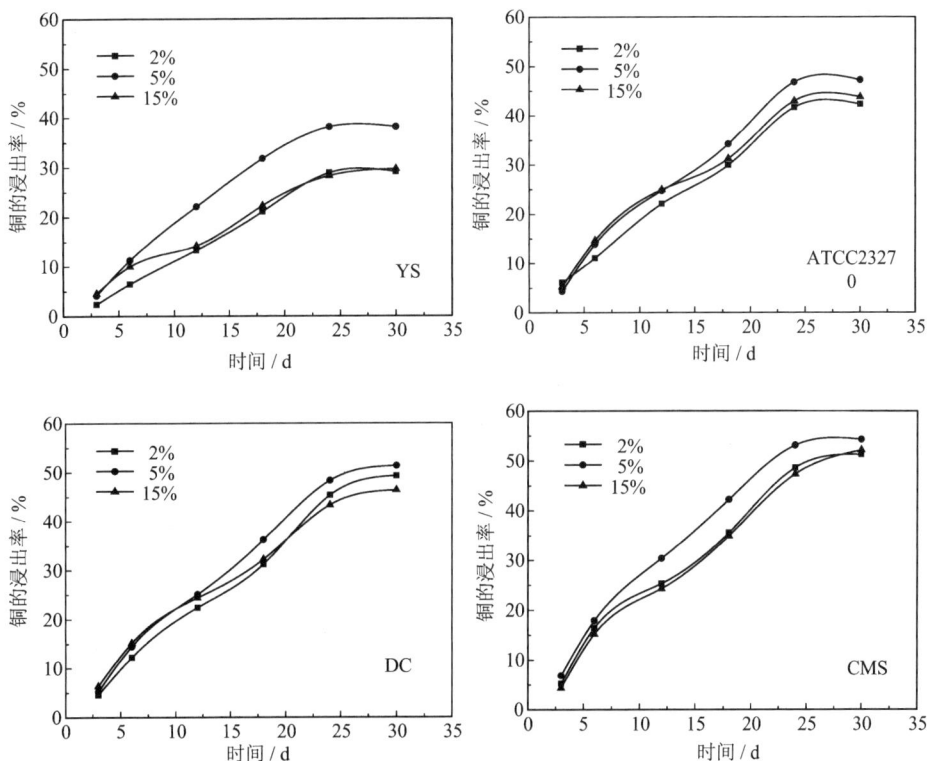

图 3 - 3　矿浆浓度对黄铜矿 A.f 菌浸出的影响（接种浓度 3%，矿物粒度 95% 以上为 - 0.074 mm 粒级，温度 30℃，转速 170 rad/s，溶液 pH = 2.0）

　　图 3 - 4 是溶液起始 pH 对黄铜矿 A.f 菌浸出的影响，如图 3 - 4 所示，对于同一株细菌，以 ATCC23270 细菌为例，浸出作用 30 天，溶液 pH 分别为 1.5、2.0 和 2.5 条件下，黄铜矿最大浸出率分别为 45.56%、47.23% 和 43.29%，溶液 pH 为 2 条件下的浸出效果最佳。另外 3 株细菌也表现出同样的情况，溶液 pH 为 2.0 条件下的浸出效果最佳。溶液 pH 过低，A.f 菌生长受到 H^+ 的抑制，影响微生物生长，浸出效果不佳；溶液 pH 过高，微生物氧化产生的 Fe^{3+} 容易发生水解，影响浸出反应过程，浸出效果同样不佳。只有在合适的溶液 pH 条件下，微生物生长才不受抑制，Fe^{3+} 才不容易发生水解，所以对于黄铜矿的浸出，溶液 pH 为 2.0 是

最佳的。同样在 5% 矿浆浓度条件下，YS、ATCC23270、DC 和 CMS 细菌最大浸出率分别为 38.15%、47.23%、51.34% 和 54.25%。CMS 细菌浸出的效果最好，YS 细菌最差。

因此，不同溶液 pH 对 4 种 $A.f$ 菌浸出黄铜矿的结果均存在影响，溶液 pH 为 2.0 条件下 $A.f$ 菌浸出黄铜矿的效果最好，4 株细菌在此条件下浸出黄铜矿的效率由低到高依次是 YS、ATCC23270、DC 和 CMS。

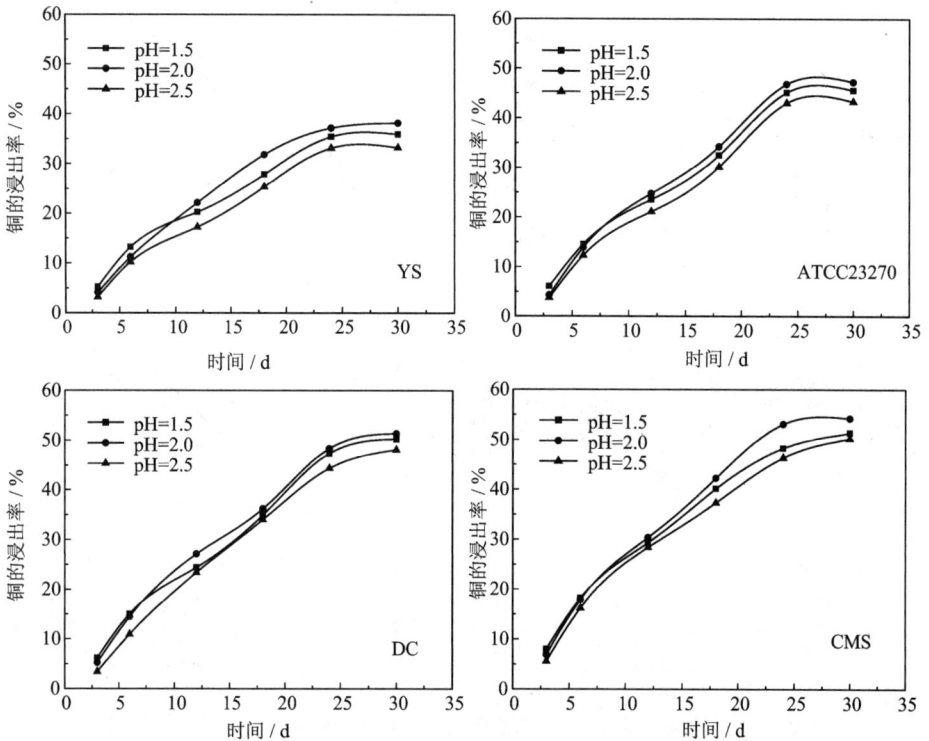

图 3 - 4 溶液 pH 对黄铜矿 $A.f$ 菌浸出的影响（矿浆浓度 5%，接种浓度 3%，矿物粒度 85% 以上为 -0.074 mm 粒级，温度 30℃，转速 170 rad/s）

图 3 - 5 是有菌和无菌条件下黄铜矿 $A.f$ 菌的浸出对比，没有添加 $A.f$ 菌，仅靠硫酸的浸出，反应 30 天，其浸出率仅为 6.32%，基本上就是黄铜矿中部分被氧化部分的硫酸浸出。这说明黄铜矿是非常难被稀硫酸浸出的。添加不同细菌，作用 30 天后，YS、ATCC23270、DC 和 CMS 细菌浸出率分别为 38.15%、47.23%、51.34% 和 54.25%。说明 $A.f$ 菌能够浸出黄铜矿。4 株细菌在此条件下浸出黄铜矿的效率由低到高依次是 YS、ATCC23270、DC 和 CMS。其最佳浸出条件是：温度 30℃，矿浆浓度 5%，接种浓度 3%，矿物粒度 85% 以上为 -0.074 mm 粒级，

转速 170 rad/s，溶液 pH = 2.0，再一次验证上述试验结果。

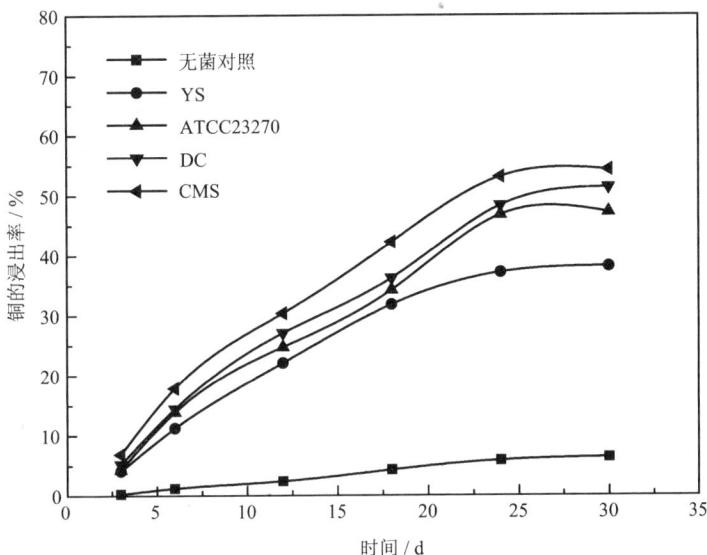

图 3 – 5　有菌和无菌条件对黄铜矿 A.f 菌浸出的影响（矿浆浓度 5%，接种浓度 3%，矿物
粒度 95% 以上为 – 0.074 mm 粒级，温度 30℃，转速 170 rad/s，溶液 pH = 2.0）

3.1.2　黄铜矿浸出过程的 SEM – EDAX 分析

选取 CMS 菌株，在黄铜矿块状浸出前后的同一表面进行扫描电镜（SEM）和
表面能谱（EDAX）分析。

从图 3 – 6、图 3 – 7(a)、图 3 – 8(a)的对比可以看出，由于细菌的浸出腐蚀，
造成原本光滑的原矿表面严重腐蚀，出现了沟壑，变得凹凸不平。这说明细菌的
浸出造成了黄铜的大量溶解。

如表 3 – 2 所示，在测量的位置上，铜元素已经反应殆尽，铁、硫元素的含量
也骤降，几乎完全反应，矿石的主要成分变成铝、氧和硅，说明混合菌种对斑铜
矿有强烈的浸出效果，使表面的铜、铁、硫元素氧化，从而露出氧化铝和二氧化
硅，由于它们对细菌很稳定，所以逐渐沉积而改变了矿物的表面成分。

如表 3 – 3 所示，在白色标记位置，黄铜矿表面 Cu 的质量百分含量下降为
19.56%、原子百分含量下降为 15.67%；S 的质量百分含量下降为 28.00%、原子
百分含量下降为 44.44%；Fe 的质量百分含量上升为 35.38%、原子百分含量上
升为 33.31%。计算分析可知，S∶Fe∶Cu = 1∶0.69∶0.35。铜、硫百分含量有所下
降，而铁百分含量有所增加，说明细菌对矿石有一定的浸出效果，但铁的浸出速
度比铜、硫较慢，可能是由于浸出过程中生成了含铁沉淀物积累在矿物表面。

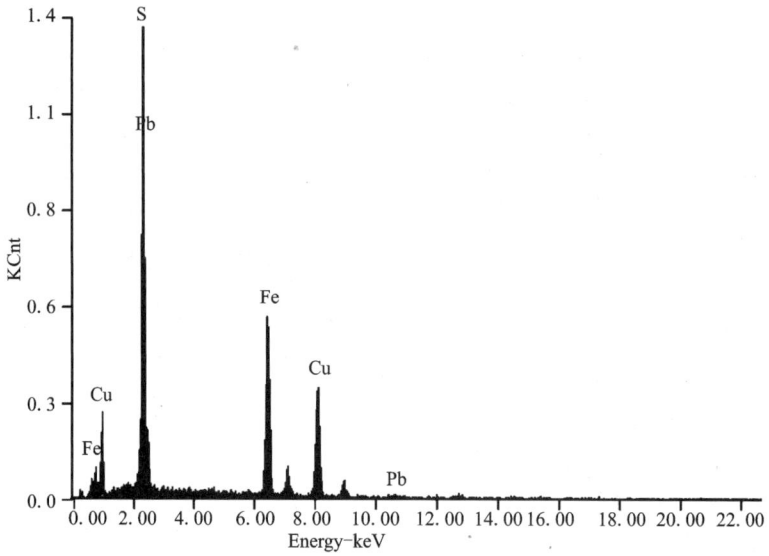

图3-6(a)　黄铜矿表面能谱分析

表3-1　黄铜矿表面元素分析

元素	$w/\%$	$x/\%$
S	35.72	52.92
Fe	27.52	23.41
Cu	29.41	21.99
Pb	07.35	01.69

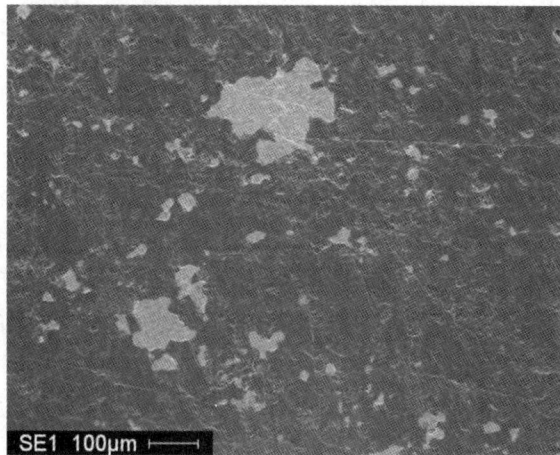

图3-6(b)　黄铜矿原矿表面原貌

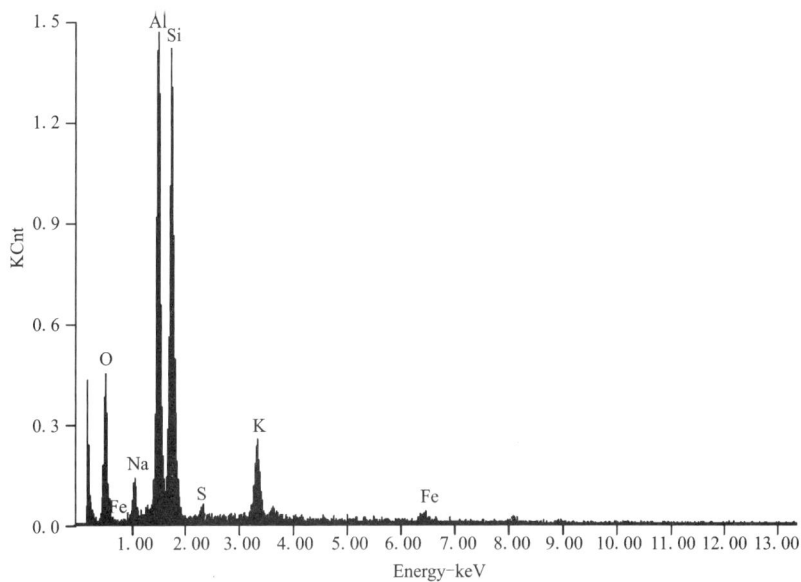

图 3 - 7(a)　黄铜矿表面能谱分析

表 3 - 2　黄铜矿表面元素分析

元素	$w/\%$	$x/\%$
O	29.67	42.88
Na	03.30	03.32
A	25.61	21.95
Si	32.73	26.95
S	00.87	00.62
K	05.84	03.45
Fe	01.99	00.82

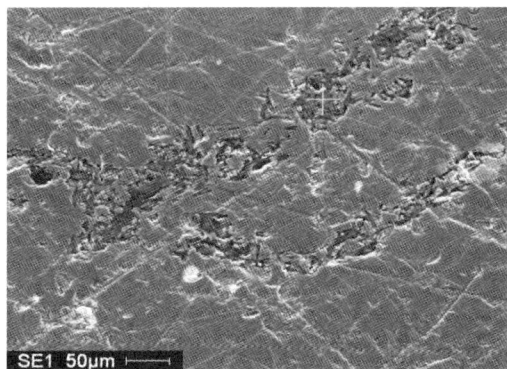

图 3 - 7(b)　腐蚀后黄铜矿表面状况

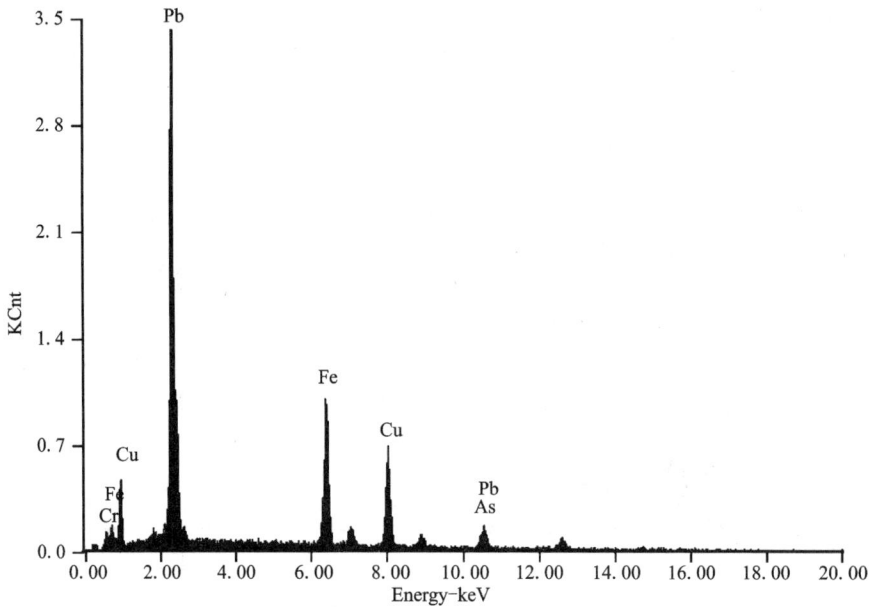

图 3 - 8(a)   黄铜矿表面能谱分析

表 3 - 3   黄铜矿表面元素分析

元素	w/%	x/%
S	28.00	44.44
Fe	35.38	33.31
Cu	19.56	15.67
As	05.51	03.74
Pb	1.54	02.83

图 3 - 8(b)   腐蚀后黄铜矿表面状况

3.2　斑铜矿的微生物浸出

3.2.1　斑铜矿的 A.f 菌浸出

图 3 – 9 是温度对斑铜矿 A.f 菌浸出的影响。对于同一株细菌，以 YS 细菌为例，浸出作用 30 天，在 20℃、30℃ 和 40℃ 条件下，斑铜矿最大浸出率分别为 49.38%、60.31% 和 55.31%，30℃ 条件下的浸出效果最佳。另外 3 株细菌也表现出同样的情况，即 30℃ 条件下的浸出效果最佳。这与细菌在不同温度条件下的生长情况有关，生长条件越好，其活性越高，表现出的浸矿效率越好。由第 2 章微生物生理特性研究可知，高于 40℃ 或者低于 20℃ 的温度均不适合菌种生长，30℃ 是 A.f 菌生长的最佳温度，因此 30℃ 条件下 A.f 菌浸出斑铜矿的效果最好。

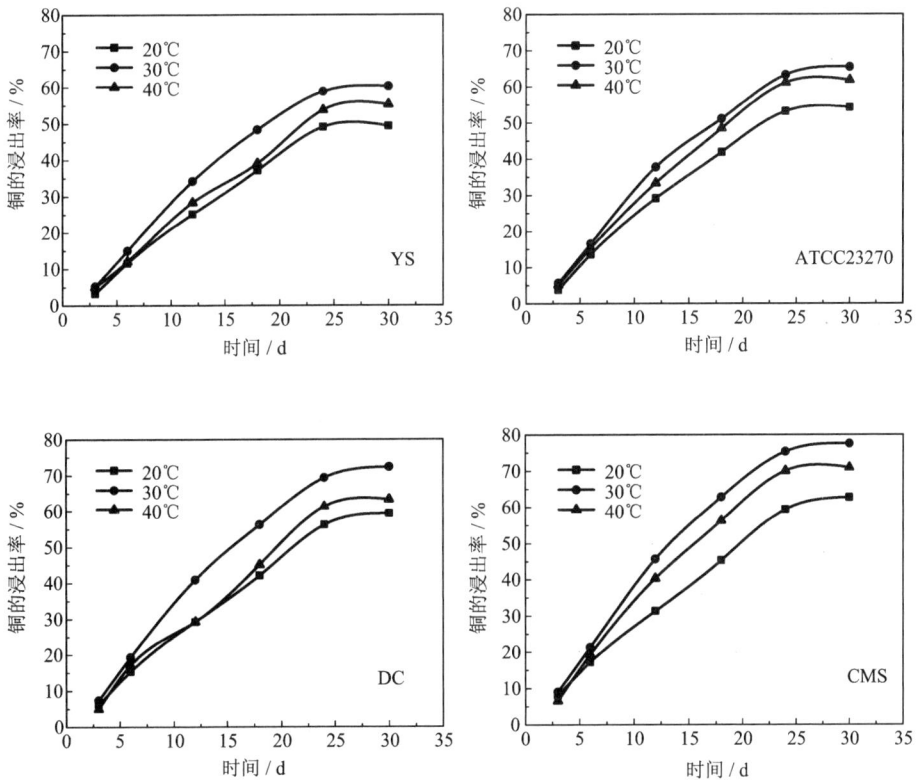

图 3 – 9　温度对斑铜矿微生物浸出的影响(矿浆浓度 5%，接种浓度 3%，矿物粒度 95% 以上为 − 0.074 mm 粒级，转速 170 rad/s，溶液 pH = 2.0)

同样在 30℃ 条件下，YS、ATCC23270、DC 和 CMS 细菌最大浸出率分别为
60.31%、65.43%、72.35% 和 77.55%。CMS 细菌浸出的效果最好，YS 细菌最
差。这与第 2 章中 30℃ 条件下微生物氧化亚铁和生长情况相一致。因此，不同温
度对 4 种 $A.f$ 菌浸出黄铜矿结果均存在影响，30℃ 条件下 $A.f$ 菌浸出斑铜矿的效
果最好，4 株细菌在 30℃ 浸出斑铜矿的效率由低到高依次是 YS、ATCC23270、DC
和 CMS。

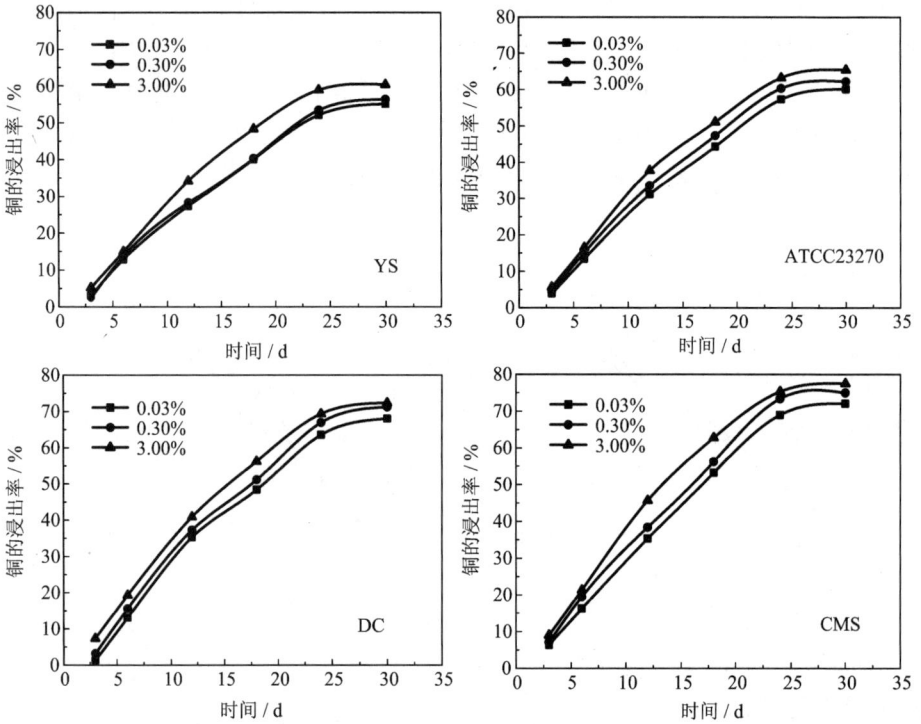

图 3-10 接种浓度对斑铜矿微生物浸出的影响(矿浆浓度 5%，矿物粒
度 95% 以上为 -0.074 mm 粒级，温度 30℃，转速 170 rad/s，溶液 pH=2.0)

图 3-11 是矿浆浓度对斑铜矿 $A.f$ 菌浸出的影响。对于同一株细菌，以 DC 细
菌为例，浸出作用 30 天，在矿浆浓度为 2%、5% 和 15% 的条件下，斑铜矿最大浸
出率分别为 69.32%、72.35% 和 65.32%，5% 矿浆浓度条件下的浸出效果最佳。
另外 3 株细菌也表现出同样的情况，5% 矿浆浓度条件下的浸出效果最佳。矿浆
浓度过低，则微生物生长容易受到营养物质匮乏的限制，影响生长，浸出效果不
佳；矿浆浓度过高，则微生物生长容易受到矿颗粒在振荡过程中的碰撞，由于微生
物细胞壁不耐受而受到抑制，浸出效果同样不佳。在合适的矿浆浓度条件下，

一方面，微生物生长的营养物质能够有保证；另一方面，微生物生长较少受到矿颗粒碰撞的影响，所以对于斑铜矿的浸出，5% 矿浆浓度时是最佳的。同样在 5% 矿浆浓度条件下，YS、ATCC23270、DC 和 CMS 细菌最大浸出率分别为 60.31%、65.43%、72.35% 和 77.55%。CMS 细菌浸出的效果最好，YS 细菌最差。因此不同矿浆浓度对 4 种 $A.f$ 菌浸出斑铜矿的结果均存在影响，5% 矿浆浓度条件下 $A.f$ 菌浸出斑铜矿的效果最好，4 株细菌在此条件下浸出斑铜矿的效率由低到高依次是 YS、ATCC23270、DC 和 CMS。

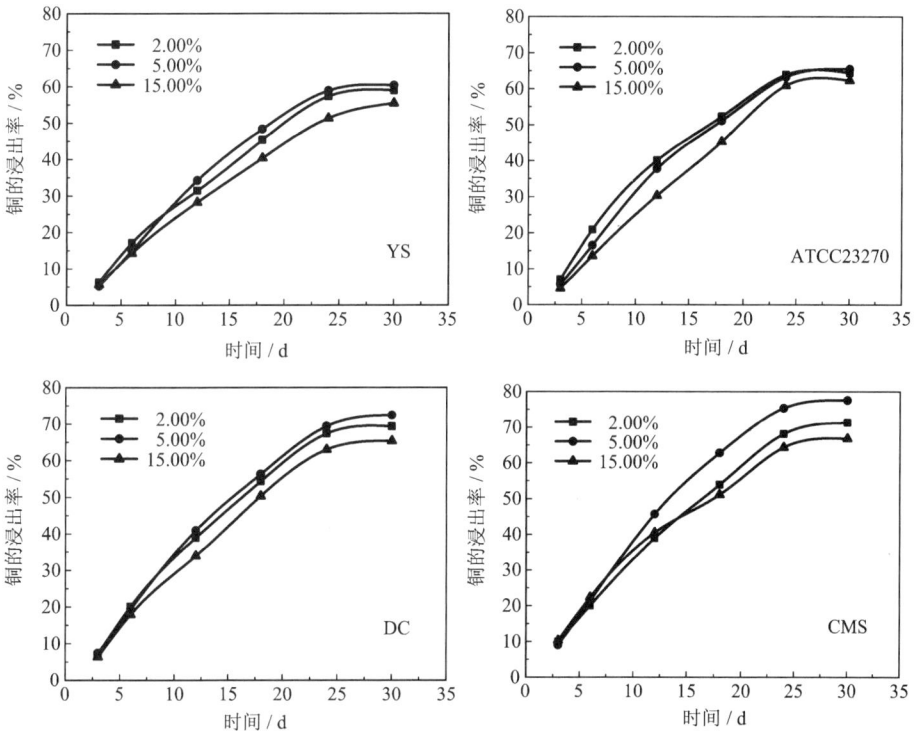

图 3－11 矿浆浓度对斑铜矿微生物浸出的影响（接种浓度 3%，矿物粒度 95% 以上为 －0.074 mm 粒级，转速 170 rad/s，溶液 pH ＝2.0）

图 3－12 是溶液 pH 对斑铜矿 $A.f$ 菌浸出的影响。对于同一株细菌，以 CMS 细菌为例，浸出作用 30 天，溶液 pH 分别为 1.5、2.0 和 2.5 条件下，斑铜矿最大浸出率分别为 72.56%、77.55% 和 68.92%，溶液 pH 为 2.0 条件下的浸出效果最佳。另外 3 株细菌也表现出同样的情况，溶液 pH 为 2.0 条件下的浸出效果最佳。溶液 pH 过低，则 $A.f$ 菌生长受到 H^+ 的抑制，影响微生物生长，浸出效果不佳；溶液 pH 过高，则微生物氧化产生的 Fe^{3+} 容易发生水解，影响浸出反应过程，浸

出效果同样不佳。只有在合适的溶液 pH 条件下，微生物生长不受抑制，Fe^{3+} 才不容易发生水解，所以对于斑铜矿的浸出，溶液 pH 为 2.0 时是最佳的。同样在 5% 矿浆浓度条件下，YS、ATCC23270、DC 和 CMS 细菌最大浸出率分别为 60.31%、65.43%、72.35% 和 77.55%。CMS 细菌浸出的效果最好，YS 细菌最差。因此不同溶液 pH 对 4 种 A.f 菌浸出斑铜矿的结果均存在影响，溶液 pH 为 2.0 条件下 A.f 菌浸出斑铜矿的效果最好，4 株细菌在此条件下浸出斑铜矿的效率由低到高依次是 YS、ATCC23270、DC 和 CMS。

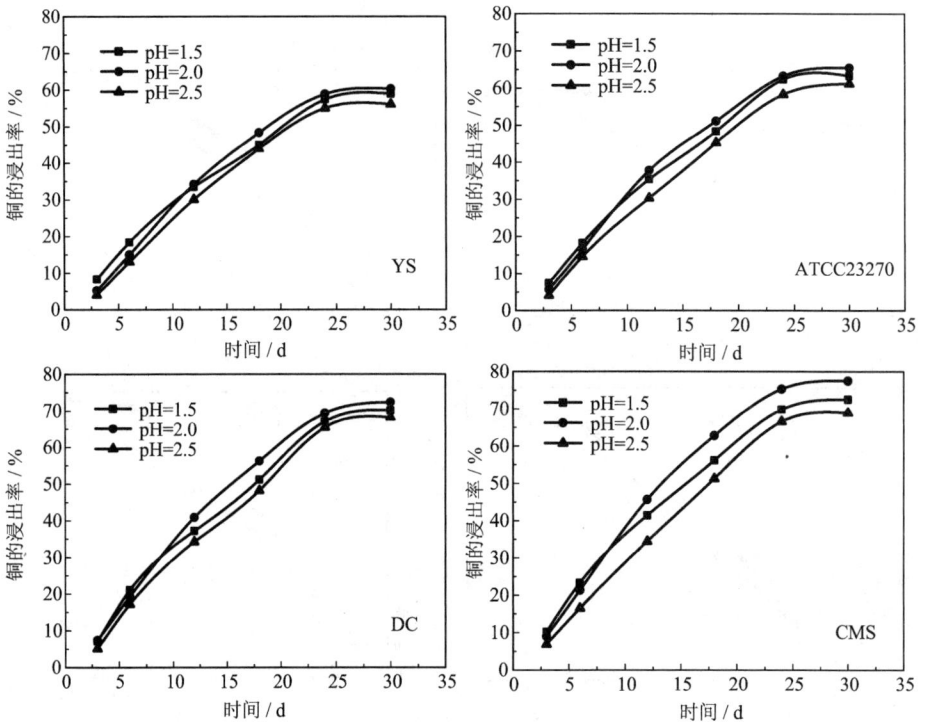

图 3 - 12 溶液 pH 对斑铜矿微生物浸出的影响(矿浆浓度 5%，接种浓度 3%，矿物粒度 95% 以上为 -0.074 mm 粒级，温度 30℃，转速 170 rad/s)

图 3 - 13 是有菌和无菌条件下对斑铜矿 A.f 菌浸出的对比。没有添加 A.f 菌，仅靠硫酸的浸出，反应 30 天，其浸出率仅为 8.51%，基本上就是斑铜矿中部分被氧化部分的硫酸浸出。这说明斑铜矿是非常难被稀硫酸浸出的。添加不同细菌，作用 30 天后，YS、ATCC23270、DC 和 CMS 细菌浸出率分别为 60.31%、65.43%、72.35% 和 77.55%，说明 A.f 菌能够浸出斑铜矿。4 株细菌在此条件下浸出斑铜矿的效率由低到高依次是 YS、ATCC23270、DC 和 CMS。其最佳浸出条件是：温度

30℃，矿浆浓度 5%，接种浓度 3%，矿物粒度 95% 以上为 −0.074 mm 粒级，转速 170 rad/s，溶液 pH = 2.0。再一次验证了上述试验结果。

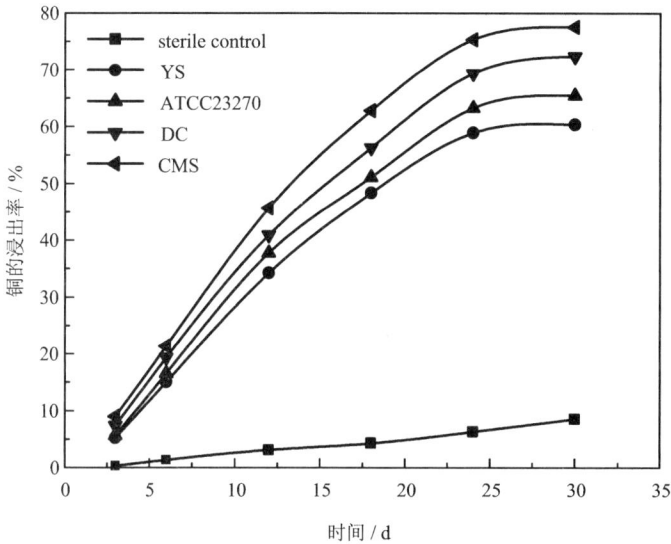

图 3 − 13　有菌和无菌条件下斑铜矿的微生物浸出(矿浆浓度 5%，接种浓度 3%，矿物粒度 95% 以上为 −0.074 mm 粒级，温度 30℃，转速 170 rad/s，溶液 pH = 2.0)

3.2.2　斑铜矿浸出过程的 SEM − EDAX 分析

选取 CMS 菌株，在斑铜矿块状浸出前后的的同一表面进行扫描电镜(SEM) 和表面能谱(EDAX)分析。试验结果表明，浸出后斑铜矿表面元素硫的含量明显 增大。分析表 3 − 4 各数据可知，在浸出前斑铜矿表面 Cu 的质量百分含量为 56.44%、原子百分含量为 43.76%；S 的质量百分含量为 29.14%、原子百分含量 为 44.77%；Fe 的质量百分含量为 11.47%、原子百分含量为 10.12%。计算分析 可知，S∶Fe∶Cu = 1∶0.22∶0.96。此表面原子个数与理论数据相比有较大出入。

表 3 − 4　浸出前后斑铜矿表面能谱分析结果

元素试样	w/%			x/%		
	S	Fe	Cu	S	Fe	Cu
斑铜矿表面	29.14	11.47	56.44	44.77	10.12	43.76
图 3 − 7 位置	24.17	09.24	62.87	38.79	08.51	50.92
图 3 − 8 位置	35.72	27.52	29.41	52.92	23.41	21.99

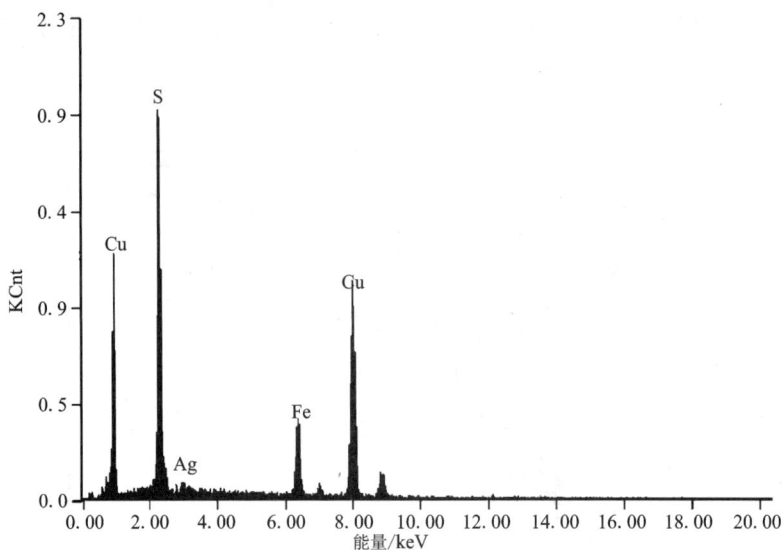

图 3 - 14(a)　斑铜矿表面能谱分析

图 3 - 14(b)　细菌腐蚀斑铜矿表面 SEM

　　针对图 3 - 14 的位置分析表明，Cu、S、Fe 的质量含量和原子个数含量有了很大的变化。由表 3 - 4 可知，Cu 的质量百分含量、原子百分含量分别上升到 62.87%、50.92%；S 的质量百分含量、原子百分含量分别下降到 24.17%、38.79%；Fe 的质量百分含量、原子百分含量略有降低，分别为 09.24%、08.51%。计算分析结果：S∶Fe∶Cu = 1∶0.22∶1.29。比较可知，铜的比例明显增加，而铁、硫浸出前后比例几乎不变，说明此位置细菌对铁、硫的浸出速度要高于对铜的浸出，所以导致铜的相对含量增加。

　　针对图 3 - 15 的位置分析表明,Cu 的质量百分含量、原子百分含量分别下降
到 29.41%、21.99%;S 的质量百分含量、原子百分含量分别上升到 35.72%、
52.92%;Fe 的质量百分含量、原子百分含量有较大的增加,分别为 27.52%、
23.41%。计算分析结果:S:Fe:Cu = 1:0.43:0.41。斑铜矿表面 S、Fe 元素富集在
斑铜矿表面,说明在浸出过程中铁的浸出率略低于铜,可能有铁沉淀物形成吸附
在斑铜矿表面。S 的富集说明在斑铜矿浸出过程中,斑铜矿表面有元素 S 生成,
在矿物表面形成硫膜。这也是反应后期斑铜矿溶解速度减慢的重要原因。

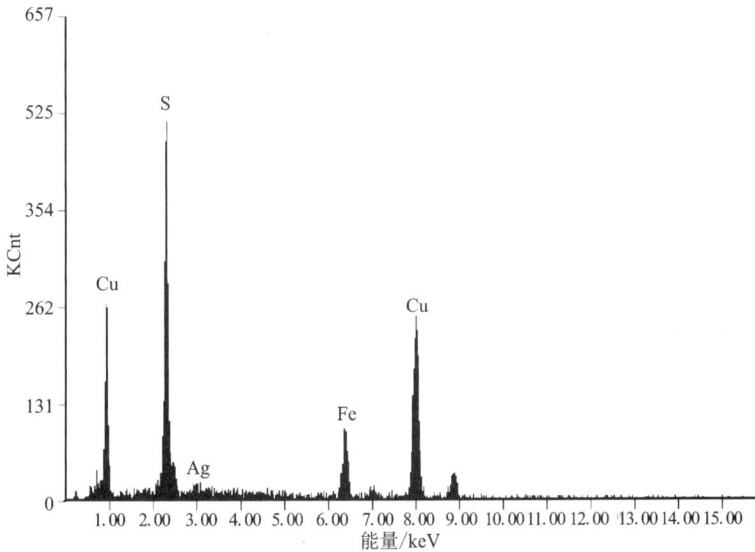

图 3 - 15(a)　斑铜矿表面能谱分析(白色框内)

图 3 - 15(b)　细菌腐蚀过斑铜矿表面 SEM

3.2.3 黄铜矿和斑铜矿混合矿的浸出

在实际的生物浸出过程中，往往涉及多种硫化矿物，多种硫化矿物的生物浸出与单独矿物的浸出行为有很大的不同。梅州实际矿石中主要含有黄铜矿和斑铜矿，因此，考虑二者不同比例混合矿物的浸出。采用浸矿能力较好的 2 株细菌，即 DC 和 CMS 细菌，如图 3 – 16 所示，为不同质量比的黄铜矿和斑铜矿混合矿的微生物浸出。由图 3 – 16 可知，DC 菌株作用 30 天后，在黄铜矿和斑铜矿质量比为 2∶1、1∶1 和 1∶2 的情况下，铜的浸出率分别为 65.33%、71.11% 和 81.25%。对于 CMS 菌株，在相同的条件下，铜的浸出率分别为 68.23%、75.11% 和 86.25%。相对于黄铜矿和斑铜矿的单独浸出，二者混合时铜的浸出率有了明显的

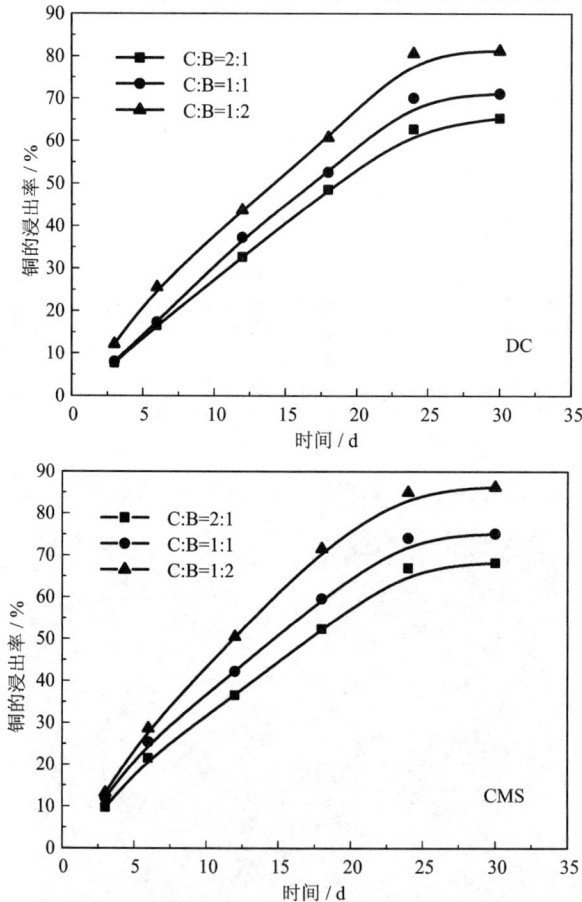

图 3 – 16　不同质量比黄铜矿和斑铜矿混合矿的微生物浸出，C：黄铜矿，
B：斑铜矿，矿浆浓度 5%，接种浓度 3%，矿物粒度 95% 以上为 −0.074 mm 粒
级，温度 30℃，转速 170 rad/s，溶液 pH = 2.0

提高。这可能是因为在斑铜矿存在时，在微生物作用下，易"诱导"黄铜矿向斑铜矿或者次生硫化铜矿转化，从而促进二者的浸出。

3.3　原矿石的微生物浸出

3.3.1　原矿石的 A.f 菌浸出

图 3–17 是温度对实际矿石 A.f 菌浸出的影响。对于同一株细菌，以 YS 细菌为例，浸出作用 30 天，20℃、30℃ 和 40℃ 条件下，实际矿石最大浸出率分别为57.62%、71.21% 和 67.41%，30℃ 条件下的浸出效果最佳。另外 3 株细菌也表现出同样的情况，即 30℃ 条件下的浸出效果最佳。这与细菌在不同温度条件下的生长情况有关，生长条件越高，其活性越高，表现出的浸矿效率越高。由第 2 章微生物生理特性研究可知，高于 40℃ 或者低于 20℃ 的温度均不适合菌种的生长，30℃ 是 A.f 菌生长的最佳温度，因此 30℃ 条件下 A.f 菌浸出实际矿石的效果最

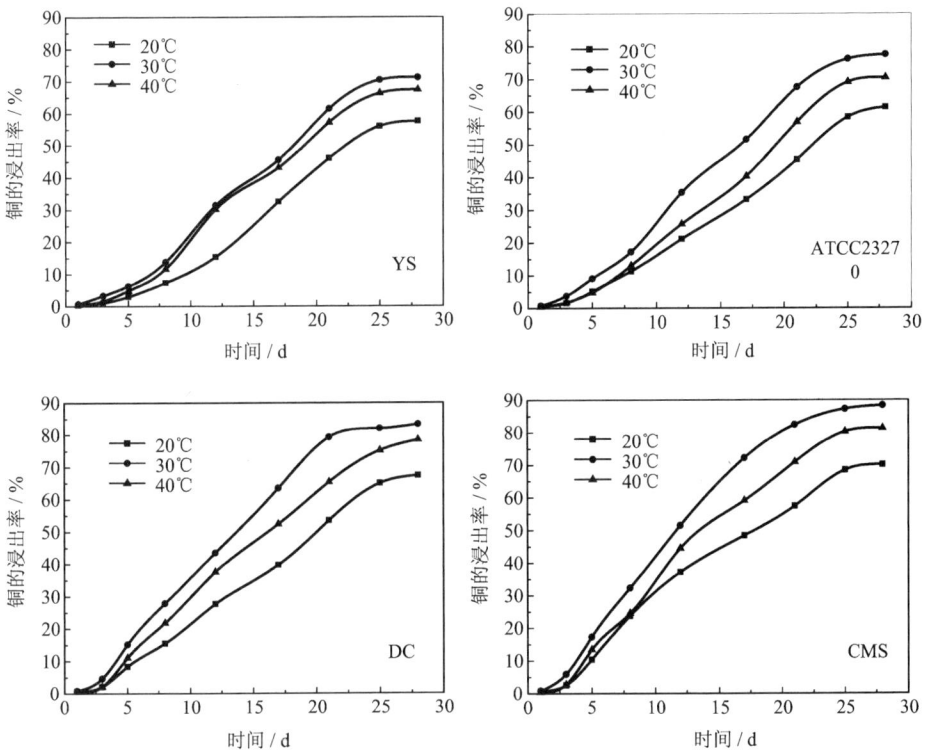

图 3–17　温度对实际矿石 A.f 菌浸出的影响(矿浆浓度 5%，接种浓度 3%，矿石粒度90% 以上为 −0.074 mm 粒级，转速 170 rad/s，溶液 pH = 2.0)

好。同样在 30℃ 条件下，YS、ATCC23270、DC 和 CMS 细菌最大浸出率分别为 71.21%、77.47%、83.31% 和 88.33%。CMS 细菌浸出的效果最好，YS 细菌最差。这与第 2 章中 30℃ 条件下的微生物氧化亚铁和生长情况相一致。因此，不同温度对 4 种 $A.f$ 菌浸出实际矿石的结果均存在影响，30℃ 条件下 $A.f$ 菌浸出实际矿石的效果最好，4 株细菌在 30℃ 浸出实际矿石的效率由低到高依次是 YS、ATCC23270、DC 和 CMS。

图 3-18 是微生物接种浓度对实际矿石 $A.f$ 菌浸出的影响，对于同一株细菌，以 ATCC23270 细菌为例，浸出作用 30 天，接种浓度在 2%、即 5% 和 10% 条件下，实际矿石最大浸出率分别为 71.24%、77.47% 和 74.31%，5% 接种浓度条件下的浸出效果最佳。另外 3 株细菌也表现出同样的情况，即 5% 接种浓度条件下的浸出效果最佳。相同条件下，接种浓度越大，微生物生长越快，微生物在溶液中的数量越大，生物氧化的活性越好，浸出效果越好。同样在 5% 接种浓度条件下，YS、ATCC23270、DC 和 CMS 细菌最大浸出率分别为 71.21%、77.47%、83.31% 和 88.33%。CMS 细菌浸出的效果最好，YS 细菌最差。

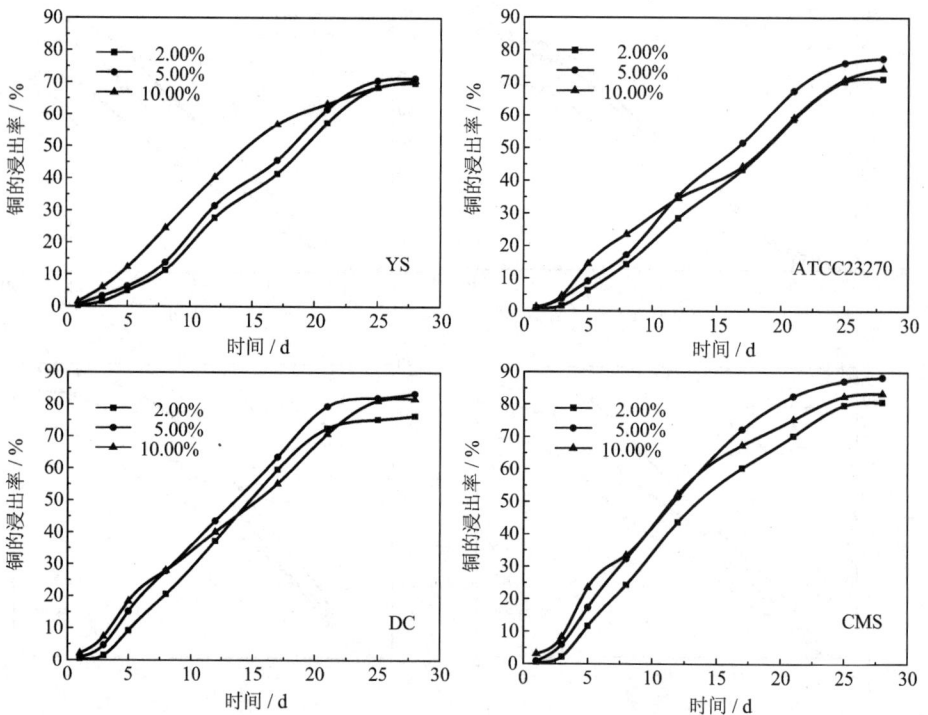

图 3-18　接种浓度对实际矿石 $A.f$ 菌浸出的影响(矿浆浓度 5%，矿石粒度 90% 以上为 -0.074 mm 粒级，温度 30℃，转速 170 rad/s，溶液 pH=2.0)

因此，不同微生物接种浓度对 4 种 *A.f* 菌浸出实际矿石的结果均有正面影响，5% 接种浓度条件下 *A.f* 菌浸出实际矿石的效果最好，4 株细菌在此条件下浸出实际矿石的效率由低到高依次是 YS、ATCC23270、DC 和 CMS。

图 3-19 是矿浆浓度对实际矿石 *A.f* 菌浸出的影响，对于同一株细菌，以 DC 细菌为例，浸出作用 30 天，矿浆浓度在 5%、10% 和 20% 条件下，实际矿石最大浸出率分别为 80.21%、83.31% 和 79.08%，10% 矿浆浓度条件下的浸出效果最佳。另外 3 株细菌也表现出同样的情况，10% 矿浆浓度条件下的浸出效果最佳。

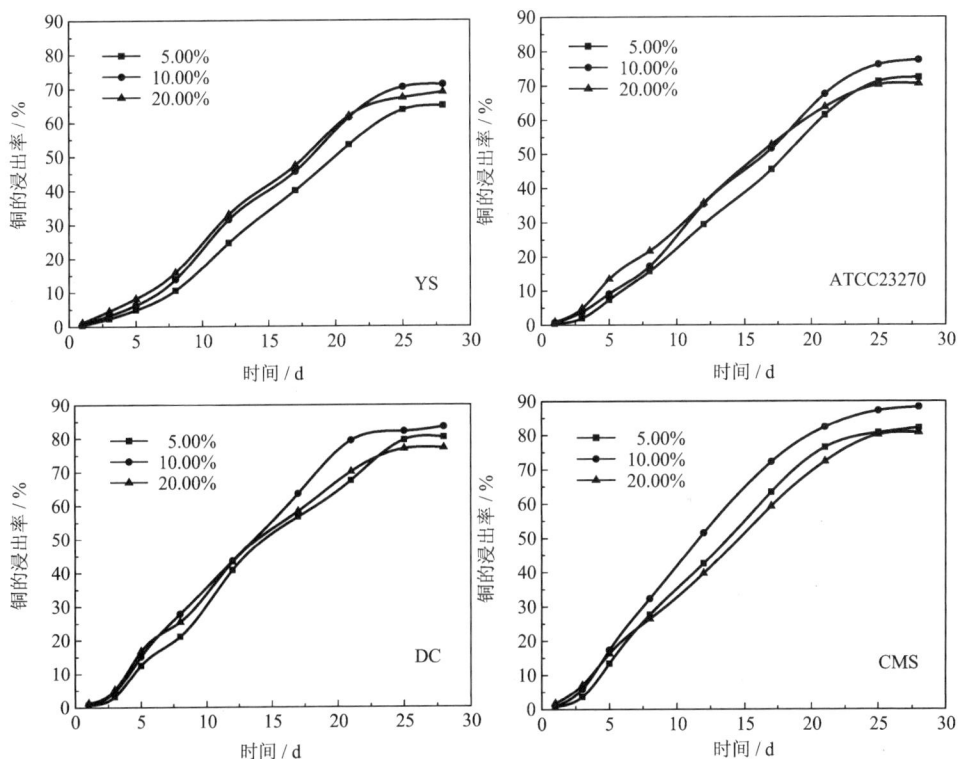

图 3-19　矿浆浓度对实际矿石 *A.f* 菌浸出的影响(接种浓度 3%，矿石粒度 90% 以上为 -0.074 mm 粒级，温度 30℃，转速 170 rad/s，溶液 pH=2.0)

矿浆浓度过低，微生物生长容易受到营养物质匮乏的限制，影响生长，浸出效果不佳；矿浆浓度过高，微生物生长容易受到矿颗粒在振荡过程中的碰撞，由于微生物细胞壁不耐受而受到抑制，浸出效果同样不佳。只有在合适的矿浆浓度条件下，一方面，微生物生长的营养物质才能够有保证；另一方面，微生物生长也能较少受到矿颗粒碰撞的影响，所以对于斑铜矿的浸出，10% 的矿浆浓度是最佳的。同样在 10% 矿浆浓度条件下，YS、ATCC23270、DC 和 CMS 细菌最大浸出率分别为 71.21%、77.47%、83.31% 和 88.33%。CMS 细菌浸出的效果最好，YS 细菌最差。因此，矿浆浓度对 4 株 *A.f* 菌浸出实际矿石的结果均存在影响，10% 矿浆浓度条件下 *A.f* 菌浸出实际矿石的效果最好，4 株细菌在此条件下浸出实际矿石的效率由低到高依次是 YS、ATCC23270、DC 和 CMS。

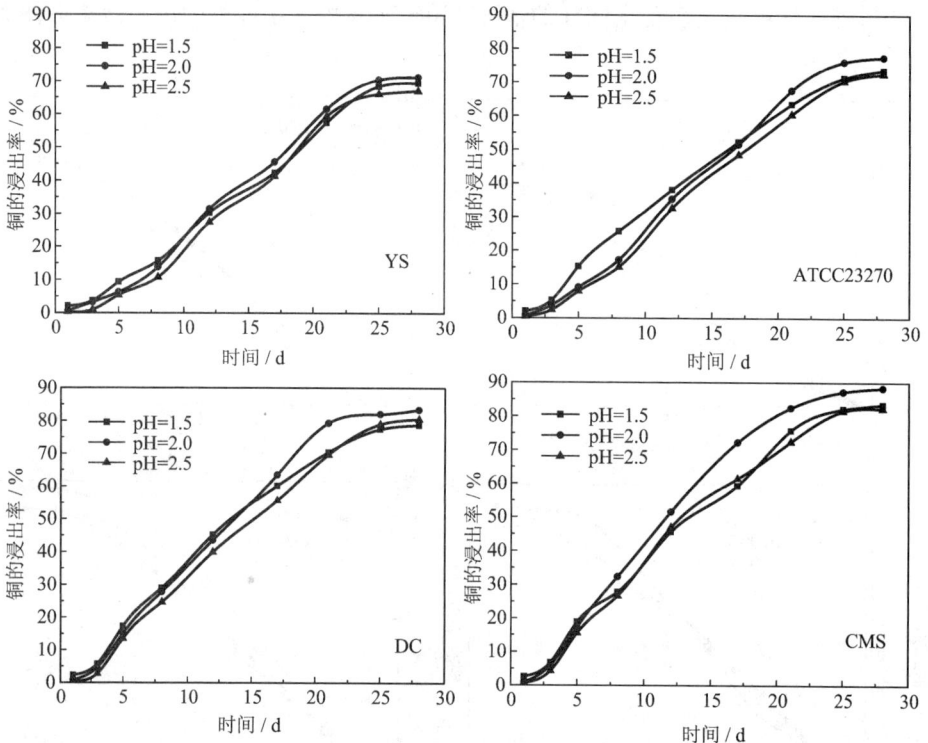

图 3 - 20   溶液 pH 对实际矿石 *A.f* 菌浸出的影响(矿浆浓度 5%，接种浓度 3%，矿石粒度 90% 以上为 -0.074 mm 粒级，温度 30℃，转速 170 rad/s)

图 3 - 20 是溶液 pH 对实际矿石 *A.f* 菌浸出的影响。对于同一株细菌，以 CMS 细菌为例，浸出作用 30 天，溶液 pH 在 1.5、2.0 和 2.5 条件下，实际矿石最大浸出率分别为 83.45%、88.33% 和 82.21%，溶液 pH 为 2.0 条件下的浸出效果最佳。另外 3 株细菌也表现出同样的情况，即溶液 pH 为 2.0 条件下的浸出效果最佳。溶液 pH 过低，则 *A.f* 菌生长受到 H^+ 的抑制，影响微生物生长，浸出效果不佳；溶液 pH 过高，则微生物氧化产生的 Fe^{3+} 容易发生水解，影响浸出反应过程，浸出效果同样不佳。只有在合适的溶液 pH 条件下，微生物生长不受抑制，Fe^{3+} 才不容易发生水解，所以对于实际矿石的浸出，溶液 pH 为 2.0 时是最佳的。

同样溶液 pH 为 2.0 条件下，YS、ATCC23270、DC 和 CMS 细菌最大浸出率分别为 71.21% 、77.47% 、83.31% 和 88.33% 。CMS 细菌浸出的效果最好，YS 细菌最差。

因此，溶液 pH 对 4 种 *A.f* 菌浸出斑铜矿结果均存在影响，溶液 pH 为 2.0 条件下 *A.f* 菌浸出斑铜矿的效果最好，4 株细菌在此条件下浸出斑铜矿的效率由低到高依次是 YS、ATCC23270、DC 和 CMS。

图 3 – 21 是有菌和无菌条件下实际矿石 *A.f* 菌的浸出对比，没有添加 *A.f* 菌，仅靠硫酸的浸出，反应 30 天，其浸出率仅为 5.54% ，基本上就是矿石中的氧化矿部分被硫酸浸出。这说明实际矿石中的硫化铜矿物是非常难被稀硫酸浸出的。添加不同细菌，作用 30 天后，YS、ATCC23270、DC 和 CMS 细菌浸出率在 71.21% 、77.47% 、83.31% 和 88.33% 。说明 *A.f* 菌能够浸出矿石中的黄铜矿和斑铜矿。4 株细菌在此条件下浸出实际矿石的效率由低到高依次是 YS、ATCC23270、DC 和 CMS。其最佳浸出条件是：温度 30℃ ，矿浆浓度 10% ，接种浓度 5% ，矿物粒度 90% 以上为 – 0.074 mm 粒级，转速 170 rad/s，溶液 pH = 2.0，再一次验证上述试验结果。

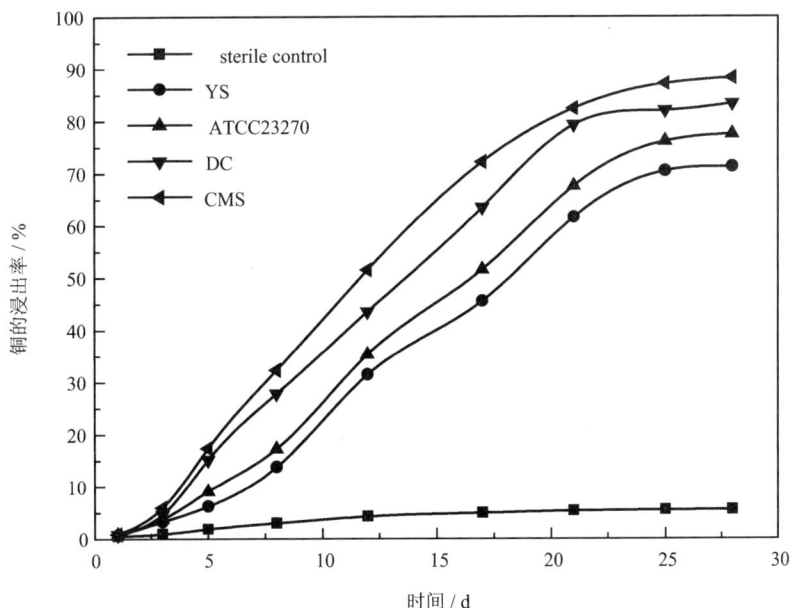

图 3 – 21　有菌和无菌条件下实际矿石的 *A.f* 菌浸出对比（矿浆浓度 5% ，接种浓度 3% ，
矿石粒度 90% 以上为 – 0.074 mm 粒级，温度 30℃ ，转速 170 rad/s，溶液 pH = 2.0）

3.3.2 原矿石的菌种组合浸出

针对实际矿石，分别采用菌群组合1、2、3、4对其进行浸出，图3-22是不同菌群组合条件下实际矿石的浸出对比，添加菌群组合1、2、3、4，作用40天后，矿石铜浸出率分别为83.35%、95.63%、91.56%和87.42%，说明4个菌群组合能够浸出矿石中的黄铜矿和斑铜矿。4个组合在此条件下浸出实际矿石的效率由低到高依次是组合1、组合4、组合3和组合2。其最佳浸出条件是：温度30℃，矿浆浓度10%，接种浓度5%，矿物粒度90%以上为-0.074 mm粒级，转速170 rad/s，溶液pH=2.0，最佳的铜浸出率为95.63%。可以进行柱浸放大试验。

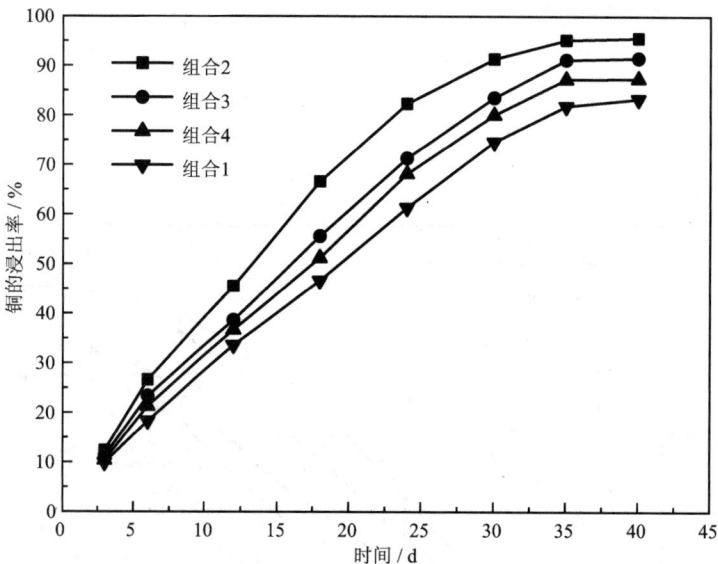

图3-22　有菌和无菌条件下实际矿石的菌群组合浸出(矿浆浓度5%，接种浓度3%，矿石粒度90%以上为-0.074 mm粒级，温度30℃，转速170 rad/s，溶液pH=2.0)

3.4　本章小结

利用获得的浸矿微生物进行摇瓶浸出，采用扫描电镜SEM和能谱分析EDAX研究矿物和矿石浸出过程的表面形貌和元素成分的变化，主要结论如下：

（1）黄铜矿的可浸性情况：中温菌浸出率不高，最高浸出率仅为54.25%。

（2）斑铜矿的可浸性情况：中温菌浸出率高，最高浸出率为77.55%。

（3）黄铜矿斑铜矿混合浸出效率较高，最高浸出率为 86.25%。

（4）原矿微生物组合浸出可行，原矿最佳浸出条件是：温度 30℃，矿浆浓度 10%，接种浓度 5%，矿物粒度 90% 以上为 −0.074 mm 粒级，转速 170 rad/s，溶液 pH = 2.0，最佳的铜浸出率为 95.63%。浸出过程耗酸低，可以进行放大柱浸试验。

第4章 低品位硫化铜矿石微生物柱浸多因素耦合的研究

柱浸是实验室中模拟堆浸的研究手段之一。柱浸试验一般是在完成摇瓶试验之后，半工业或工业试验之前进行。第3章进行了矿物和矿石的可浸性研究，并获得优化的菌群组合，浸出效果良好。本章在上述基础上，通过研究开发出实验室小型柱浸设备和生物浸出半工业试验装置——大型自动化柱浸系统，通过小型柱浸试验研究矿石粒度、预浸 pH、温度、浸出液喷淋强度以及菌种组合对浸出效率的影响。在小型柱浸试验的基础上进行大型柱浸优化条件试验。通过考察实验室2种不同型号反应柱的微生物浸出多因素耦合试验，获得半工业试验的基本参数，确定工业试验的入堆矿石粒度、细菌接种量、预浸硫酸强度及酸耗、喷淋强度和浸出剂喷液方式等工艺条件，为生物冶金工业设计提供理论依据，为开展工业试验奠定基础。

4.1 小型柱浸的多因素耦合研究

一般来说，生物小型柱浸的实验室试验的矿石规模在 20 kg 以下，根据小型浸出试验要求，设计开发出小型生物柱浸系统。如图 4-1 所示为其构造示意，主要包括反应柱、保温设备和充气设备。柱浸矿石量为 3~10 kg，实物如图 4-2 所示，包括试验台架、反应柱、恒流泵、充气装置、连接管道和浸出液容器等，能够满足微生物小型柱浸试验要求。

小型柱浸试验研究的矿石规模为 10 kg，考察矿石粒度、预浸 pH、温度、浸出液喷淋强度以及菌种组合对梅州低品位铜矿石浸出效率的影响。

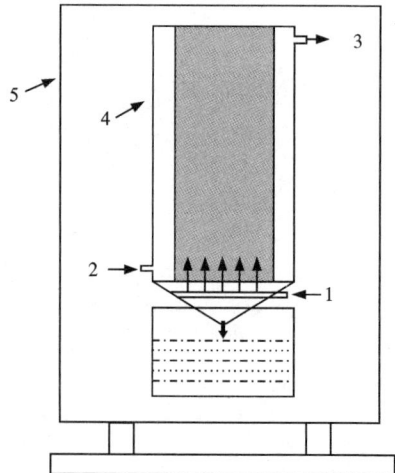

图 4-1 小型生物柱浸系统示意图

1—充气口，连接充气设备；2—进水口，连接恒温水槽；3—出水口，返回恒温水槽；4—支撑台架；5—保温夹套

图 4 - 2　小型生物柱浸系统

4.1.1　预浸溶液 pH 的影响

由于矿石中存在碳酸钙和白云石等部分碱性脉石,因此在接种细菌前必须采用一定浓度的硫酸进行预先浸出(acid pre - leaching),预先浸出不但可以为微生物的生长营造一个合适的 pH 条件和营养条件,还可以为后续生物浸出反应创造条件。考察预浸溶液在 pH = 0.8、pH = 1.4 和 pH = 2.0 3 种条件对矿石铜浸出率的影响。矿石粒度采用 +5 ~ 8 mm 粒级,其结果如图 4 - 3 所示,由图 4 - 3 可知,在预浸 pH = 0.8、pH = 1.4 和 pH = 2.0 条件下,微生物浸出作用 90 天后,铜的浸出率分别为 91.11%、85.33% 和 81.25%。由此可见,预浸溶液 pH 对矿石柱浸有较大的影响,考虑到后续细菌生长和持续耗酸反应,采取较低的 pH 溶液预浸,确定预浸溶液 pH 为 0.8,不但可以有效杜绝硫酸钙等难溶产物的产生,还有利于维持浸矿细菌生长的 pH 环境,有利于浸出顺利进行。

4.1.2　矿石粒度的影响

铜矿生物堆浸工业实践表明,矿石一般破碎的粒度范围为 +5 ~ 40 mm。根据破碎室破碎机的型号,确定考察 +5 ~ 8 mm、+5 ~ 15 mm 和 +5 ~ 20 mm 3 种矿石粒度条件下的微生物柱浸效率,其结果如图 4 - 3 所示。由图 4 - 3 可知,在 +5 ~ 8 mm、+5 ~ 15 mm 和 +5 ~ 20 mm 3 种矿石粒度条件下,柱浸反应 90 天后,铜的浸出率分别为 93.11%、91.04% 和 80.45%。虽然 3 个不同粒级铜矿石多元素分析存在少许差异,但 +5 ~ 8 mm、+5 ~ 15 mm 和 +5 ~ 20 mm 铜的品位分别为 0.92、0.95、0.86,差别不大,不同的矿石粒级对应的铜矿物的解离程度不一样,导致微生物在浸出过程的作用程度存在差异。+5 ~ 8 mm 和 +5 ~ 15 mm 粒级浸出率差别不大,考虑到工业上的破碎作业成本,选用 +5～15 mm 粒度范围最为适宜。

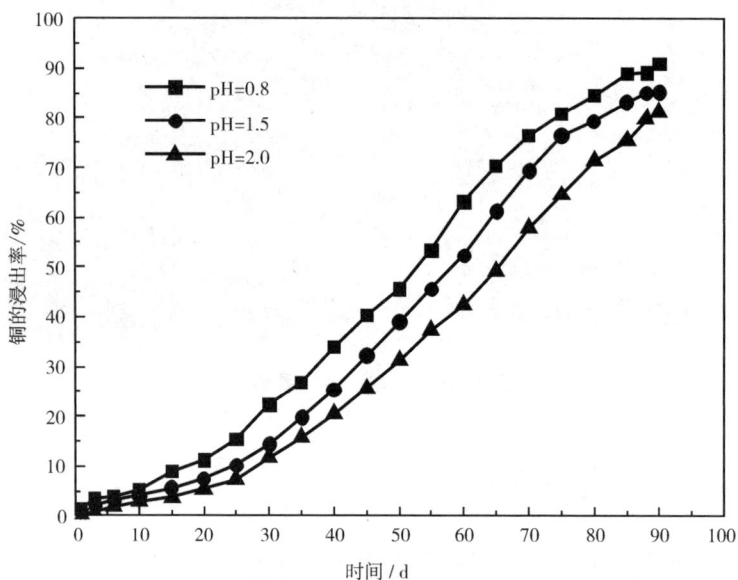

图 4-3 预浸 pH 对微生物小型柱浸的影响

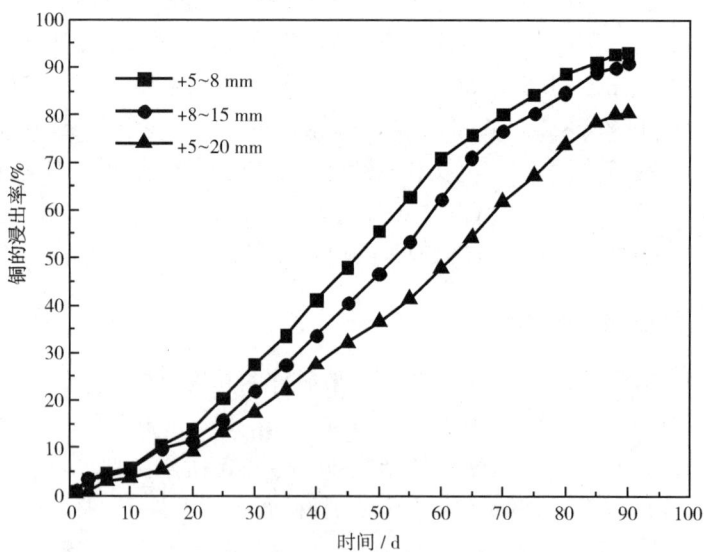

图 4-4 矿石粒度对微生物小型柱浸的影响

4.1.3　温度的影响

温度是影响浸矿微生物生长的重要因素，在实际生物冶金过程中，由于反应堆的大小和堆场地区气候的影响，反应堆在不同季节甚至在同一季节的不同时候，环境温度存在很大差异。考察室温条件（室温变化如图 4-6 所示）和恒温35℃两种条件下矿石的浸出情况，其结果如图 4-5 所示。由图 4-5 可知，室温条件和恒温 35℃下，铜的浸出率分别为 83.77% 和 91.02%，二者差异比较大，由于浸矿微生物的最适宜温度为 35℃，室温难以达到（浸出过程其最高温度仅为34℃），因此浸矿微生物在室温条件下难以达到最佳生长状态，其浸出作用无法发挥最大功效，导致浸出率明显偏低。因此可见，组合菌群的柱浸温度最合适的条件为 35℃，35℃刚好也是试验采用的菌群生长的适宜温度。

4.1.4　喷淋强度的影响

德兴生物堆浸的喷淋强度为 15 L/(h·m²)，紫金山生物堆场的为 20 L/(h·m²)，考察喷淋液喷淋强度为 5 L/(h·m²)、10 L/(h·m²) 和 15 L/(h·m²)3 种条件下矿石的浸出情况，其结果如图 4-7 所示，由图 4-7 可知，5 L/(h·m²)、10 L/(h·m²) 和 15 L/(h·m²)3 种条件下，铜的浸出率分别为 77.25%、85.45%和 91.12%。考虑到实际生产中泵的能耗，选用喷淋强度为 15 L/(h·m²) 最为合适。

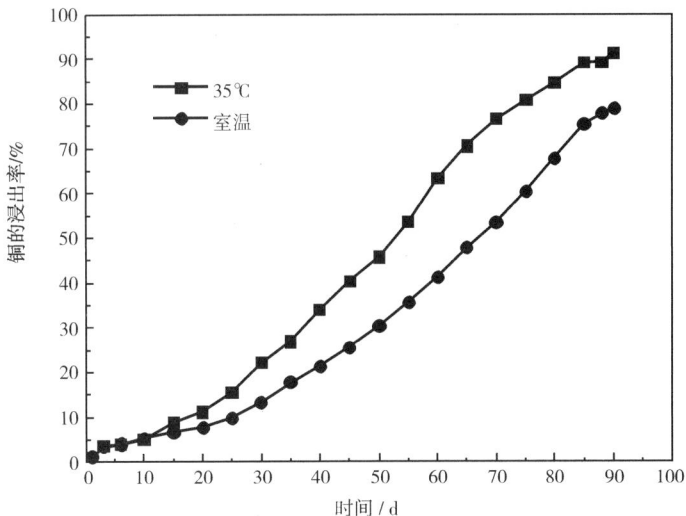

图 4-5　温度对微生物小型柱浸的影响

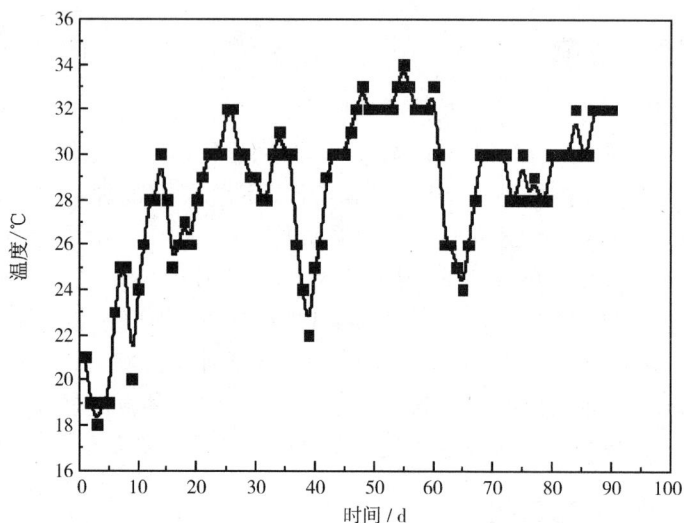

图 4 - 6 实验室气温在微生物小型柱浸过程的变化

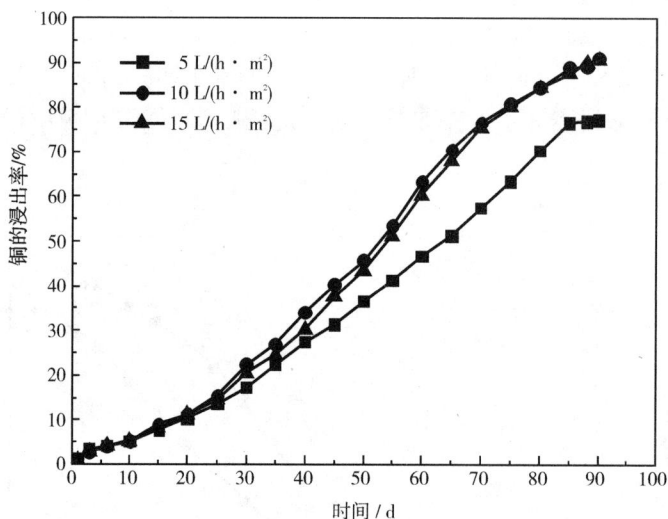

图 4 - 7 浸出液喷淋强度对微生物小型柱浸的影响

4.1.5 菌种组合的影响

考察菌种组合 1、2、3、4 对矿石柱浸的影响，其结果如图 4 - 8 所示。由图 4 - 8 可知，菌种组合 1、2、3、4 作用 90 天后，铜的浸出率分别为 77.31%、88.35%、91.11% 和 83.54%。菌种组合浸矿能力从低到高是：组合 1、4、2、3，选用菌种组合3,可以获得最好的浸出指标。这与微生物群落生长和亚铁氧化规律相符合,说明菌种组合3是最适宜的浸矿菌种组合。

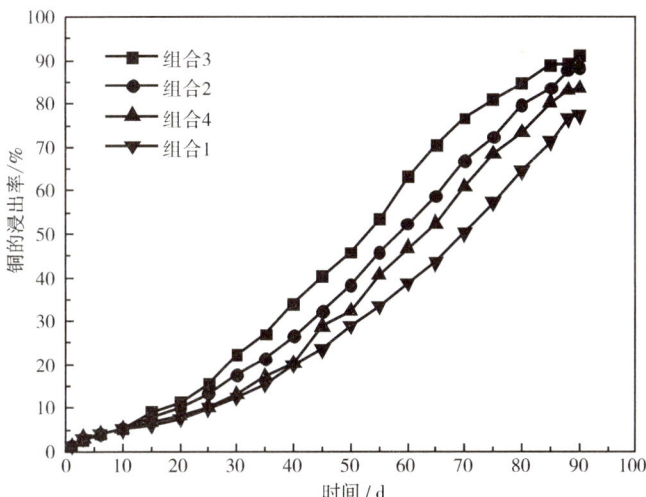

图4-8 不同菌种组合的小型柱浸结果

采用菌种组合3,最佳条件下,浸出液中微生物浓度的情况如图4-9所示。由图4-9可知,在柱浸反应初期(10~25d),微生物生长情况良好,微生物浓度从20×10^6个/mL迅速增加到98×10^6个/mL,这是由于微生物对环境和能源基质的适应性较好。反应进行到第30天,由于浸出液中铜离子浓度增加,需要进行移液处理(换掉约2/3体积浸出液,补充新鲜水和无铁9K营养基),30天时微生物浓度下降到55×10^6个/mL,而后再次上升,直至第二次换液(第55天换液,菌种浓度大幅降低)。第70天第3次换液,菌种浓度降低。在浸出反应的大部分时间,菌种浓度维持在100×10^6个/mL左右,较高的微生物细胞浓度能够保障柱浸反应的顺利进行。

采用菌种组合3,在最佳条件下,浸出液氧化还原电位和溶液pH的情况如图4-10所示。由图4-10可知,在第3次换液的时候,溶液pH明显降低,这是由于采用浓硫酸调节加酸所致,而在浸出过程中,溶液pH基本在1.8左右波动,这同样很好地保证了浸矿微生物的生长。由于溶液中铁离子浓度,在3次换液过程中发生明显降低,溶液氧化还原电位也基本维持在580~620 mV之间,有利于硫化铜矿的生物浸出。因此,小型柱浸的最佳条件是:预浸溶液pH为0.8,矿石粒度范围为+5~15 mm,温度为35℃,喷淋强度为15 L/(h·m²),选用菌种组合3。

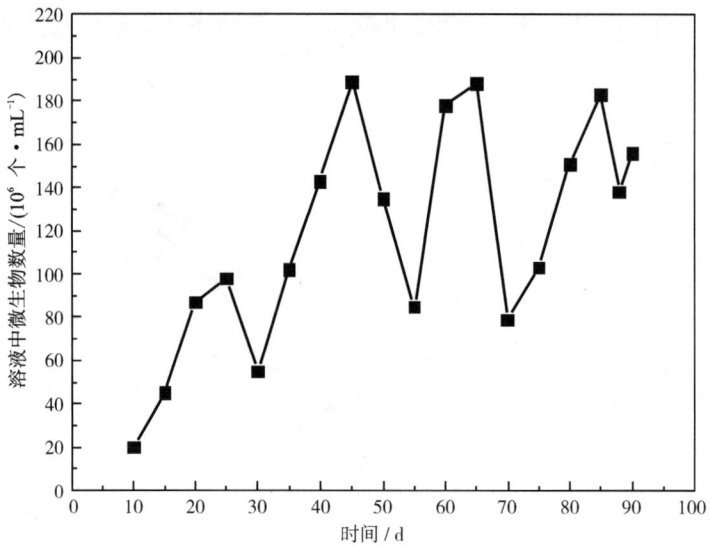

图 4 – 9　浸出液中浸矿微生物浓度的浓度

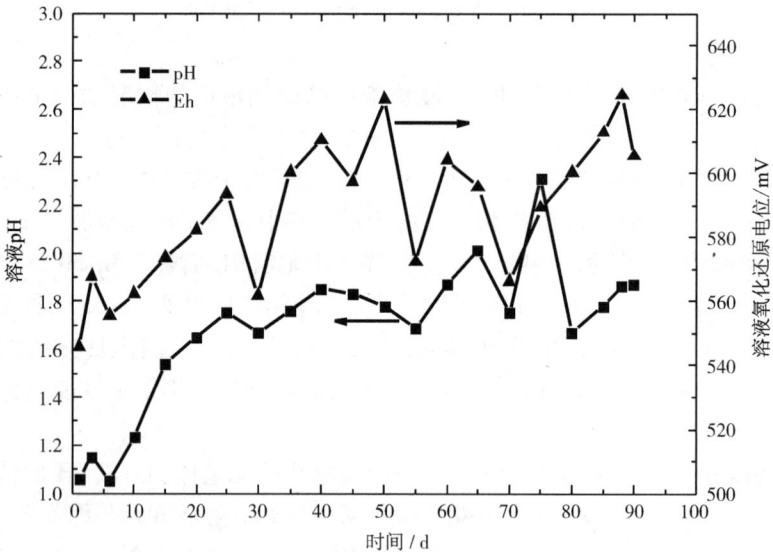

图 4 – 10　浸出液电位和 pH 的变化

4.2　大型微生物柱浸设备的开发

在实际的微生物堆浸生产中，矿堆高度一般为 2 ~ 15 m，20 kg 矿石规模小型柱浸试验不能够完全模拟实际堆浸情况,比如堆高太低,矿石量太小,浸出耗酸量小。为了能够更好地模拟实际堆浸研究,为工业设计和半工业试验提供准确的试验指标,为工业设计提供基本依据的参数,必须开发较大规模的实验室柱浸设备。

4.2.1　大型柱浸设备的基本特点

根据堆浸生产实践要求,大型柱浸设备必须满足以下基本要点:矿石量需要达到 200 kg 规模,堆高最高达到 2 m,反应温度可控可测,溶液电位可测,溶氧量可测;需要有模拟充气系统,能够进行平行试验,各个系统之间实现独立操作。为此,设计的大型柱浸系统主要由以下部分组成:反应柱、高位罐、接液罐、循环系统、自动控制系统、实时监测系统、操作平台,具体如图 4 - 11 所示。

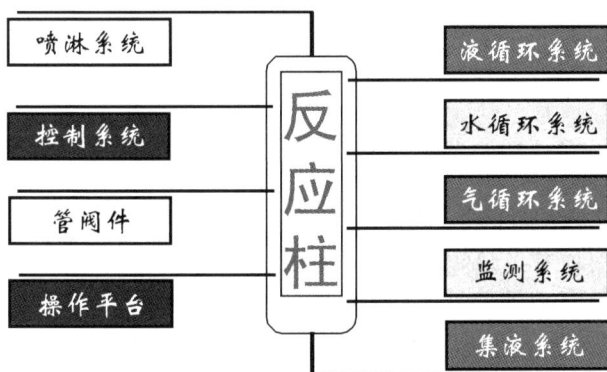

图 4 - 11　大型柱浸系统组成示意图

4.2.2　柱浸设备的整体方案设计

柱浸设备系统流程连接示意图如图 4 - 12 所示,浸出试验设备示意图如图 4 - 13 所示,其装置如图 4 - 14 所示,该系统反应柱有 4 根,高度、直径大小不一,主要结构特征如下:

(1)根据不同矿石粒径,选用大小合适的反应柱,消除边壁效应。

(2)确定合适模拟比,减小实验风险性,缩短实验周期,避免浪费。

(3)同时进行多组柱浸实验,实现"资源共享"。

采用不锈钢 SUS316L 材质,其特点如下:

(1)耐强酸,不易腐蚀。

(2)耐高温,强度高,不易发生破坏和变形。

(3)密封性好,不漏气,可增加反应体系压力,实现加压浸出。

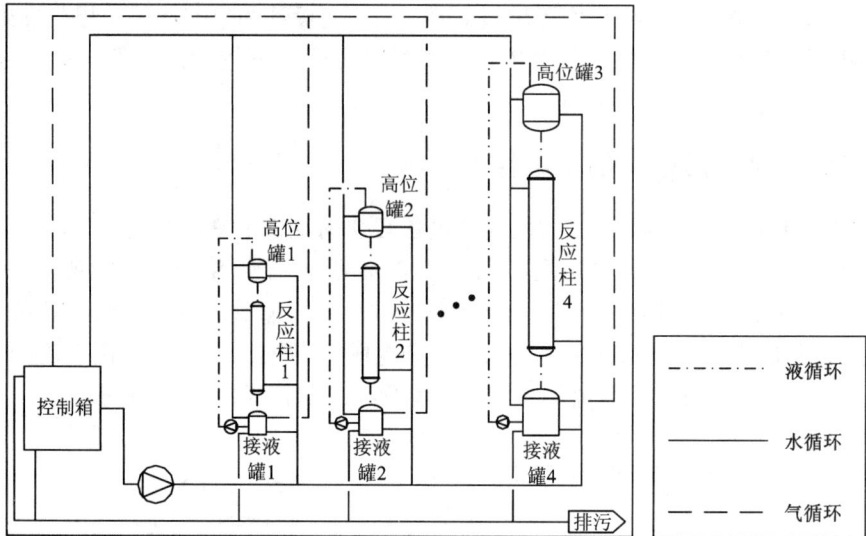

图 4 – 12　系统流程连接示意图

反应柱采用双壁式结构，其特点如下：

(1)双壁间水的循环实现反应体系温度的恒定。

(2)通过控制循环水温度以调节反应体系温度。

为克服不锈钢体的非透明性，在反应柱侧面每隔 300 mm 安装一个大视角观察视镜，以便随时观测柱内浸出反应和溶液流动情况。反应柱设有取样口，优点如下：

(1)每个视镜旁边设置取样口，对溶液、矿石和细菌进行取样分析。

(2)取样口还可作为各种测试仪器探头的通道。

表 4 – 1　高位罐和接液罐的规格和材料

名称	规格	数量	具体要求及说明
高位罐 1 和接液罐 1	25L	各 1	罐体 SUS316L，夹套 SUS304，内外抛光
高位罐 2 和接液罐 2	30L	各 1	罐体 SUS316L，夹套 SUS304，内外抛光
高位罐 3 和接液罐 3	45L	各 1	罐体 SUS316L，夹套 SUS304，内外抛光
高位罐 4 和接液罐 4	60L	各 1	罐体 SUS316L，夹套 SUS304，内外抛光

表 4 - 2　反应柱的规格和材料

名称	规格	数量	说　　明
反应柱 1	φ120 × 1000	1	罐体 SUS316L，夹套 SUS304，内外抛光
反应柱 2	φ160 × 1300	1	罐体 SUS316L，夹套 SUS304，内外抛光
反应柱 3	φ210 × 1600	1	罐体 SUS316L，夹套 SUS304，内外抛光
反应柱 4	φ270 × 2000	1	罐体 SUS316L，夹套 SUS304，内外抛光

双壁式结构的特点：

(1)使高位罐内含菌溶液始终处于高温、恒温环境。

(2)对进入反应柱内的溶液进行预热，保证反应柱各部位温度一致。

接液罐主要结构特征：

(1)接液罐主要用以收集反应柱内的浸出溶液，是三大循环系统中的一个重要环节。

(2)细菌的加入、溶解氧和酸度的调节均可在接液罐中进行。

(3)若不考虑浸出反应中间过程，为方便操作，可直接在接液罐中取样，进行浸出液中各指标参数的测定。

(4)双壁式结构使整个溶液循环系统均处于一个较为稳定的环境中。

该设备具有如下特点：

(1)反应柱大小的可选性。

反应柱直径分别为 120 mm、160 mm、210 mm、270 mm，从消除边壁效应考虑，$6d_矿 \leq d_柱 \leq 6d_矿$，因此实验所用矿石最大粒径范围为：12～45 mm。为极大地改善实验室模拟现场堆浸条件的局限性，可选择适当的模拟比以进行现场模拟实验。

(2)浸出体系的双壁式结构。

浸出体系(高位罐、反应柱、接液罐)采用双壁式结构，循环水在双壁间的循环可使浸出反应在特定温度下进行，通过控制反应柱温度和高位罐内喷淋液的温度，可使浸出反应在均一温度和分布温度下进行。

(3)多个取样口的设置。

取样口的设置，可将反应柱内部矿石和溶液取出进行分析，亦可利用测试仪器探头通过取样口，量测反应柱内部溶液浓度、细菌活性、孔隙压力、渗流速度及矿石颗粒物理力学性质在反应柱内的分布及其变化规律。

(4)监测手段的多样性。

能检测溶液离子浓度、氧化还原反应电位、溶液氧气、溶解度、喷淋强度和温度。

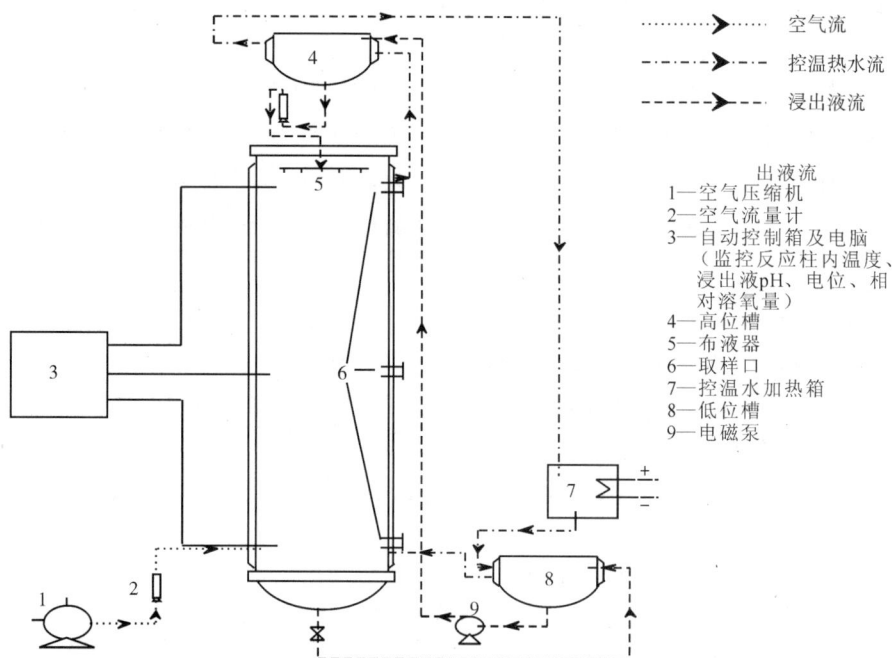

图4-13 生物浸出柱浸试验设备示意图

图4-14 生物柱浸自动系统生物浸出柱浸试验装置

（5）自动化程度提高

可实现溶液循环、气循环、温度控制和参数的自动监测、自动控制。生物柱浸自动系统部件组成见表4－3。

表4－3　生物柱浸自动系统部件组成

仪　器　名　称	
试验系统	反应柱4根
	高位罐4个
	接液罐4个
	自动控制系统1套
	配套管阀件
	操作平台
	恒流泵(7台)
监测系统	气液压力计
	离子浓度计
	溶氧仪
	pH计
	氧化还原电位计
	流量计

4.3　大型柱浸的优化条件浸出

根据小型柱浸试验结果，确定大型柱浸试验条件：预浸溶液 pH 为 0.8，矿石粒度范围为 +5 ~ 15 mm，温度为 35℃，喷淋强度为 15 L/(h · m²)，选用菌种组合3。与现场堆浸相比，还需要考察的是充气对浸出的影响。

4.3.1　充气制度的确定

根据试验条件，考察每天充气2 h(每天上午8:00 至 9:00，打开空气压缩机，充气1 h，晚上20:00 至 21:00，打开空气压缩机，充气1 h，))，与不充气情况对比，其结果如图4－15所示。反应300天，每天充气2 h 的浸出率为85.56%，不充气的浸出率为71.53%。因为一旦不充气，由于反应柱自身密封性很好，仅靠每天喷淋液带入的少量空气，不能满足微生物生长和浸出反应的需要，浸出反应不能顺利进行,导致浸出率低。而充气带来的好处是,可以带入新鲜的空气,空气中的氧气在硫化矿物浸出反应中发挥的作用如反应式(4-1)和式(4-2)所示,氧气可以在微生物作用下氧化元素硫,还可以与质子结合形成水。此外,压缩空气进入反应柱还可以使浸出液在反应柱中较好地分布,不容易形成浸出反应死角。

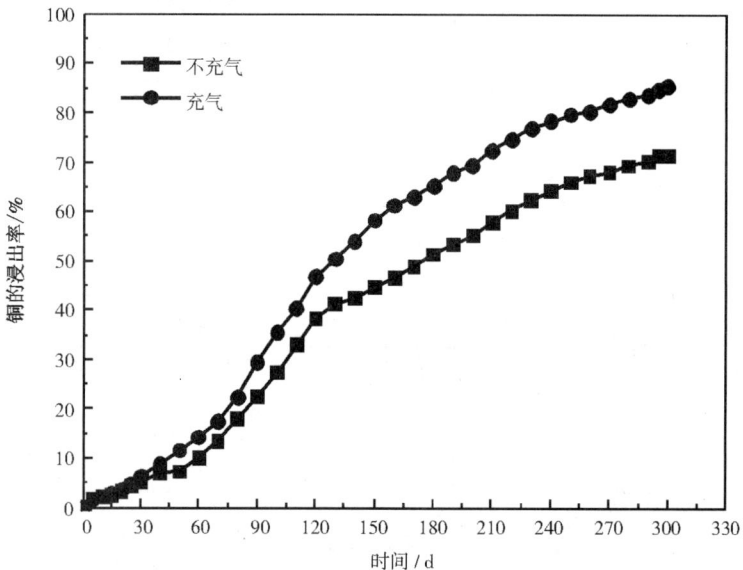

$$2H^+ + O_2 \longrightarrow H_2O \qquad\qquad (4-1)$$

$$S + 2O_2 \longrightarrow SO_4{}^{2-} \qquad\qquad (4-2)$$

图 4-15   充气对浸出的影响

4.3.2   最优条件浸出试验

根据上节研究,每天充气 2 h 的浸出结果为最优浸出结果。其浸出过程中浸出溶液中的微生物的浓度如图 4-16 所示。在柱浸反应初期(25~38 天),微生物生长情况良好,微生物浓度从 21×10^5 个/mL 迅速增加到 96×10^5 个/mL,这是因为微生物对环境和能源基质的适应性较好。反应进行到第 38 天,由于浸出液中铜离子浓度增加,需要进行移液处理(换掉约 2/3 体积的浸出液,补充新鲜水和无铁 9 K 营养基),38 天时微生物浓度下降到 43×10^5 个/mL。而后再次上升,直至第二次换液(第 55 天换液,菌种浓度大幅降低)。第 99 天第三次换液,第 122 天第四次换液,第 182 天第五次换液,第 267 天第六次换液,每次换液菌种浓度均大幅降低。在浸出反应的大部分时间，菌种浓度维持在 100×10^5 个/mL 左右，较高的微生物细胞浓度能够保障柱浸反应的顺利进行。

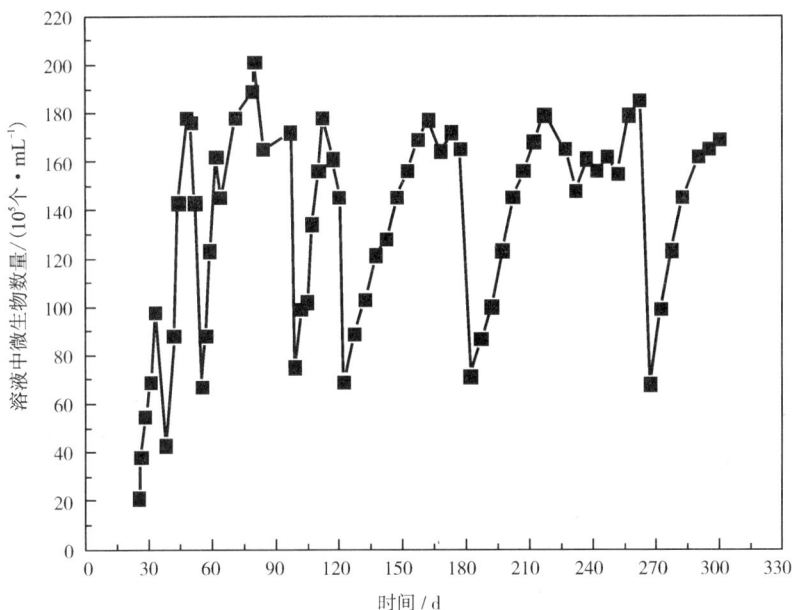

图 4 - 16　大柱浸出液中的微生物浓度

　　浸出液电位和溶液 pH 的变化如图 4 - 17 所示。由图 4 - 17 可知，在第 6 次换液的时候，溶液 pH 发生明显降低，这是由于浸出液中具有高氧化活性的离子 Fe^{3+} 和 Cu^{2+} 被大量移走，后续调节只是补充少量浓硫酸，而在浸出过程中，溶液 pH 基本在 1.8 左右波动，这同样可以很好地保证浸矿微生物的生长。由于溶液中铁离子的变化，在 3 次换液过程中，溶液氧化还原电位也发生明显降低，溶液氧化还原电位也基本维持在 550 ~ 650 mV，比较有利于硫化铜矿生物浸出反应的进行。该条件下，体系的酸耗如图 4 - 18 所示。由图 4 - 18 可知，预浸阶段 25 天消耗的硫酸为 9.5 kg/t 矿石，占总酸耗的 60.12%，主要是由于矿石中可溶性成分的溶解造成的，而整个过程总酸耗量为 15.8 kg/t 矿石，相当于酸耗量约为 1.87 t/t 电铜。

　　大柱最优条件浸出试验浸渣分析结果如表 4 - 4 所示，矿石铜的浸出率为 86.95%，二者虽有 1.39% 浸出率的差别，但还是在误差范围之内。大柱浸出试验表明，梅州铜矿石具有良好的浸出效率，可以考虑进一步的工业试验，如果铜资源储量足够的话，就能够实施生物冶金产业化。

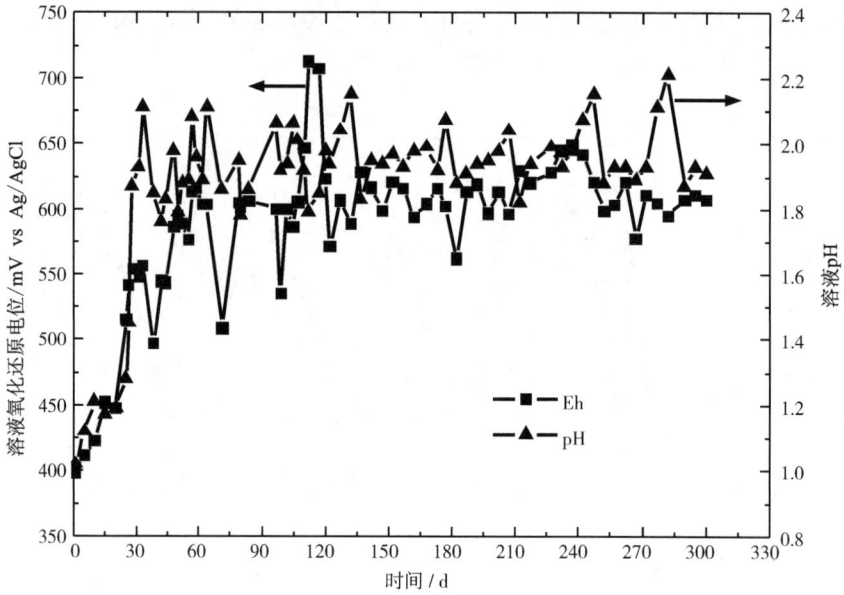

图 4-17　大柱浸出液电位和溶液 pH 的变化

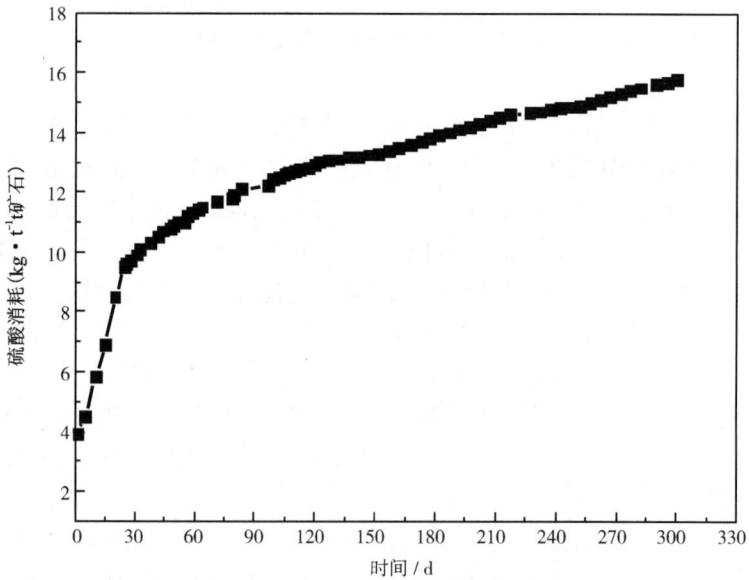

图 4-18　大柱浸出硫酸消耗情况

表 4 – 4　大柱浸渣化学分析

原矿	质量/kg	品位/%				
	188.56	Cu	Fe	S	CaO	MgO
		0.95	3.27	1.15	0.25	0.21
浸渣	质量/kg	品位/%				
	181.18	Cu	Fe	S		
		0.143	1.28	0.56		
计算结果	浸出率/%					
	Cu					
	86.95					

4.4　本章小结

通过开发研制出小型和大型柱浸系统,进行低品位硫化铜矿石微生物柱浸多因素耦合的研究,进行小型和大型柱浸试验可知:

(1)小型柱浸试验可以得出条件试验的基本参数,筛选得到菌种组合最佳浸出条件。大型柱浸半工业试验装置是有效的半工业实验设备,可为设计提供有效的工艺参数依据。

(2)铜矿石大型柱浸的最佳条件是:预浸溶液 pH 为 0.8,矿石粒度范围为 +5 ~ 15 mm,温度为 35℃,喷淋强度为 15 L/(h·m^2),选用菌种组合 3,每天采用空压机充气 2 h,此条件下反应 300 天,铜矿石的浸出率为 85.56%,酸耗为 158 kg/t矿石。

(3)形成低品位铜矿微生物高效浸出新技术原型,获得较好的浸出效率,并为工业试验提供基本参数。

第5章　低品位铜矿石微生物高效浸出技术的工程应用

第4章研究表明，梅州玉水铜矿石微生物柱浸330天的铜浸出率为85.56%，表明具有良好的工业应用前景。目前我国生物冶金提铜规模不大，主要在于没有较大规模的矿床来实施产业化应用。根据国家发改委高技术产业化示范工程项目（计高技2001[1907]号文），在梅州玉水进行低品位铜矿石生物冶金示范产业化试验。本章主要利用前面研究获得的菌种进行现场扩大培养，根据矿山实际情况，开展万吨级生物堆浸试验，考察铜浸出率、溶液电位、pH和浸矿微生物群落组成在浸出过程中的变化，并确定铜矿石生物冶金工业生产的操作制度。

5.1　玉水铜矿矿山条件及铜矿石性质分析

5.1.1　矿山条件

梅州市金雁铜业公司玉水硫铜矿位于梅县北东北（30°）方向，与梅县城直线距离约14km，矿山行政区划属梅县城东镇玉水村管辖。本矿采矿许可证范围包括玉水矿区和葵岭矿区，矿山面积0.6841 km²，开采深度为 +140 m 至 −250 m 标高，采取地下开采方式，生产规模5.0万t/a。两个铜矿山已探明的保有铜金属储量达15万t以上，远景铜金属储量达25万t以上。矿石含铜平均品位为1.8%左右，是国内品位较富的中型铜矿山，其含铜品位为0.7%左右的低品位铜金属量有10万余t。同时，品位在0.25% ~0.4%的尾矿和废石有200多万t。

玉水矿区和葵岭矿区两个矿床均由硅铁矿层和铜多金属矿体两部分组成。硅铁矿层分布于中上石炭统壶天群下部，主要由赤铁矿、碧玉、玉髓、菱铁矿、黄铁矿和少量磁铁矿组成，规模小，厚度小于3 m，未构成工业矿体，属海西期海底火山喷发沉积成因；而铜多金属矿体分布于中上石炭统壶天群碳酸盐岩及下石炭统忠信组砂岩中。矿体沿层间破碎带及断裂破碎带产出，矿石呈块状、浸染状和细脉状构造，其品位之富为国内外所罕见。块状矿石中几乎未见脉石矿物，该矿体由与燕山期辉绿岩同源的岩浆热液充填 − 交代作用形成。铜多金属矿体中出现种类较多的各种铜矿物，并以含较多银、含少量铬等为特征。

5.1.2　铜矿石性质

　　硫化铜原矿矿石一类主要为发育于下石炭统忠信组石英砂岩和中上石炭统壶天群碳酸盐岩的地层界面及其附近的层间断裂破碎带形成的似层状、透镜状矿体。另一类矿石的矿石矿物呈细脉浸染状、细脉状、网脉状、团块状和条带状分布于上述矿体的顶底板壶天群碳酸盐岩和忠信组砂岩中。主要矿物有黄铜矿、斑铜矿，次为辉铜矿、锌黝铜矿、锌砷黝铜矿、方铅矿、闪锌矿和黄铁矿，含少量硫铜银矿、硫镍钴矿、硫铋铜矿、硫铋铜铅矿和辉银矿、硫铅铜矿。黄铜矿呈它形粒状集合体产出，与斑铜矿、辉铜矿、锌砷黝铜矿、方铅矿、闪锌矿、硫铜银矿共生。

　　主要铜矿物黄铜矿的性质：黄铜矿（$CuFeS_2$）晶体结构与闪锌矿的相似，可以看成 Cu 和 Fe 有规律地替代闪锌矿结构中的 Zn，替代后的 Cu、Fe 配位四面体，沿着四次旋转反伸轴交替排列，导致 c 轴参数增加一倍。每个 S 离子为 4 个金属离子（2Cu + 2Fe）所围绕，每个 Cu 或 Fe 离子被 4 个 S 离子所包围。原子间距：Cu 与 S 为 0.232 nm，Fe 与 S 为 0.220 nm。Cu 为一价，Fe 为三价。一般认为黄铜矿有 4 种同质多象变体：α – 黄铜矿即一般所称的黄铜矿；β – 黄铜矿（见立方黄铜矿）为 α – 黄铜矿的高温相；另一高温相为等轴面心黄铜矿（a_o = 0.5264，0.5280 nm），为一种高温无序的黄铜矿，结构中铜和铁呈无序分布，具闪锌矿型结构；另一四方 γ – 黄铜矿（a_o = 1.058，c_o = 0.537 nm）为黄铜矿加热到 550℃ 的产物。

　　黄铜矿在与基性、超基性岩有关的铜镍硫化物或钒钛磁铁矿矿床中，形成的温度最高，与磁黄铁矿、镍黄铁矿紧密共生。接触交代矿床中，黄铜矿经常充填交代石榴子石或透辉石等矿物，与黄铁矿、磁铁矿、磁黄铁矿等共生；有时与毒砂或方铅矿、闪锌矿、辉钴矿等共生。黄铜矿亦为玢岩铁铜矿床的主要铜矿物。黄铜矿还广泛出现在各种类型的热液矿床中，尤其在中温热液矿床里形成大量的堆积。在风化条件下，黄铜矿转变为孔雀石、硅孔雀石、黑铜矿、水胆矾、蓝铜矿、阿羟氯铜矿、斜方假孔雀石等；在风化过程中，黄铜矿先转变为易溶于水的硫酸铜和硫酸铁，当可溶的硫酸铜与 CO_2 或硫酸盐矿物作用时，则形成孔雀石、蓝铜矿；与含硅酸的水溶液作用，则生成矽孔雀石；与氧化带中各种酸类作用，则形成含铜的砷酸盐、磷酸盐、钒酸盐，有时还有氯化物等。黄铜矿在次生富集带则转变为斑铜矿和辉铜矿。

　　主要铜矿物斑铜矿的性质：斑铜矿（Cu_5FeS_4）为 3 种同质多象变体中的低温变体，在温度 228 ±5℃ 以上为高温等轴变体，称之为等轴斑铜矿（Cubicbornite）；在 228 ±5℃ 以下出现一个亚稳定的三方变体，称之为三方斑铜矿（Trigoborite），随着温度逐渐降低，三方斑铜矿转变为低温稳定的四方变体，即天然常见的斑铜矿。斑铜矿的晶体结构尚未真正确定，但是可以肯定的是：斑铜矿的结构与三方斑铜矿的结构基本相似，在结构中金属原子产生有序化，其周围原子伴有轻微的调整。在多数天然斑铜矿化学计量的成分式中铁原子是有序的。

5.2 堆浸工业试验总体方案设计

5.2.1 堆场选取及基础条件

利用井下采空区，减少矿石提升作业量，实行采空区就地浸出方案，充分利用坑采已有采空区，将低品位矿石和周围残余矿体采用就地崩落法形成就地浸出场，实行生物浸出。

1. 矿石块度方案

为了节约生产成本，采用自然爆破矿石块度就地浸出。

2. 注液方案

将培养好的合格含菌酸性浸出液通过含孔套管(网距为 25 m 左右)注入就地浸出场。

3. 浸出液收集方案

利用现有的废弃坑道和采空区作为浸出液通道及集液池。

4. 防洪方案

玉水硫铜矿地处亚热带，温暖多雨，年均降雨量 1200 mm。为防止空降雨水进入就地浸出场稀释浸出液，宜采取截水沟截流场外雨水及地下水，场内雨水按 50 年 24 小时最大降雨量 120 mm 设防洪池，分别防止场外、场内空降雨水对就地浸出工艺和环境可能造成的影响。

5. 井下浸出、集液巷道的防渗补漏

设计采用的防渗补漏技术为国内铜矿已成功实验的注浆技术。在选定的浸出场(废弃的采空场)的下部开掘或者利用现有废弃坑道，钻凿向上倾斜的注浆孔形成孔网，然后向孔网中注入防渗料浆，使其形成一个类似锅底形状的防渗层，增强岩层的抗水性能，注浆料是以水泥为主，注浆—终凝周期为 24 小时。

6. 矿石破碎和准备

自然爆破和破碎机破碎结合建设一个破碎站，选用 PEF900×600 型复摆鄂式破碎机 1 台，给矿粒度 480 mm，出矿粒度 100 mm，破碎能力 150 t/h，电机功率 80 kW。在破碎机上方设一台重型板式给料机($B = 1.2$ m, $L = 5.0$ m, $N = 22$ kW)，为了便于安装和检修，在破碎站内设吊钩式起重机($Q = 10$ t, $L_k = 9$ m)一台。

第一阶段万吨级的堆场出矿规模约 1 万 t，进场低品位铜矿石的品位要求在 0.9% 左右。根据这一要求，工程地质技术人员积极地做好采场的取样工作。结合各采场的采矿运输、供风、通风条件、矿石性质、生产布局等因素，选取了 $-28^{2\#}$、$-45^{4\#}$、$-58^{5\#}$、$-70^{1\#}$、$-100^{2\#}$ 5 个采场，作为低品位铜矿石的采矿点。

2005 年 5 月底开始进行低品位铜矿石的回采工作。为了保证低品位铜矿石适时进场的需要，超前布置完成了 174 m 的采掘工程，在确定的 5 个低品位铜矿石采点中，由技术股工程技术人员圈定开采范围，施工队采用 7655 型钻机凿岩，电雷管起爆，乳化岩石炸药爆炸。崩落的矿石经地质取样化验符合进场品位后，进行装车运输。同时对破碎进堆场矿石品位的取样化验跟踪，根据反馈信息及时做好出矿点的调整，并加强现场的分装分运工作，保证了所有进堆场矿石品位均符合项目的技术标准要求。到 2005 年 7 月底，累计完成低品位铜矿石 9100t，其中 $-28^{2\#}$ 采场 5038 t，$-45^{4\#}$ 采场 736 t，$-58^{5\#}$ 采场 968 t，$-70^{1\#}$ 采场 838 t，$-100^{2\#}$ 采场 520 t，出矿量基本达到了万吨级堆场的要求。

国外生产实践表明，从矿石浸出的铜 80%以上是在矿堆上部 15 m 深度内得到的，15 m 以下的矿堆，由于透气性不好而缺少氧气，细菌繁殖和硫化矿物的氧化都很困难，铜的浸出量很少。如墨西哥卡纳内阿铜矿堆浸厂，有一个矿堆平均堆高 60 m，最高 100 m，平均含铜品位 0.3%（属次生硫化矿），经 5.5 年浸出，铜总浸出率达 57%。按 20 m 为一层布点钻孔取样分析表明：表层浸出率为 80% ～ 85%，第二层为 25% ～ 35%，最底层为 5% ～ 15%。千吨级矿石堆浸，堆高只有 7 m。因此根据堆场面积，最大堆高为 7.5m，符合生物冶金堆场建设要求。

5.2.2　堆场设计

1. 堆场参数设计

选用地质条件较为稳定、具有良好的通风条件、面积适度的采空区作为堆场。首先对采空区进行表面平整，保证一定的倾斜角度。采用符合标号的水泥和无泥大颗粒河沙进行混凝浇注筑底，厚度一般保证在 15 ～ 25 cm，倾斜角度为 3% ～ 5%。底场还必须留有排水沟渠，一般深度为 10 ～ 15 cm。布置成扇形发散状，汇集到出水口处。然后铺上 20 ～ 30 cm 的无泥大颗粒河沙，作为铺底层。缓冲层上铺设 PVC 材质的土工布，一般需要铺设 2 ～ 3 层，对采空区的矿柱也需要同样包裹，土工布用防水胶水粘合。铺上 15 ～ 25 cm 的无泥大颗粒河沙，作为缓冲层。最后在堆场周围没有矿壁的地方筑上矿墙，矿墙视堆场高度而定，一般还应预留合适的通风途径。

2. 布料筑堆

首先将矿石破碎，其粒度一般控制在 40 mm 以下，-5 mm 粒度矿石比例不应超过 10%。尽量将大颗的矿石作为底料铺在底层，底层按照堆高比例为 15%。底层铺好之后，将矿石均匀铺设在底层之上，逐层铺设，上部矿层尽量避免矿石粒度层析。筑堆完毕，在矿堆底部架设喷淋管道和其他辅助设备。

3. 喷淋浸出

筑好矿堆后，首先用浸出池中没有添加任何试剂的自然水进行试喷淋，检查管道的工作状况和矿堆的渗透性，及时记录有关操作参数，包括温度、湿度、空气中氧气和二氧化碳的含量、喷淋液的 pH 和流量。再用浓硫酸将循环液池中自然水调至 pH 为 1.0，进行预先喷淋，添加硫酸，保证溶液 pH 稳定在 20.0 左右。待溶液中 pH 连续 24 小时稳定不变时，进行细菌接种喷淋，接种细菌为分离前富集驯化得到，接种浓度为 10^6 个/mL，保证一定的喷淋强度。

5.2.3 其他工程配套条件

1. 通风条件

根据堆场喷淋需求，需要保证通风，采用 16kW 空压机对堆场定期鼓风作业。

2. 液体回收管道

场地由于有较为发育的地下水，需要设置地下水回收管道，以及喷淋液回收管道。

3. 抽水，喷淋管道架设工作

采出的铜矿石经筑堆平整后，在安装调试好集液池、循环池设备同时，按设计要求铺设好淋管，并对管道进行调试，确保喷淋管的喷洒达到要求，能有效地覆盖整个堆浸场，共布设喷淋管 320 m。

4. 循环液池和合格液池的建设

根据喷淋要求和采空场的情况，就地循环液池体积为 50 m³，合格液池体积为 70 m³。上述工程项目均达到了施工设计的技术要求。井下堆浸场地施工及喷淋主要工作量如表 5－1 和图 5－1 所示。

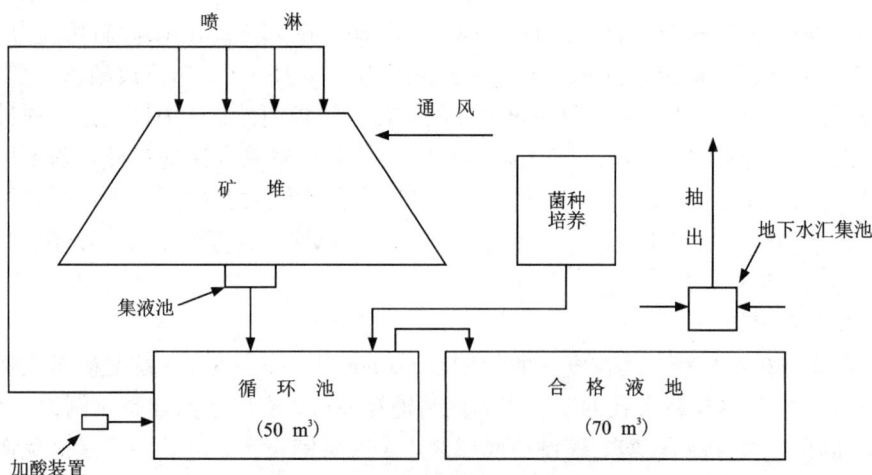

图 5－1　玉水硫铜矿矿井就地堆浸堆场流程示意图

表 5－1　井下堆浸场地施工及喷淋主要工作量一览表

序号	工程项目	单位	数量	备注
1	采出堆浸矿石量	t	9100	
2	废石充填	m³	372	
3	铺设、粘合土工膜	m²	3000	
4	砌筑堆浸场防溢墙	m³	181	含安全间柱
5	掘进工程折合量	m	1136	
6	胶结地底	m³	120	
7	铺垫河沙	m³	240	
8	铺垫黄泥	m³	30	
9	挑挖集液池	m³	120	
10	布设喷淋管	m	320	
11	安装照明线	m	1000	
12	布设安装电缆	m	1100	
13	接驳风水管	m	1050	
14	铺设轨道	m	488	

5.3　低品位铜矿的微生物浸出

5.3.1　浸矿微生物的扩大培养

在构建的菌种库中选用 12 种 23 株浸矿菌株，包括中温铁氧化菌：
A. ferrooxidans F6，*A. ferrooxidans* F19，*A. ferrooxidans* F1，*A. ferrooxidans* F14，
L. ferriphilum BY，*L. ferriphilum* ZTS，*L. ferriphilum* Y17，*L. ferriphilum* LY，
L. ferrooxidans；中温硫氧化菌：*Acidithiobacillus thiooxidans* A01，*A. thiooxidans*
A02，*A. thiooxidans* DMC；高温铁氧化菌：*Sulfbacillus acidiphilum* SA，*S. thermosul
fidooxidans*，*Acidians manzaensis* 25，*Ferroplasma* L1；高温硫氧化菌：*A. caldus* S1，
A. caldus S2，*A. caldus* DA，8954，9191；中温异养菌：*Acidiphilium* DX－1，
Acidiphilium DY3。

事先在实验室采用摇瓶培养好浸矿微生物，在现场采用装液量为 40 L 的 65 L
敞口塑料大桶进行菌种扩大培养，每个塑料大桶添加 2 个充气头进行充气，矿井
下环境温度保持在 22℃～25，初始 pH 都设定为 2.0，培养基统一为 9 K 无机盐，
培养能源除全部添加试验粒度为 0.074 mm 的矿样 2 kg 外，还针对硫氧化菌添加
硫粉 0.5%，铁氧化菌添加工业用硫酸亚铁 0.5%，异养菌添加工业酵母粉。由于
菌种需要一段时间来适应新的生长环境，培养周期约为 12 天，此时大部分菌种都

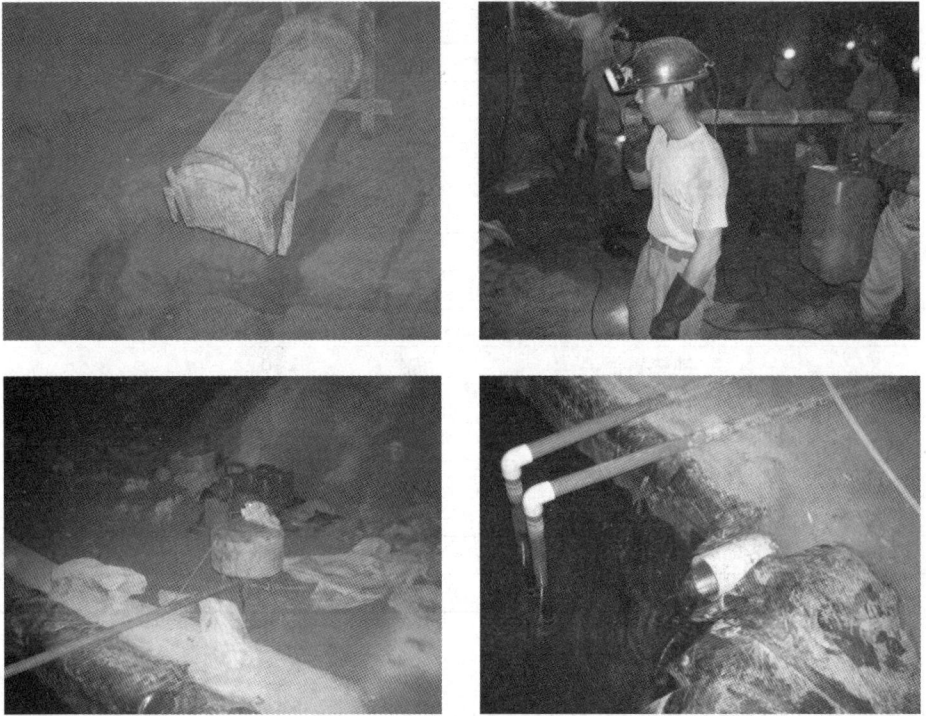

图 5 - 2　堆场建设情况

有良好的生长；此时进行传代培养，增加其适应性，同时将不能生长的菌种去除掉，传代后仍然生长的菌种可以用于堆浸接种。细菌培养情况如图 5 - 2、图 5 - 3 所示。

5.3.2　小堆浸出

为了进一步驯化培养细菌，在大堆附近建有 3 个 3 t 的小堆，其体积为 2 m^3，小堆的尺寸均为 2 m × 1 m × 1 m，编号分别为 1 号、2 号、3 号，进行 3 个组合菌种的适应性富集培养，同时完成浸出过程。培养好的菌液分别放入第 1、2、3 号小堆和大堆。并在此基础上，同时进行大堆的生物浸出操作，在堆浸过程中，根据小堆不同条件下的结果，进行最优化调整（图 5 - 4）。堆浸运行时间从 2006 年 4 月到 2007 年 3 月，每隔 5 天或 10 天取溶液样品采用 ICP 分析离子浓度，同时测定溶液混合电位和 pH。浸出过程中浸出液的 pH 和混合电位的变化分别见图 5 - 5、图 5 - 6、图 5 - 7、图 5 - 8、图 5 - 9、图 5 - 10。

图 5 - 3　浸矿微生物井下扩大培养过程

图 5 - 4　堆场的运行情况

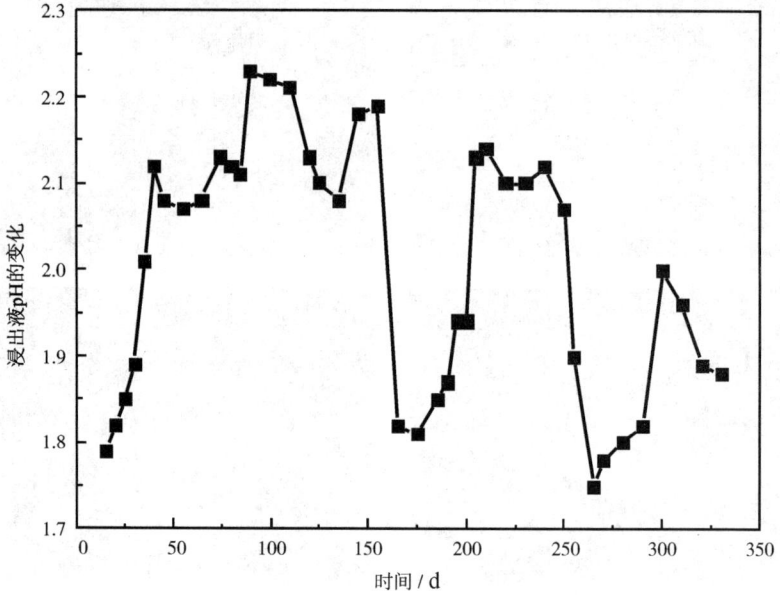

图 5 – 5　第 1 号生物反应堆生物浸出液 pH

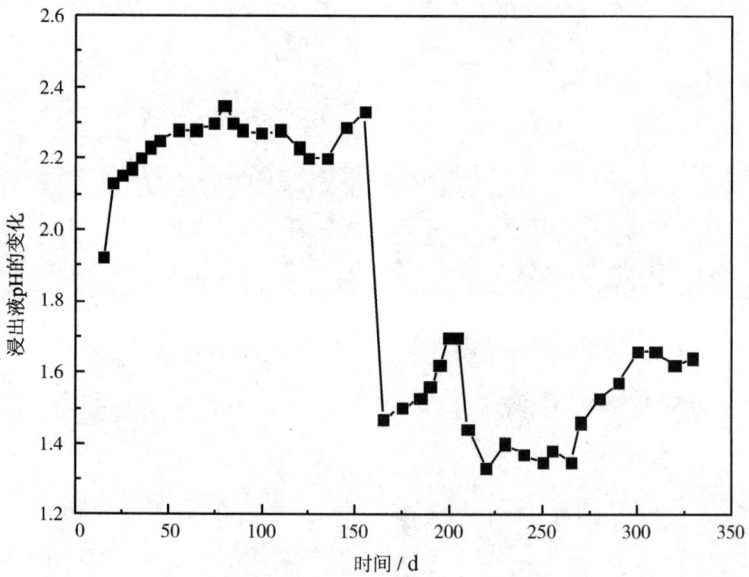

图 5 – 6　第 2 号生物反应堆生物浸出液 pH

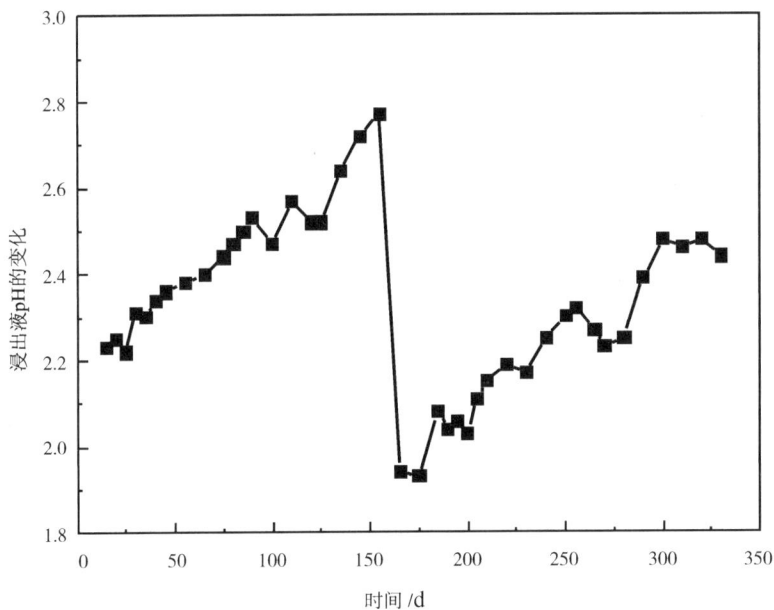

图 5 - 7　第 3 号生物反应堆生物浸出液 pH

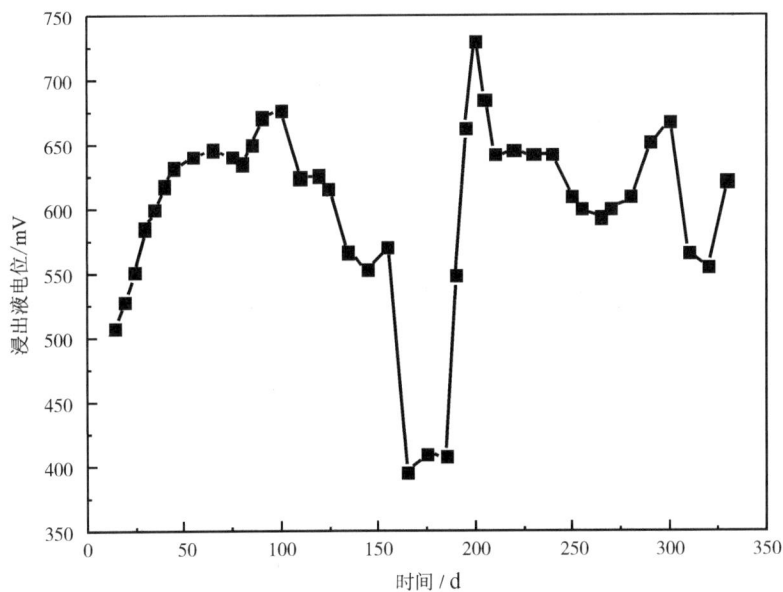

图 5 - 8　第 1 号生物反应堆生物浸出液 E_h 值

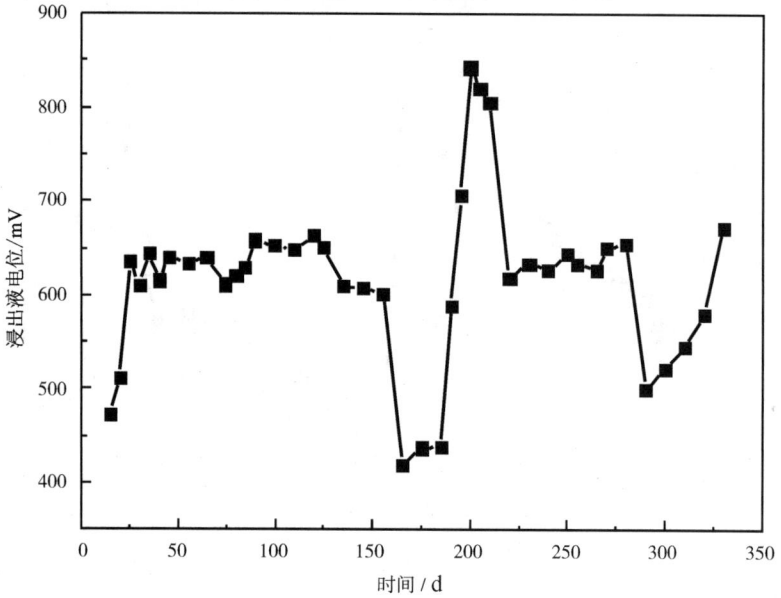

图 5-9   第 2 号生物反应堆生物浸出液 E_h 值

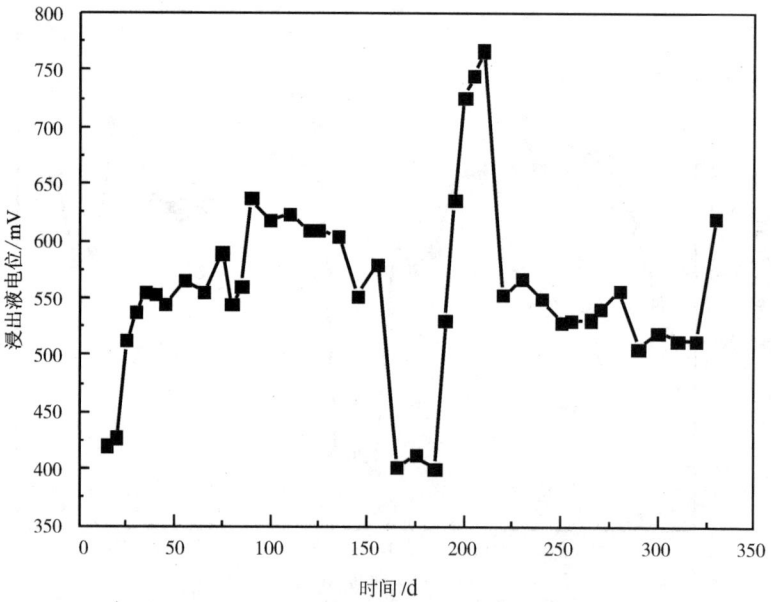

图 5-10   第 3 号生物反应堆生物浸出液 E_h 值

5.3.3　大堆浸出过程主要参数的测定

大堆浸出过程中溶液 pH 和 E_h 的变化趋势、铜浸出率的变化分别如图 5 −11、图 5 − 12、图 5 − 13 所示。由图 5 − 13 可知，大堆浸出 320 天，铜的浸出率为 80.45%。

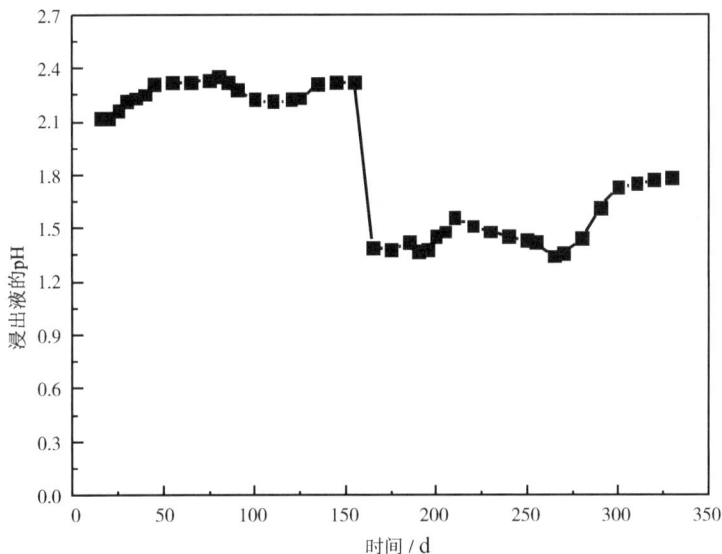

图 5 − 11　大矿堆浸出溶液的 pH 变化趋势

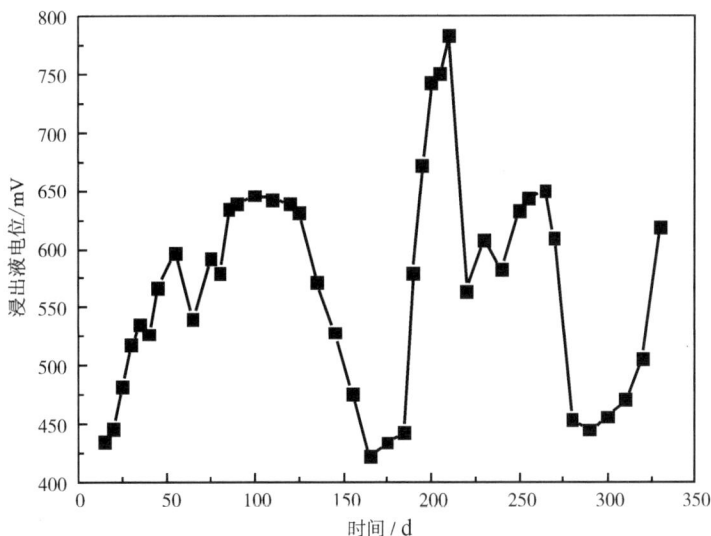

图 5 − 12　大矿堆浸出液 E_h 变化趋势

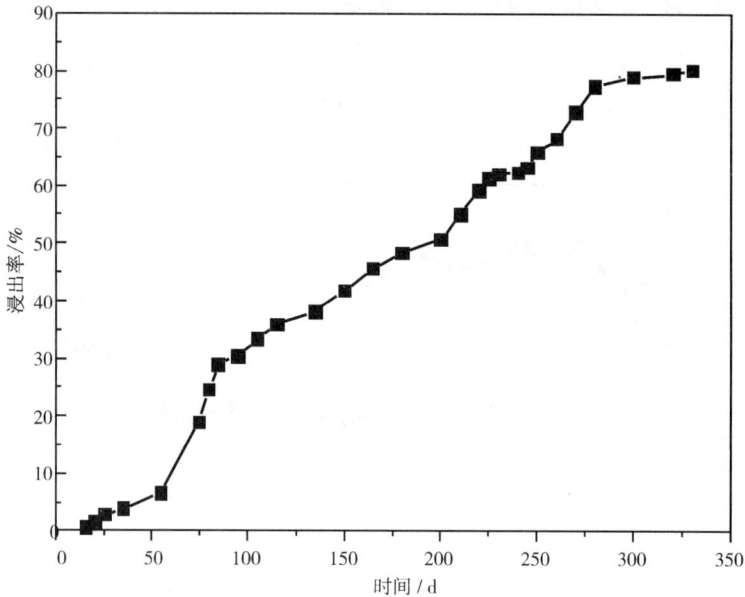

图 5－13　大堆铜浸出率的变化

5.3.4　大堆浸出过程微生物种群变化规律

在生物浸出过程中，微生物群落的结构差异对于生物的浸出进程及浸出效率都有着直接的影响。为了更好地了解生物浸出过程中微生物群落结构的变化对生物浸出效率的影响，利用中南大学生物冶金国家重点实验室所构建的功能基因芯片，对 2 个不同样点(1 号小堆和大堆，分别在图表的左边和右边)生物浸出过程中微生物群落的变化进行了全程的监控，所采有的功能基因芯片含有世界上已公布的生物浸出体系中所有的嗜酸微生物，包含 27 个属、54 个种。

与传统的核酸检测技术相比，基因芯片技术用浸矿微生物群落研究具有更多优势：首先，以 DNA 或寡核苷酸为基础的基因芯片技术是研究功能基因组的有力工具，它允许研究者全面地研究不同条件下活细胞的生理学；第二，基因芯片技术不需要知道保守序列，不同种群的同一功能组的所有多态性基因序列都可以构建在芯片上，并且以此作为探针来检测它们在浸矿环境中的相应分布；第三，不需要枯燥费时的配对杂交；第四，基因芯片需要的样品量少，适宜于浸矿微生物的检测；第五，基因芯片具有定量特性。因此，基因芯片在生物浸出体系中的应用对于快速、全面、准确地揭示生物浸出体系中微生物群落的变化与生物浸出效率的关系并最终提高生物浸出率具有重要的作用。

表 5-2　采用的各种细菌名称的缩写形式

英文全称	中文	简写
Acidiphilium sp	嗜酸菌属	*A. s*
Acidianus manzaensis	万座酸菌	*A. m*
Acidithiobacillus caldus	喜温硫杆菌	*A. c*
Acidithiobacillus ferrooxidans	嗜酸氧化亚铁硫杆菌	*A. f*
Acidithiobacillus thiooxidans	嗜酸氧化硫硫杆菌	*A. t*
Leptospirillum ferrooxidan	氧化亚铁钩端螺旋菌	*L. f.*
Metallosphaera sedula	勤奋金属球菌	*M. s*
Sulfobacillus thermosulfidooxidans	嗜热硫氧化硫化杆菌	*S. t*
Sulfolobus metallicus	金属硫叶菌	*S. m*

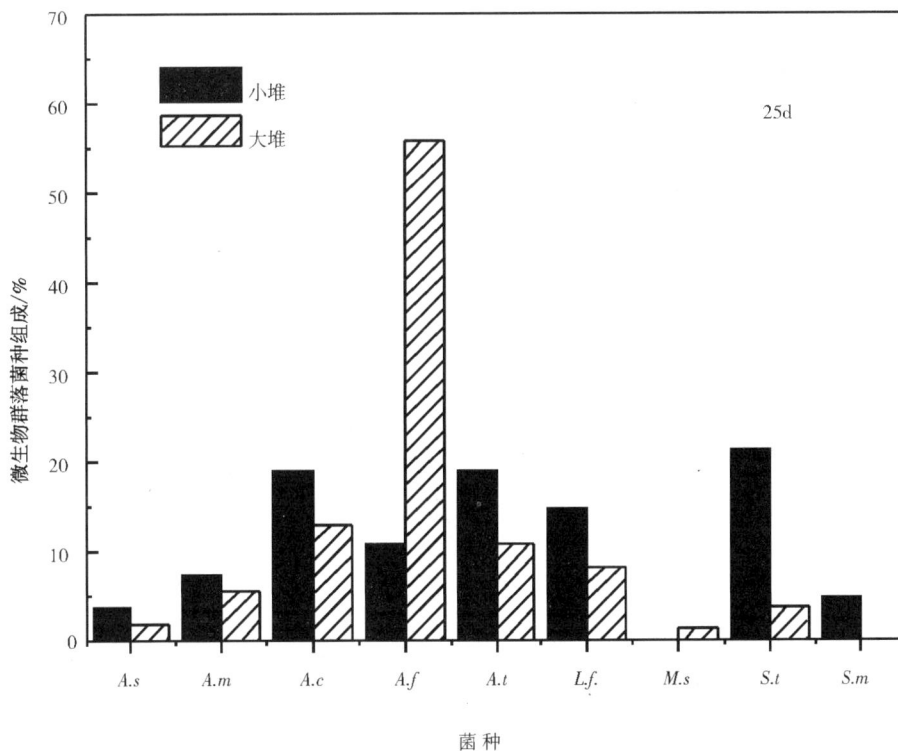

图 5-14　第 25 天微生物群落结构

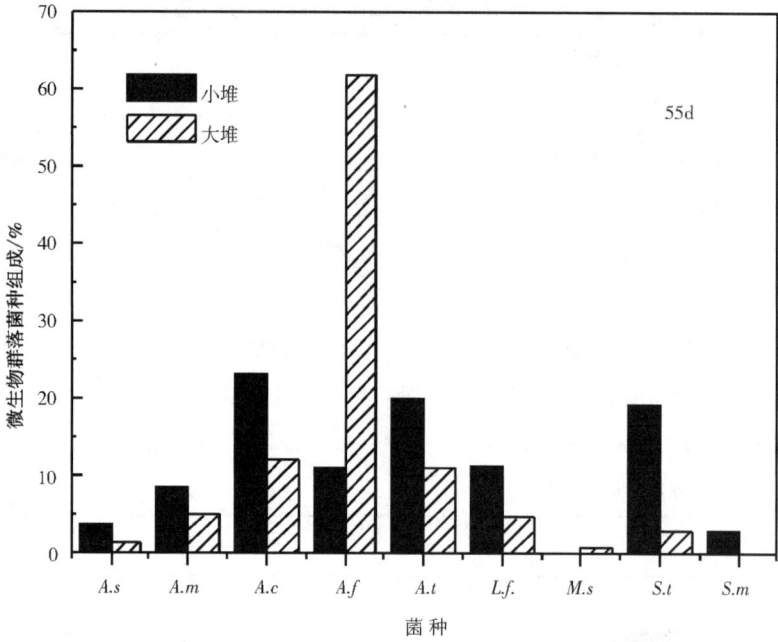

图 5-15　第 55 天微生物群落结构

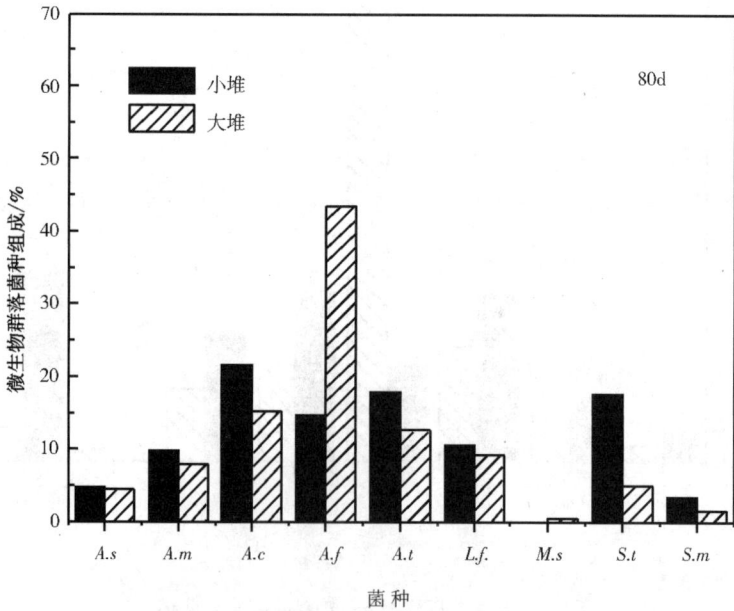

图 5-16　第 80 天微生物群落结构

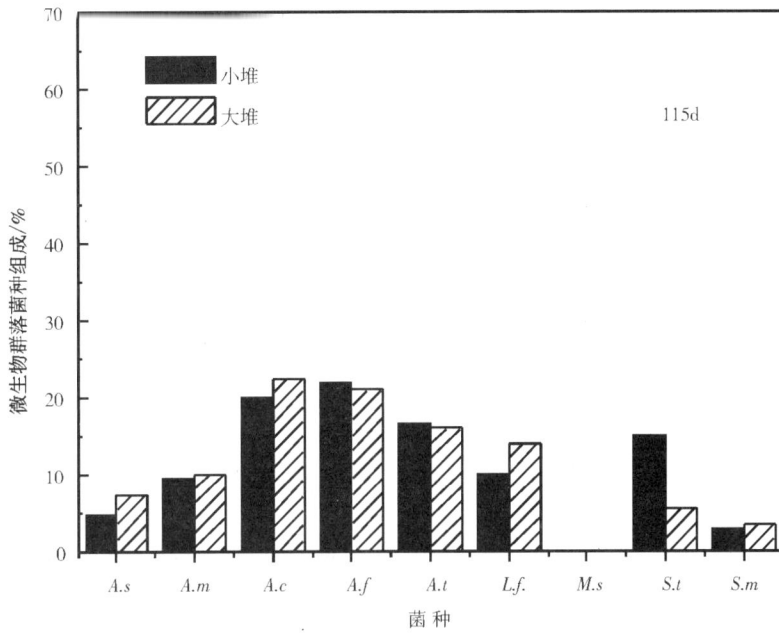

图 5-17　第 115 天微生物群落结构

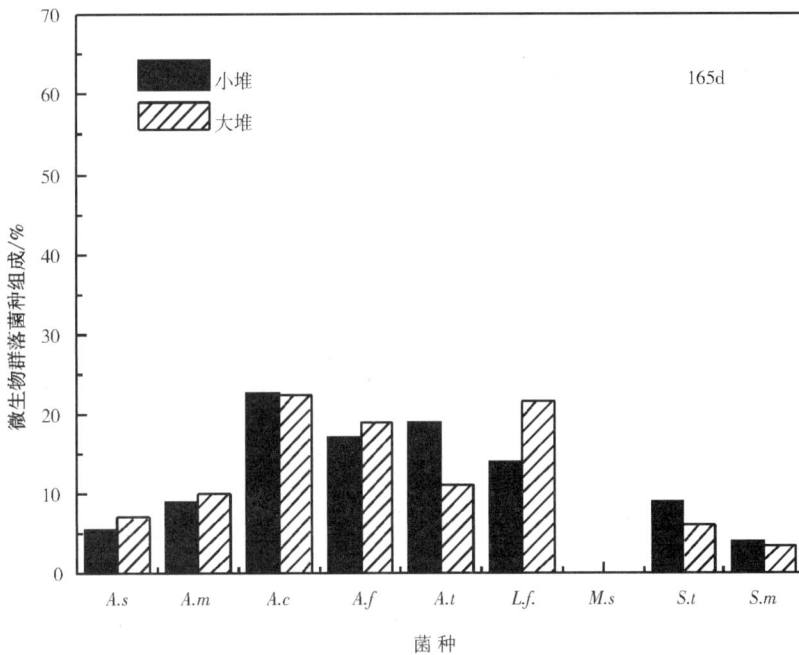

图 5-18　第 165 天微生物群落结构

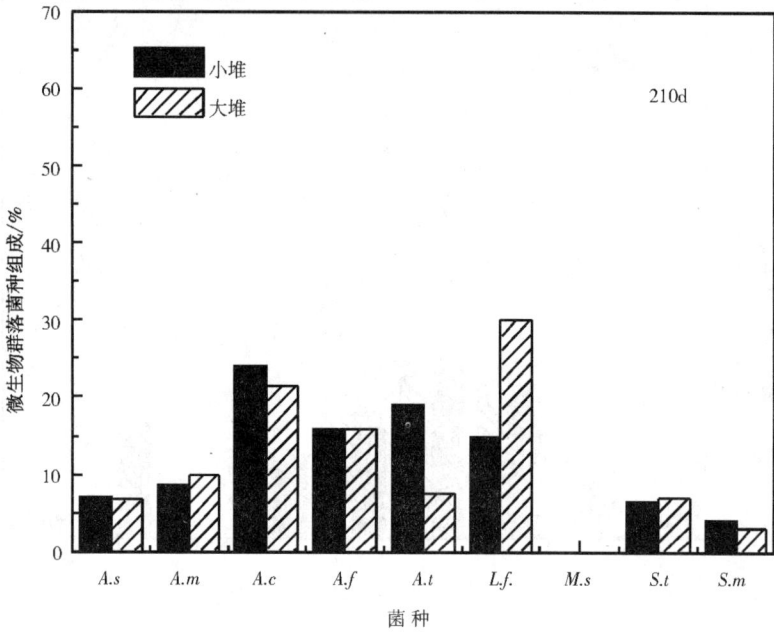

图 5 - 19   第 210 天微生物群落结构

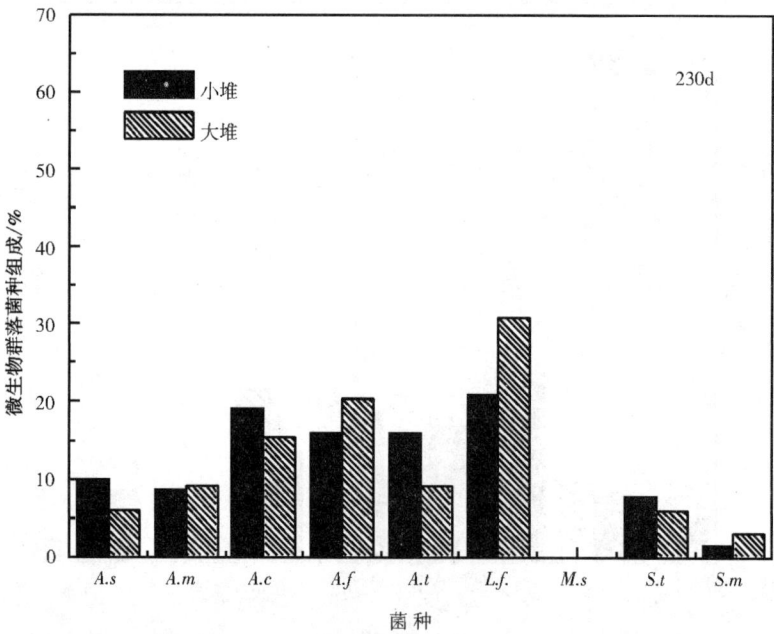

图 5 - 20   第 230 天微生物群落结构

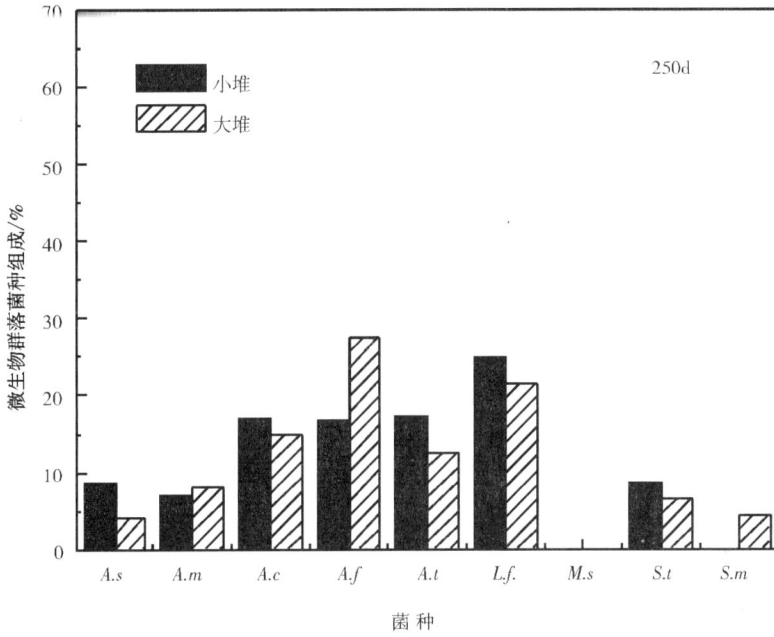

图 5–21　第 250 天微生物群落结构

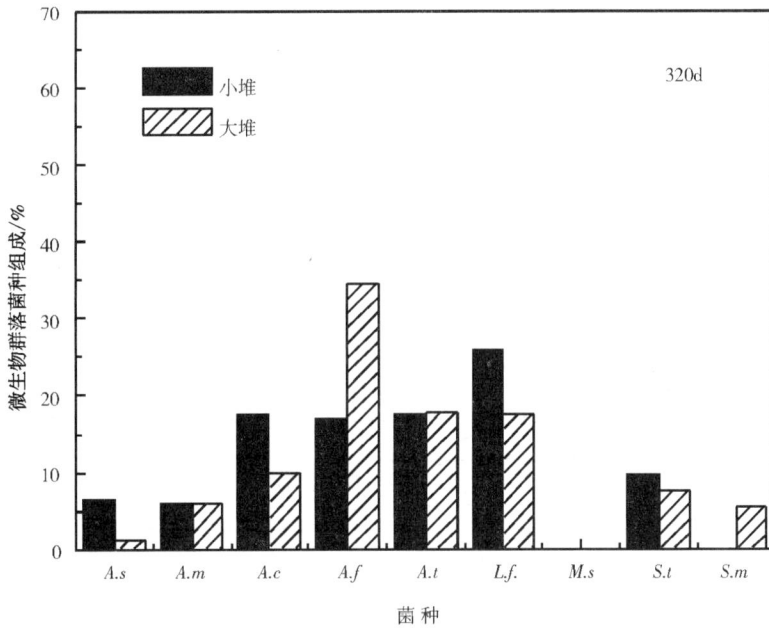

图 5–22　第 320 天微生物群落结构

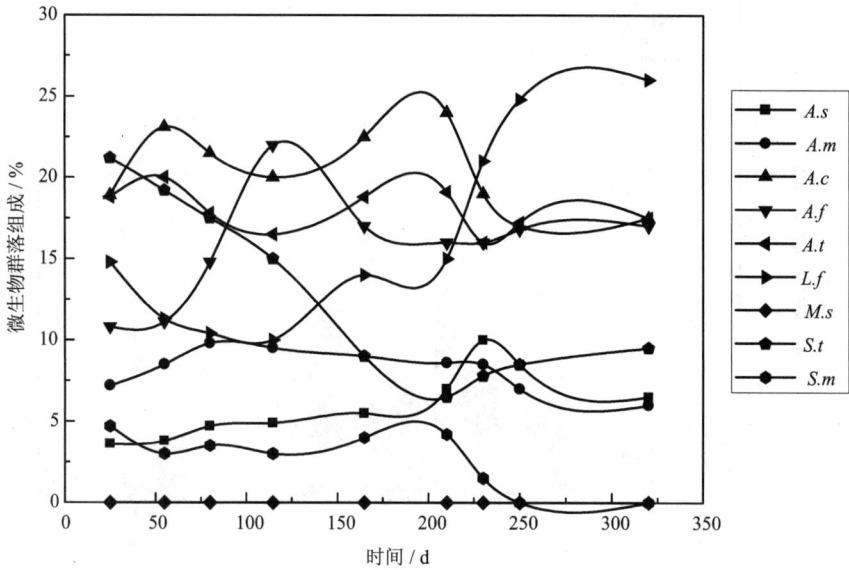

图 5 – 23　1 号小堆浸出过程中微生物群落结构的变化情况

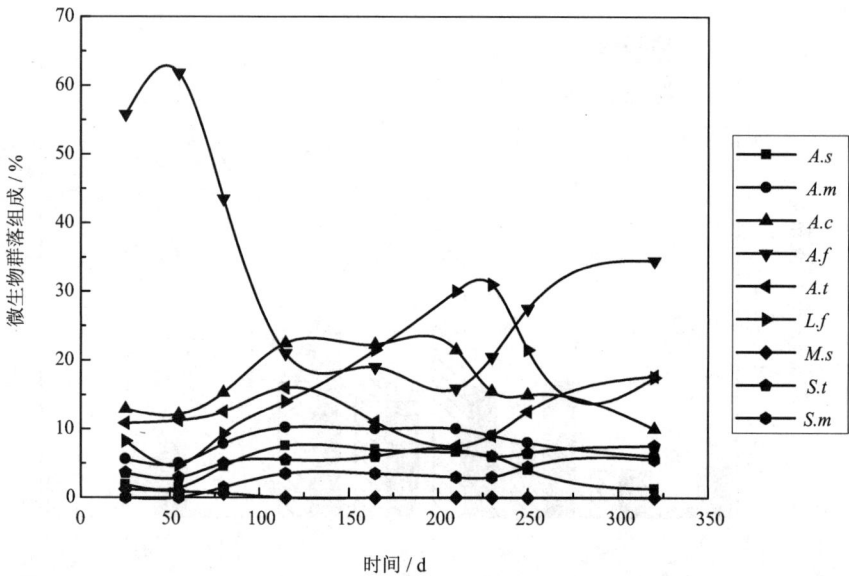

图 5 – 24　大堆浸出过程中微生物群落结构的变化情况

大堆在浸出初期(25~100 d)，优势菌种为 A. f 菌，其他菌生长缓慢。这可能由于初期预浸带来亚铁离子，为 A. f 菌提供了良好的能源物质，被其优先利用；中期(115~210 d) A. f 菌减少，L. f 菌逐渐成为优势菌种，A. c 菌液逐渐增多，这是因为在浸出反应中期，硫化矿被氧化产生较多量的元素硫和含硫化合物，能利用元素生长的微生物菌种迅速成为优势菌种；后期(230~320 d) A. f 菌重新成为优势菌种，但优势不如初期明显，因为铁离子沉淀生成铁矾或者局部水解，溶液中亚铁离子不如浸出初始阶段多。

5.4　本章小结

关于梅州玉水进行的低品位铜矿石生物冶金万吨级浸出试验，总结如下：
(1)矿井下工业堆浸试验成功，生产指标良好，330 天铜浸出率为 80.45%。
(2)完成国家高技术产业化示范工程项目的浸出部分试验工作。
(3)开发低品位铜矿微生物高效浸出新技术原型。
(4)在工业规模上运用群落基因芯片检测浸矿微生物种群的变化规律。

第6章 微生物作用下黄铜矿和斑铜矿的电化学行为

硫化矿的微生物浸出过程是在浸矿微生物的作用下硫化矿物晶体逐渐分解/溶解的过程，该反应本质是微生物催化作用下的氧化还原反应。电化学方法能将一般难以测定的化学量直接变换成容易测定的电化学参数。因此，对于湿法冶金中硫化矿浸出机理研究而言，电化学方法是一种常用的有效方法，常用的电化学方法有循环伏安法、极化曲线法和交流阻抗法等。

本章的研究利用电化学循环伏安法和三电极电化学体系，分别探讨了在酸性体系下和含有微生物浸矿体系下，黄铜矿和斑铜矿块状矿物电极的循环伏安行为，并进一步讨论了溶液 pH、浸矿微生物种类、溶液铜离子浓度、铁离子浓度和氯离子浓度对黄铜矿和斑铜矿电化学行为的影响。

6.1 黄铜矿的电化学行为

6.1.1 pH 对黄铜矿电化学行为的影响

图 6-1 是 pH 为 3.0、4.0，温度为 35℃时，9K 体系中块状黄铜矿电极的循环伏安曲线。图 6-2 为 pH = 2.0 时黄铜矿的循环伏安曲线。在 pH = 2.0 时，黄铜矿发生水解。扫描过程中各氧化峰的峰电位和峰电流、还原峰的峰电位和峰电流分别如表 6-1 和表 6-2 所示。

表 6-1　pH = 2 时黄铜矿电极的氧化峰电位及峰电流

体系	峰	氧化峰		
		ap1	ap2	ap3
pH = 2.0	峰电位/V	−0.764	−0.0538	0.531
	峰电流/A	−0.000294	0.000134	0.000216

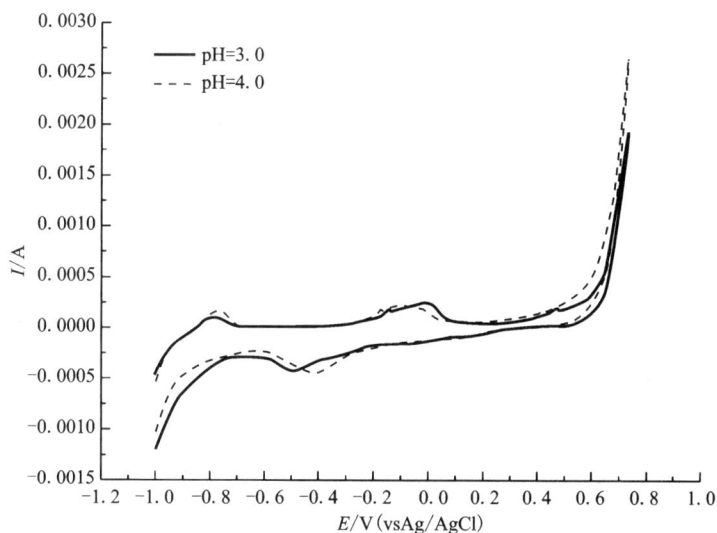

图 6 - 1　不同 pH 下黄铜矿电极的循环伏安曲线(pH = 3.0, 4.0, 扫描速度 20 mV/s, 35℃)

表 6 - 2　pH = 2.0 时黄铜矿电极的还原峰电位及峰电流

体系	峰	还原峰		
		cp1	cp2	cp3
pH = 2.0	峰电位/V	- 0.265	- 0.675	- 0.882
	峰电流/A	- 0.000427	- 0.00313	- 0.0025

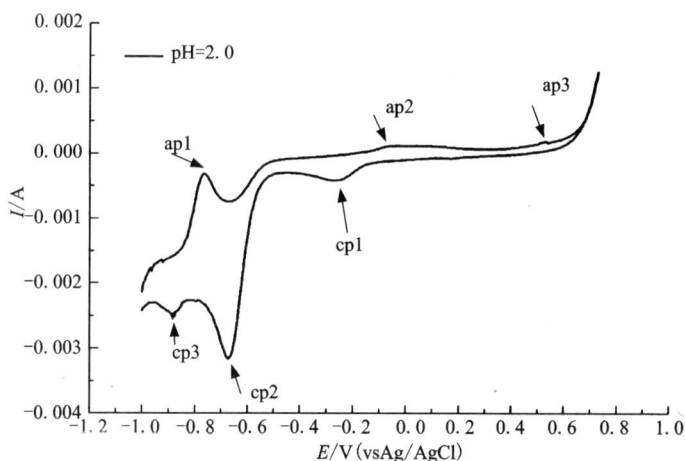

图 6 - 2　pH = 2.0 时黄铜矿的循环伏安曲线(20 mV/s, 35℃)

循环伏安扫描的电位范围为 $-1.0 \sim 0.73$ V。我们将它分为两个区间：第一个区间为 $-1 \sim 0.4$ V，第二个区间为 $0.4 \sim 0.73$ V。在第一个区间内，从图 6-1 和图 6-2 可以看到，当 pH = 4.0 及 pH = 3.0 时，电流很小，扫描出现的峰很弱，可以推断发生的反应非常弱。虽然有轻微的氧化，但在此条件下黄铜矿基本上是不反应的。在 pH = 2.0 时，发生了与 pH = 4.0 及 pH = 3.0 时不同的现象，电流值稍有增大，曲线形状发生变化，而且明显出现了氧化峰 ap1、ap2 和还原峰 cp1、cp2、cp3。这表明，黄铜矿表面发生了一系列反应，而且这些反应是逐步进行的。Biegler 等认为，在这个过程中，黄铜矿生成了一个非计量的中间相 $Cu_{1-x}Fe_{1-y}S_{2-z}$[24]，反应如下：

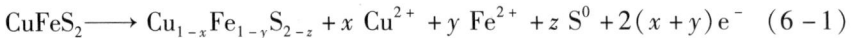

$$CuFeS_2 \longrightarrow Cu_{1-x}Fe_{1-y}S_{2-z} + x\,Cu^{2+} + y\,Fe^{2+} + z\,S^0 + 2(x+y)e^- \quad (6-1)$$

此后随着铁的释放，进一步生成了不太稳定的 CuS_2：

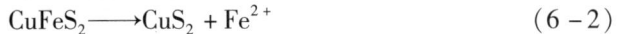

$$CuFeS_2 \longrightarrow CuS_2 + Fe^{2+} \quad (6-2)$$

CuS_2 进一步氧化生成 CuS：

$$CuS_2 \longrightarrow CuS + S^0 \quad (6-3)$$

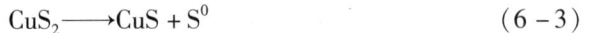

生成的 S 和 CuS 覆盖在黄铜矿电极表面，阻止了黄铜矿的进一步氧化，因而在 $-0.5 \sim 0.4$ V 的电位范围内，电流曲线非常平缓，变化不大。

Biegler[24] 认为 CuS 是第一个区间内的最终产物：

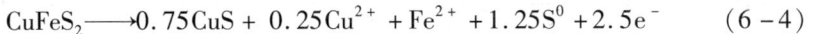

$$CuFeS_2 \longrightarrow 0.75CuS + 0.25Cu^{2+} + Fe^{2+} + 1.25S^0 + 2.5e^- \quad (6-4)$$

而 Yin[25] 等人并未在黄铜矿表面发现有 S 的存在，因此他们认为发生了下列反应：

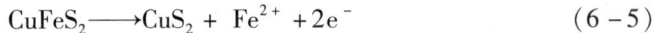

$$CuFeS_2 \longrightarrow CuS_2 + Fe^{2+} + 2e^- \quad (6-5)$$

事实上，Dutrizac[26] 等人研究发现，在低的氧化还原电位下生成的 S 很少，且 Cu/S 比值要比 Fe/S 比值小。而在本实验中，峰 ap2 之后出现了一个电流平缓区，可能是 S 覆盖在电极表面所致。因此，本次试验结果更接近于反应式(6-4)。

在第二个区间内，随着电位的继续升高，前面所生成的中间产物 CuS 发生彻底溶解：

$$CuS \longrightarrow Cu^{2+} + S^0 + 2e^- \quad (6-6)$$

在 $E > 0.7$ V 时，黄铜矿将发生彻底溶解，此区域称为大量溶解区：

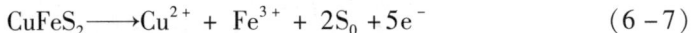

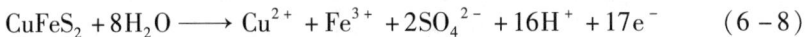

$$CuFeS_2 \longrightarrow Cu^{2+} + Fe^{3+} + 2S_0 + 5e^- \quad (6-7)$$

$$CuFeS_2 + 8H_2O \longrightarrow Cu^{2+} + Fe^{3+} + 2SO_4^{2-} + 16H^+ + 17e^- \quad (6-8)$$

A. Lopez-Juarez 等通过扫描电镜检测发现黄铜矿表面有大量的 S 存在，因而认为反应式(6-7)更易于发生，同时，有部分 S 被氧化成为 SO_4^{2-}。

比较图 6-1 及图 6-2，可以看出，虽然 pH = 2.0 时电流较 pH = 3.0 和 pH = 4.0 时并无明显增大，但是出现了不同于后二者的情况，出现了一些较为明显的峰。这表明,在一定范围内,较低的 pH 更有利于黄铜矿的氧化。

如图 6-2 所示,pH=2.0 时,在反向扫描区,出现了三个还原峰 cp1、cp2 和 cp3。而在 pH=3.0 和 pH=4.0 时,只出现了一个还原峰。这也说明在低 pH 时,发生了更多的反应。3 个还原峰对应氧化过程中相应产物的还原反应如式(6-9)至式(6-11)所示:

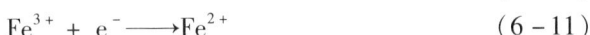

$$Cu^{2+} + S^0 + 2e^- \longrightarrow CuS \tag{6-9}$$

$$Cu^{2+} + 2e^- \longrightarrow Cu \tag{6-10}$$

$$Fe^{3+} + e^- \longrightarrow Fe^{2+} \tag{6-11}$$

而峰 cp2 和 cp3 则是在 pH=3.0 和 pH=4.0 时没有出现的,因而推断其可能与 H$^+$ 有关,其可能发生的反应是:

$$2CuFeS_2 + 6H^+ + 2e^- \longrightarrow Cu_2S + 2Fe^{2+} + 3H_2S \tag{6-12}$$

或者是:

$$S + 2H^+ + 2e^- \longrightarrow H_2S \tag{6-13}$$

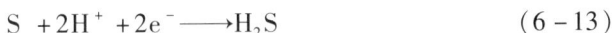

事实上,在每次矿物电极扫描过程中,都可以闻到一种有臭鸡蛋气味的气体,这种气体很可能就是 H_2S。

6.1.2　浸矿微生物对黄铜矿电化学行为的影响

1. 加入单一浸矿菌对黄铜矿电化学行为的影响

图 6-3 是加入不同浸矿菌(A. c, A. f, L. f, S. t)后黄铜矿块状电极的循环伏安图。扫描过程各氧化峰和还原峰的峰电位和峰电位如表 6-3 和 6-4 所示。从图 6-3 和表 6-3、表 6-4 可以看到:

(1)加入浸矿菌后,除 A. c 菌外,其他各组的峰 ap1 电流明显加强,尤以加入 A. f 后峰电流增强最明显。峰 cp2 和 cp3 基本不变。

(2)还原峰 cp1 电流都有不同程度的加强且以加入 S. t 菌一组增强最明显,并且峰的位置相对于无菌组都向正方向移动了。这说明加入浸矿菌使得该峰处的反应变得更易发生了。

(3)还原峰 cp2 电流大小变化不大,但都向正方向有不同程度的移动,说明该处反应在有菌的条件下易于发生。还原峰 cp3 电流明显增强,且以 S. t 菌一组增强最明显。

(4)加入各种浸矿菌后,各峰的强度都有所增强,还原峰多向正方向移动,这些都表明,在加入浸矿菌的条件下,扫描过程更易发生反应,且反应更加彻底。

(5)从加入各菌的效果比较来看,似乎 S. t 菌的作用更加明显。这有可能是温度的差异所致,因为四种菌中,A. f 和 L. f 组是在 35℃下进行扫描的,而 A. c 和 S. t 则是在 50℃下进行扫描的,从动力学角度来看,温度越高,越有利于动力学,反应也就越易发生。

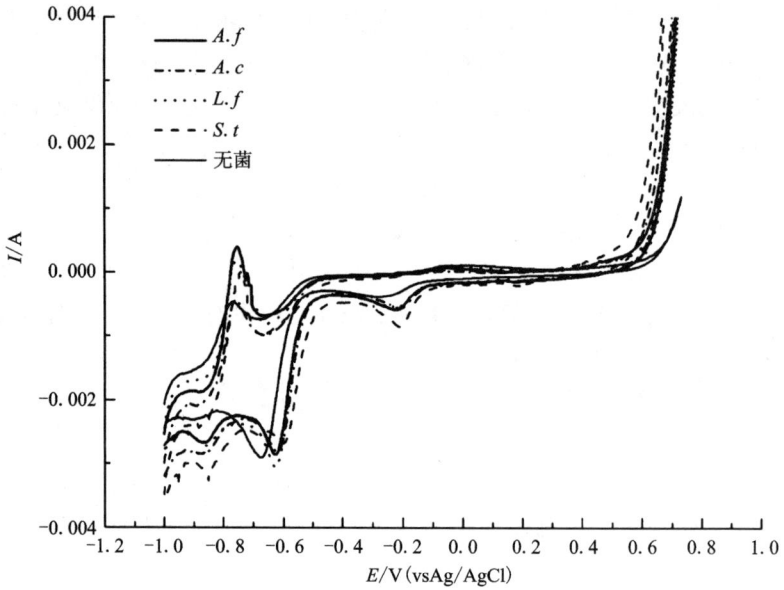

图 6 - 3   添加不同浸矿菌黄铜矿块状电极的循环伏安图(pH = 2.0, 20 mV/s)

表 6 - 3   添加细菌时黄铜矿电极氧化峰的峰电位和峰电流

体系	峰	氧化峰		
		ap1	ap2	ap3
无菌	峰电位/V	- 0.764	- 0.0538	0.531
	峰电流/A	- 0.000294	0.000134	0.000216
A. c	峰电位/V	- 0.759	- 0.0804	0.473
	峰电流/A	- 0.000479	0.0000460	0.000180
A. f	峰电位/V	- 0.746	- 0.0716	0.452
	峰电流/A	0.000376	0.000104	0.000194
L. f	峰电位/V	- 0.745	- 0.0628	0.460
	峰电流/A	- 0.000322	0.000165	0.000187
S. t	峰电位/V	- 0.741	- 0.0628	0.456
	峰电流/A	- 0.00000842	0.0000701	0.000255

表 6 - 4　添加细菌时黄铜矿电极还原峰的峰电位和峰电流

体系	峰	还原峰		
		cp1	cp2	cp3
无菌	峰电位/V	− 0.265	− 0.675	− 0.882
	峰电流/A	− 0.000427	− 0.00313	− 0.0025
A. c	峰电位/V	− 0.209	− 0.625	− 0.866
	峰电流/A	− 0.000546	− 0.00282	− 0.00288
A. f	峰电位/V	− 0.226	− 0.629	− 0.866
	峰电流/A	− 0.000590	− 0.00282	− 0.00267
L. f	峰电位/V	− 0.234	− 0.634	− 0.86
	峰电流/A	− 0.000582	− 0.00293	− 0.00271
S. t	峰电位/V	− 0.209	− 0.600	− 0.853
	峰电流/A	− 0.000853	− 0.00266	− 0.00312

通过以上现象,我们认为:

(1)加入 A. f 后峰 ap1 的峰电流明显增大,而在有 A. f 存在的条件下,可以将亚铁氧化成三价铁离子,因而 ap1 可能发生的反应是:

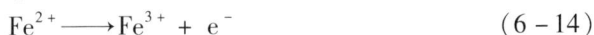

$$Fe^{2+} \longrightarrow Fe^{3+} + e^-   \quad (6-14)$$

(2)峰 ap2 和 ap3 基本不变,且该区域的电流呈缓坡状,表明该区域生成了钝化层,可能是因为之前发生了生成 S、CuS 的反应,从而抑制了黄铜矿的氧化,在此区域,细菌的作用并不明显。

(3)加入浸矿菌后,峰电流大小总体增强,峰的位置有所变化,说明在加菌条件下反应更易发生,并且程度有所加强。

从已有的研究来看,细菌对黄铜矿的作用主要有以下方面:细菌吸附在矿物表面,通过自身的胞外分泌物将矿物表面腐蚀;细菌吸附于矿物表面,破坏矿物的晶格,从而加强浸出作用。通过电子传递链将亚铁各硫等还原性物质氧化,所得能量供自身利用。细菌在矿物表面,形成微电池,强化了浸出过程;通过将亚铁氧化成三价铁,再通过三价铁的氧化作用将 S 等还原性物质氧化,间接作用于矿物;各种作用是同时进行的,并不存在单独的某种作用。

2. 两菌混合对黄铜矿电化学行为的影响

图 6-4 是四种菌两两混合后的黄铜矿循环伏安图,各组合的氧化峰的电位和电流以及还原峰的电位和电流如表 6-5 和表 6-6 所示。

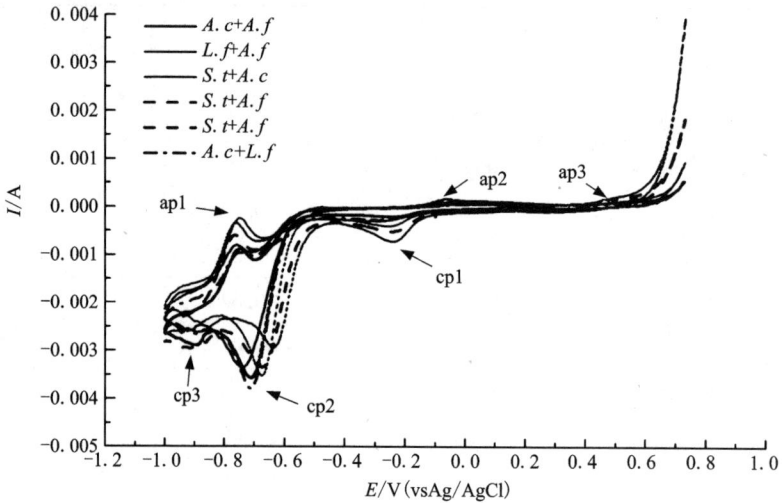

图6-4 两菌混合时黄铜矿块状电极的循环伏安图(pH = 2.0, 20 mV/s, 35℃)

表6-5 两菌混合时黄铜矿电极的氧化峰电位和电流

体系	峰	氧化峰		
		ap1	ap2	ap3
A. c + A. f	峰电位/V	− 0.758	− 0.0714	0.456
	峰电流/A	− 0.000788	0.0000763	0.0000903
L. f + A. f	峰电位/V	− 0.750	− 0.0689	0.463
	峰电流/A	− 0.000755	0.000121	0.0000813
S. t + A. c	峰电位/V	− 0.758	− 0.0716	0.452
	峰电流/A	− 0.000380	0.000193	0.000193
S. t + A. f	峰电位/V	− 0.762	− 0.0672	0.482
	峰电流/A	− 0.000611	0.000138	0.000191
S. t + L. f	峰电位/V	− 0.745	− 0.0744	0.493
	峰电流/A	− 0.000887	0.000641	0.000125
A. c + L. f	峰电位/V	− 0.754	− 0.0715	0.473
	峰电流/A	− 0.000982	0.0000442	0.0000905

从图6-4和表6-5、表6-6可以看出，当4种菌两两混合时，黄铜矿的伏安曲线形状相似，只是电流大小不一样。其中，$L.f + A.f$ 的组合在氧化峰 ap1 处

的锋最强，S. t + A. c 的组合在还原峰 cp1 处的峰最强，A. c + L. f 的组合在还原峰 cp2 处最强，S. t + A. f 的组合在还原峰 cp3 处的峰最强。在还原峰 cp2 处，不同组合峰的位置有较大的不同，最远的两个峰相差约 1 V。而其他峰的位置大体相同。氧化峰 ap2 和 ap3 基本上相同。各种组合中，并未出现新的峰。

表 6 - 6　两菌混合时黄铜矿电极的还原峰电位和电流

体系	峰	还原峰		
		cp1	cp2	cp3
A. c + A. f	峰电位/V	− 0.260	− 0.741	− 0.930
	峰电流/A	0.000322	− 0.00333	− 0.00257
L. f + A. f	峰电位/V	− 0.252	− 0.677	− 0.887
	峰电流/A	− 0.000406	− 0.00350	− 0.00243
S. t + A. c	峰电位/V	− 0.239	− 0.634	− 0.883
	峰电流/A	− 0.000741	− 0.00291	− 0.00264
S. t + A. f	峰电位/V	− 0.243	− 0.677	− 0.913
	峰电流/A	− 0.000503	− 0.00334	− 0.00295
S. t + L. f	峰电位/V	− 0.234	− 0.7143	− 0.891
	峰电流/A	− 0.000220	− 0.00353	− 0.00288
A. c + L. f	峰电位/V	− 0.273	− 0.711	− 0.904
	峰电流/A	− 0.000272	− 0.00379	− 0.00264

通过以上现象，我们可以得出：

(1) 不同菌两两混合，产生的效果不一样。

(2) 混合菌作用并未使黄铜矿表面发生新的反应。

(3) 氧化峰 ap2 和 ap3 处的反应难以发生，细菌对这两处作用不明显。

图 6 - 5 是混合菌和单一菌作用下黄铜矿的电化学行为比较（以 A. f 和 A. c 为例）：

从图 6 - 5 我们可以看出，混合菌组的氧化峰 ap1 比其他两组都明显增强，还原峰 cp2 也向正方向有所移动，还原峰 cp1 和 cp3 也比只加 A. f 的一组要强。这说明，在 A. f 和 A. c 混合菌的作用下，黄铜矿的某些反应比只加单一菌时更易发生，混合菌的作用效果比单一菌的要稍强。

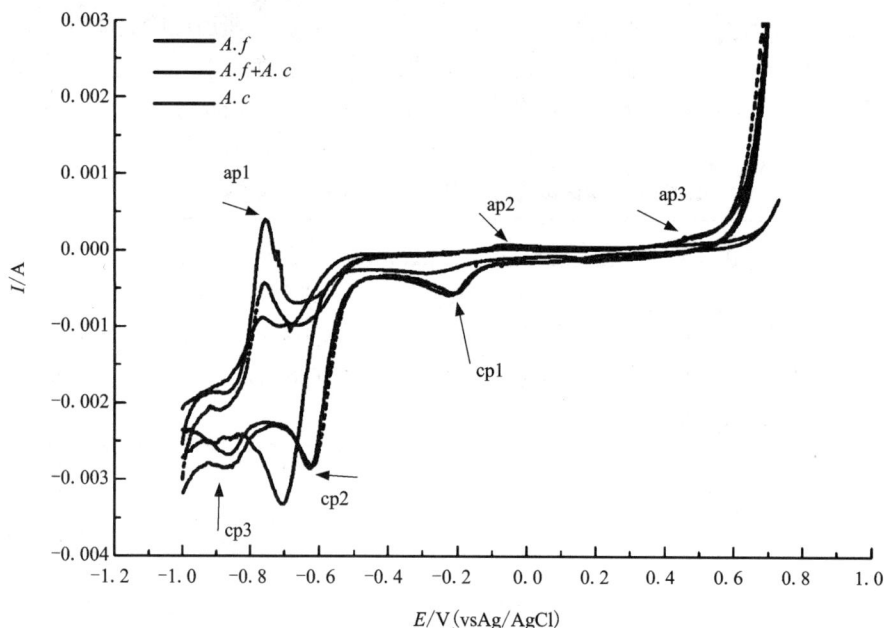

图 6 - 5　两菌混合和单一菌作用下黄铜矿的循环伏安曲线 (20 mV/s , pH = 2.0)

表 6 - 7　3 菌及 4 菌混合时黄铜矿电极的氧化峰电位和电流

体系	峰	氧化峰		
		ap1	ap2	ap3
A. f + L. f + A. c	峰电位/V	− 0.750	− 0.0545	0.460
	峰电流/A	− 0.000740	0.0000847	0.000116
A. c + A. f + S. t	峰电位/V	− 0.767	− 0.0628	0.495
	峰电流/A	− 0.000562	0.000111	0.000187
A. c + L. f + S. t	峰电位/V	− 0.741	− 0.00714	0.482
	峰电流/A	− 0.000857	0.0000623	0.000104
A. f + L. f + S. t	峰电位/V	− 0.750	− 0.00714	0.447
	峰电流/A	− 0.000869	0.0000818	0.000105
A. f + A. c + L. f + S. t	峰电位/V	− 0.750	− 0.0501	0.465
	峰电流/A	− 0.00102	0.0000609	0.000121

表 6-8　3 菌及 4 菌混合时黄铜矿电极的还原峰电位和电流

体系	峰	还原峰		
		cp1	cp2	cp3
A.f+L.f+A.c	峰电位/V	-0.256	-0.685	-0.900
	峰电流/A	-0.000361	-0.00337	-0.00247
A.c+A.f+S.t	峰电位/V	-0.247	-0.655	-0.896
	峰电流/A	-0.000466	-0.00333	-0.00287
A.c+L.f+S.t	峰电位/V	-0.299	-0.745	-0.926
	峰电流/A	-0.000280	-0.00353	-0.00240
A.f+L.f+S.t	峰电位/V	-0.277	-0.720	-0.921
	峰电流/A	-0.000268	-0.00329	-0.00227
A.f+A.c+L.f+S.t	峰电位/V	-0.277	-0.733	-0.900
	峰电流/A	-0.000301	-0.00350	-0.00268

3.3 种菌混合及 4 种菌混合对黄铜矿电化学行为的影响

图 6-6 是添加 3 种和 4 种浸矿菌后黄铜矿块状电极的循环伏安曲线，得到各氧化峰和还原峰的峰电位和峰电位如表 6-7 和表 6-8 所示。

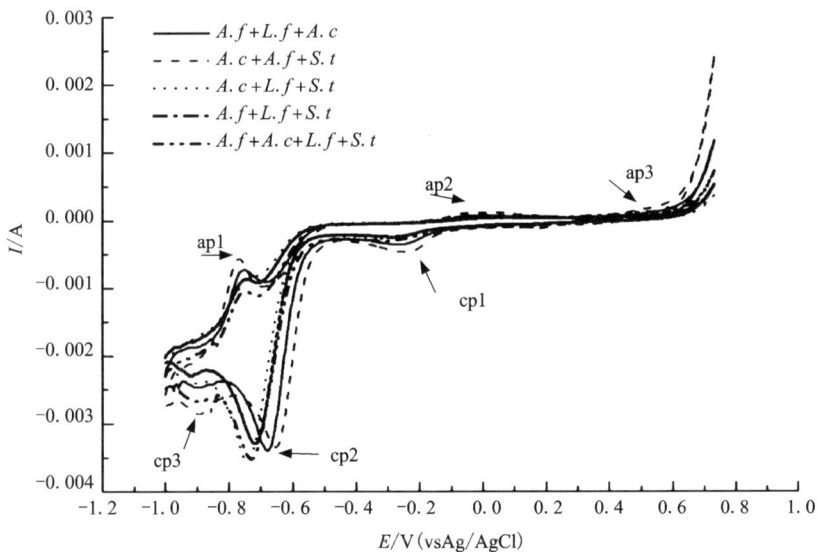

图 6-6　3 菌及 4 菌混合作用下黄铜矿块状电极的循环伏安图（**20 mV/s, pH=2.0**）

从图 6-6、表 6-7 及 6-8 我们可以看出，3 种菌和 4 种菌混合时，各曲线的形状、各氧化峰和还原峰的位置及电流大小相差并不大。这表明，3 种和 4 种菌混合作用对黄铜矿块状电极的影响相当，没有很大区别。这可能是因为，在三种菌和 4 种菌的组合中，各组合之间至少有 2 种菌是相同的，而如果另外一种或 2 种菌的作用又显得不明显了，就会出现各组的曲线相似的特点。

图 6-7 是不同的加菌条件下(单一菌、两菌混合、三菌混合及四菌混合)，黄铜矿块状电极的循环伏安曲线图。

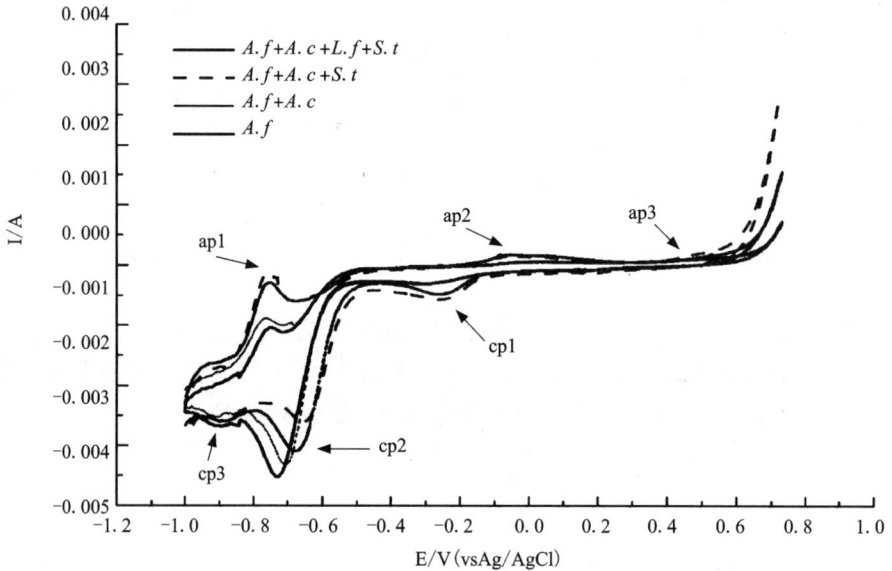

图 6-7 各种加菌条件下黄铜矿电极的循环伏安图(20 mV/s, pH = 2.0)

从图 6-7 中我们可以看出，加 3 种菌和加入 4 种菌的曲线很相似，而加 2 种菌与加入单一菌的曲线更加接近。3 菌和 4 菌混合组的氧化峰 ap1 和还原峰 cp1 明显比两菌混合和单一菌组强，而前两者较之后两者，氧化峰 ap2 也略有增强。后两者还原峰 cp2 较之前两者要强一些，然而前两者的峰位置向正方向移动了。还原峰 cp3 和氧化峰 cp3 各组之间的差别很小。这些现象表明，3 菌混合与 4 菌混合的作用效果比 2 菌混合和单一菌的效果要好。3 菌混合与 4 菌混合的效果相当。

经过以上一系列的比较，我们最终得出结论：

(1)在一定范围内，降低 pH 有利于黄铜矿的浸出。

(2)加入浸矿菌，黄铜矿的浸出效果比不加菌时好。

(3)不同浸矿菌以及不同浸矿菌的组合对黄铜矿的作用效果不一样。

（4）加入浸矿菌，峰的强度增强，峰的位置有所变化，说明在加菌的条件下，黄铜矿的氧化得到了加强。

（5）2 种菌混合作用的效果比单一菌的作用效果稍好，3 菌混合和 4 菌混合的作用相当，但比 2 菌混合和单一菌的作用效果要好。

6.1.3　亚铁离子和铜离子对黄铜矿电化学行为的影响

表 6 - 9　添加亚铁各体系黄铜矿电极的氧化峰电位及电流

体系	峰	氧化峰		
		ap1	ap2	ap3
9K + 混合菌	峰电位/V	− 0.750	− 0.0501	0.465
	峰电流/A	− 0.00102	0.0000609	0.000121
9K + 9 g/L 亚铁	峰电位/V	− 0.485	—	0.558
	峰电流/A	0.0230	—	0.00551
9K + 6 g/L 亚铁	峰电位/V	− 0.524	—	0.503
	峰电流/A	0.0277	—	0.00508

图 6 - 8 是添加 9 g/L 和 6 g/L 的亚铁后黄铜矿块状电极的循环伏安曲线。各氧化峰和还原峰的电位与电流见表 6 - 9 和表 6 - 10。

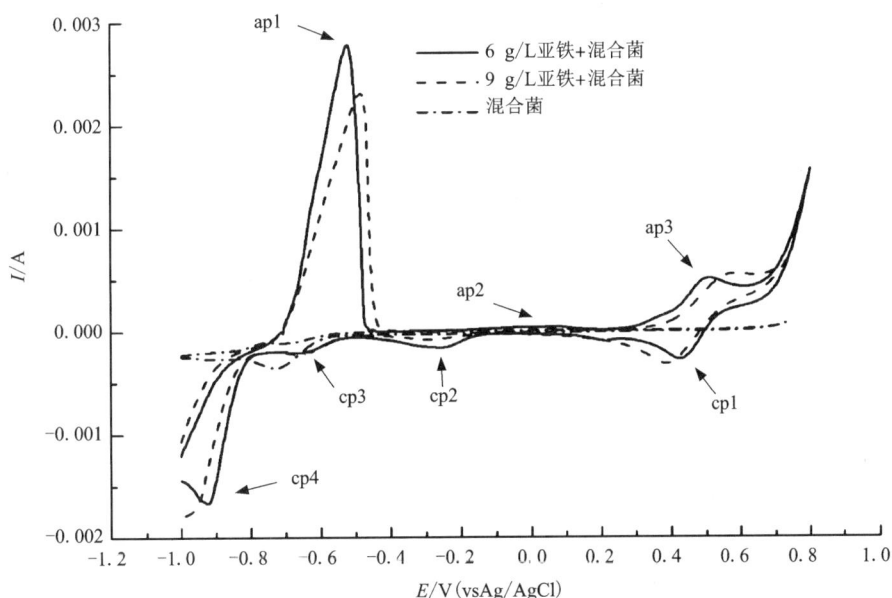

图 6 - 8　添加亚铁与无亚铁时黄铜矿电极的循环伏安曲线（20 mV/s，pH = 2.0）

从图 6 - 8 可以看到,添加 9g/L 亚铁之后:

(1)相对于不加亚铁体系,添加了亚铁体系的电流明显增大。

(2)氧化峰 ap1、ap3 显著增强,并且出现了新的还原峰 cp1。

(3)在 - 0.4 ~ 0.3V 的范围内,发生了明显的钝化,且钝化比未加亚铁时更加严重,以至于氧化峰 ap2 消失了。

表 6 - 10　添加亚铁各体系黄铜矿电极的还原峰电位及电流

体系	峰	还原峰			
		cp1	cp2	cp3	cp4
9K + 混合菌	峰电位/V	–	– 0.277	– 0.733	– 0.900
	峰电流/A	–	– 0.000301	– 0.00350	– 0.00268
9K + 9 g/L 亚铁	峰电位/V	0.387	– 0.292	– 0.638	– 0.967
	峰电流/A	– 0.00326	– 0.000656	– 0.00203	– 0.0175
9K + 6 g/L 亚铁	峰电位/V	0.439	– 0.265	– 0.636	– 0.921
	峰电流/A	– 0.00246	– 0.00155	– 0.00190	– 0.0165

以上都说明,亚铁的加入对黄铜矿的电化学行为产生了影响。我们认为:

(1)加入亚铁之后,氧化峰 ap1 显著增强,此处可能代表亚铁的氧化:

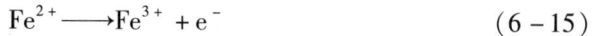

$$Fe^{2+} \longrightarrow Fe^{3+} + e^- \qquad (6-15)$$

(2)作为反应物的 Fe^{2+} 的加入促进了该反应的进行,从而明显增强了氧化峰 ap1。新的还原峰 cp1 的出现,很有可能是铁的还原所致:

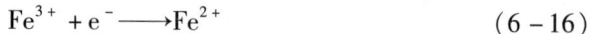

$$Fe^{3+} + e^- \longrightarrow Fe^{2+} \qquad (6-16)$$

(3)氧化峰 ap3 也增强,表明该处反应也与亚铁有关,可能是残余亚铁的完全氧化所致。

比较 6 g/L 的亚铁体系和 9 g/L 的亚铁体系,可以看到:峰 ap1 处,前者的峰电流大于后者,而峰 ap2 的峰电流却变小了,并且前者的阳极峰都向负方向移动了,而阴极峰则向正方向移动了。对此,我们认为:

(1)峰 ap1 处的反应为反应式(6 - 15),一定量亚铁的加入可以促进该反应的进行,然而继续增大亚铁的浓度,峰 ap1 反而减弱,这可能是因为峰 ap1 处发生了多个反应,亚铁的加入降低了体系的氧化还原电位,过低的氧化还原电位抑制了另外一些反应的进行,总体上不利于黄铜矿的氧化。

(2)氧化峰 ap2 消失,可能是因为生成的 CuS_2 不稳定,很快分解生成了 S 和 CuS:

$$CuS_2 \longrightarrow 2CuS + S^o \qquad (6-17)$$

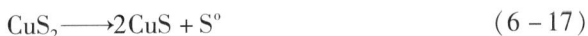

而亚铁的加入使前面发生的反应得到加强,生成的 CuS_2 增多,进而生成更多的 CuS 和 S,使得表面钝化更严重了

(3)总体来说,亚铁离子的加入,明显促进了黄铜矿的氧化。

图 6 - 9 是添加 9 g/L 亚铁和不同浓度铜离子条件下黄铜矿的循环伏安曲线,各氧化峰和还原峰的峰电位和峰电流如表 6 - 11 和表 6 - 12 所示。

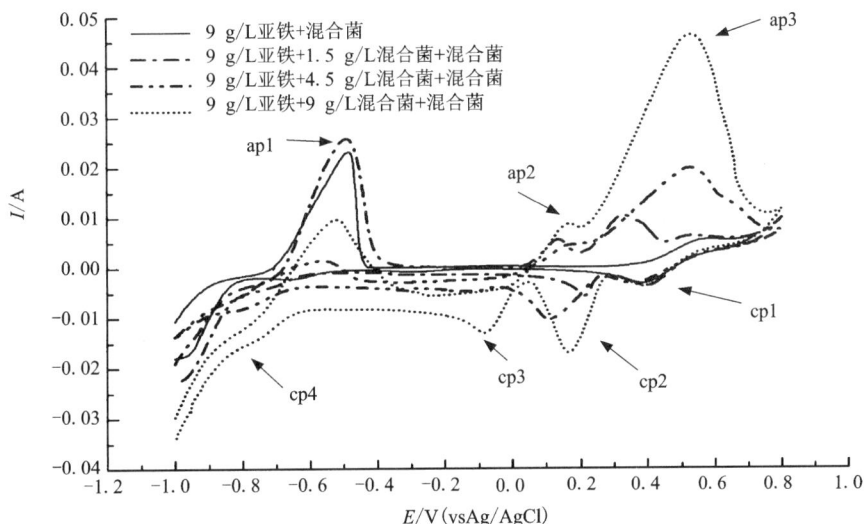

图 6 - 9 添加亚铁与铜时黄铜矿电极的循环伏安曲线(20 mV/s,pH = 2.0)

从图 6 - 9 和表 6 - 11 以及表 6 - 12 可以看到,添加铜的体系与不加铜的体系相比:

(1)氧化峰 ap1 的峰电流大小有所变化,加入 1.5 g/L 铜的体系与不加铜的体系峰电流大小相当,而加入 4.5 g/L 铜和 9 g/L 铜的体系,峰电流都明显减小,而且加入的铜越多,减小也越多。

(2)出现了新的氧化峰 ap2,氧化峰 ap3 的峰电流随着加入的铜浓度的升高而增大,不加铜时峰电流是 0.00551 A,而加入 1.5 g/L、4.5 g/L、9 g/L 铜的体系,该峰电流分别增大到 0.0101 A、0.0197 A、0.0462 A。

(3)还原峰 cp1 峰电流位置和大小基本不变,出现了新的还原峰 cp2 和 cp3。

表 6-11　添加 9 g/L 亚铁及不同浓度的铜各体系黄铜矿电极的氧化峰电位及电流

体系	峰	氧化峰		
		ap1	ap2	ap3
9 g/L 亚铁	峰电位/V	−0.485	−	0.558
	峰电流/A	0.0230	−	0.00551
9 g/L 亚铁 +1.5 g/L 铜	峰电位/V	−0.494	0.131	0.323
	峰电流/A	0.0256	0.00532	0.0101
9 g/L 亚铁 +4.5 g/L 铜	峰电位/V	−0.565	0.154	0.522
	峰电流/A	0.00146	0.00421	0.0197
9 g/L 亚铁 +9 g/L 铜	峰电位/V	−0.527	0.158	0.525
	峰电流/A	0.00947	0.00845	0.0462

表 6-12　添加 9 g/L 亚铁及不同浓度的铜各体系黄铜矿电极的还原峰电位及电流

体系	峰	还原峰			
		cp1	cp2	cp3	cp4
9 g/L 亚铁	峰电位/V	0.387	−	−	−0.967
	峰电流/A	−0.00326	−	−	−0.0175
9 g/L 亚铁 +1.5 g/L 铜	峰电位/V	0.394	0.211	−0.0703	−0.719
	峰电流/A	−0.00360	−0.00581	−0.00154	−0.00402
9 g/L 亚铁 +4.5 g/L 铜	峰电位/V	0.353	0.105	−0.108	−0.801
	峰电流/A	−0.00320	−0.0102	−0.00467	−0.00815
9 g/L 亚铁 +9 g/L 铜	峰电位/V	0.390	0.162	−0.0855	−0.764
	峰电流/A	−0.00364	−0.0167	−0.0129	−0.0147

对以上现象,我们认为:

(1)氧化峰 ap1 的峰电流大小有变化,加入 1.5 g/L 铜的体系与不加铜的体系峰电流大小相当,而加入 4.5 g/L 铜和 9 g/L 铜的体系,峰电流都明显减小。这表明该处的反应与铜离子有关,有可能包含了反应式(6-1),即生成中间产物 $Cu_{1-x}Fe_{1-y}S_{2-z}$ 的过程,该反应同时生成 Cu^{2+},因而铜离子的加入抑制了该反应的进行。

(2)新的氧化峰 ap2 和还原峰 cp2 相对应,氧化峰 ap3 峰电流随着铜离子浓度的增加而增大，加入铜后出现了原来没有的还原峰 cp3，可见这二个峰都与铜离子有很大关系，还原峰 cp2 所代表的反应可能是：

$$Cu^{2+} + S^0 + 2e^- \longrightarrow CuS \qquad (6-18)$$

这与李宏煦、A. Lopez – Juarez 等人的结论一致。

（3）按照 A. Lopez – Juarez 等人的观点，还原峰 cp3 对应的反应可能是：

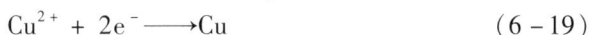

$$Cu^{2+} + 2e^- \longrightarrow Cu \qquad (6-19)$$

（4）新出现氧化峰 ap2、ap3 随铜离子浓度的增大而增强，一种可能的解释是，这两处反应易于在氧化电位高的条件下发生，由于铜离子的氧化性，促进了反应的进行。

（5）总体来看，加入亚铁和铜的体系与只加亚铁的体系相比，部分峰有所增强，部分峰有所减弱，并不能判断哪个体系对黄铜矿的浸出更有利。

图 6 – 10 是混合菌体系与加入亚铁和铜的混合菌体系的黄铜矿电极循环伏安曲线对比。很明显，加入亚铁和铜的体系，各峰的峰强度都显著增强，并且出现了未加亚铁和铜时没有的峰。显然，加入亚铁和铜促进了黄铜矿的氧化。

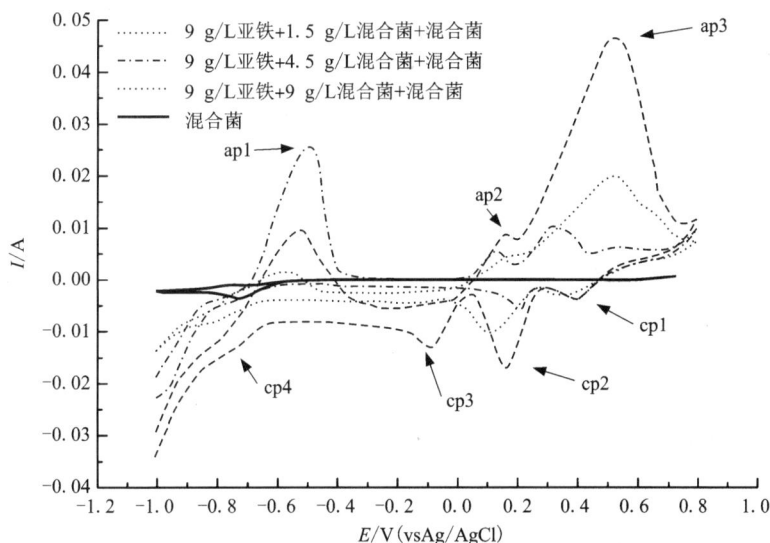

图 6 – 10　混合菌体系与加入亚铁和铜的体系的黄铜矿电极的循环伏安曲线（**20 mV/s，pH = 2.0**）

6.1.4　亚铁离子和铁离子对黄铜矿电化学行为的影响

图 6 – 11 为加入了不同的亚铁和铁的配比体系的黄铜矿电极的循环伏安曲线。我们将之与只加入 6 g/L 亚铁的体系比较，得到各氧化峰和还原峰的峰电位

和峰电流如表6-13和表6-14所示。

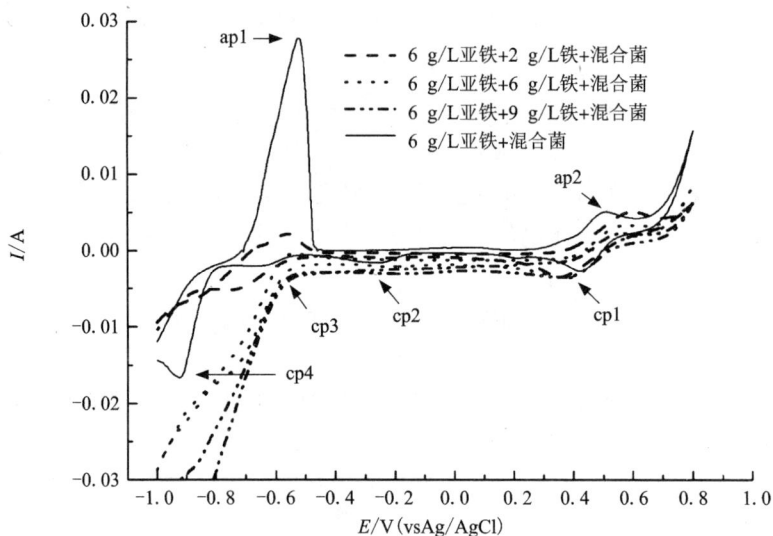

图6-11　加入亚铁和铁的体系的黄铜矿电极循环伏安曲线(20 mV/s, pH=2.0)

表6-13　添加不同配比亚铁和铁离子各体系黄铜矿电极的氧化峰电位及电流

体系	峰	氧化峰	
		ap1	ap2
6 g/L 亚铁	峰电位/V	-0.524	0.503
	峰电流/A	0.0277	0.00508
6 g/L 亚铁 +2 g/L 铁	峰电位/V	-0.558	0.593
	峰电流/A	0.00211	0.00513
6 g/L 亚铁 +26 g/L 铁	峰电位/V	-0.550	0.548
	峰电流/A	-0.000651	0.00326
3 g/L 亚铁 +9 g/L 铁	峰电位/V	-0.546	0.529
	峰电流/A	-0.00319	0.00208

由图6-11可以看到,与只加6 g/L亚铁离子的体系相比,加入铁离子后:

(1)氧化峰ap1明显减弱。

(2)峰ap2稍有减弱,并且铁离子浓度越大,该峰的峰电流越小。

(3)还原峰cp2和cp3减弱,且随着铁离子浓度的增大,这两个峰最后消失了，还原峰 cp4 则完全消失。

表 6 - 14　添加不同配比亚铁和铁离子各体系黄铜矿电极的还原峰电位及电流

体系	峰	还原峰			
		cp1	cp2	cp3	cp4
6 g/L 亚铁	峰电位/V	0.439	− 0.265	− 0.636	− 0.921
	峰电流/A	− 0.00346	− 0.00155	− 0.00190	− 0.0165
6 g/L 亚铁 +2 g/L 铁	峰电位/V	0.349	− 0.220	− 0.760	−
	峰电流/A	− 0.00343	− 0.000955	− 0.00521	
6 g/L 亚铁 +6 g/L 铁	峰电位/V	0.376	− 0.212	−	−
	峰电流/A	− 0.00373	− 0.00219		
3 g/L 亚铁 +9 g/L 铁	峰电位/V	0.379	−	−	−
	峰电流/A	− 0.00353	−		

这些现象表明：

（1）加入铁离子后，黄铜矿的氧化反而受到了抑制。

（2）随着铁离子浓度的增大，黄铜矿的氧化抑制更加明显。

（3）亚铁离子和铁离子的浓度变化，体系的氧化还原电位也发生变化；铁离子浓度越大，氧化还原电位越高。该实验似乎表明，铁离子的加入并不利于黄铜矿的氧化浸出。然而这与一些研究人员的结论并不一致。出现这种情况可能的一种解释是：按照 K. Sasaki[28] 等人的说法，黄铜矿的表面生成了黄钾铁钒（或黄钾铁钒铵）：

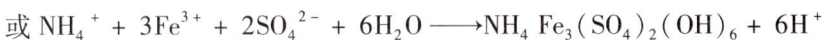

$$K^+ + 3Fe^{3+} + 2SO_4^{2-} + 6H_2O \longrightarrow KFe_3(SO_4)_2(OH)_6 + 6H^+ \quad (6-20)$$

$$或 NH_4^+ + 3Fe^{3+} + 2SO_4^{2-} + 6H_2O \longrightarrow NH_4Fe_3(SO_4)_2(OH)_6 + 6H^+$$
$$(6-21)$$

这两种物质沉积在黄铜矿表面，形成了钝化层，阻碍了黄铜矿的进一步氧化。而体系中加入了较多铁离子，促进了该反应的进行，从而使表面钝化更加严重。另外一种解释是：过高的铁离子浓度不利于浸矿菌的生长，从而削弱了浸矿菌的作用。

图 6 - 12 是加铁和亚铁体系与只加混合菌体系的黄铜矿循环伏安曲线对比。从图上可以看出，加入亚铁和铁离子的体系，电流明显增大，峰有所增强，表明亚铁和铁的加入促进了黄铜矿的生物浸出。

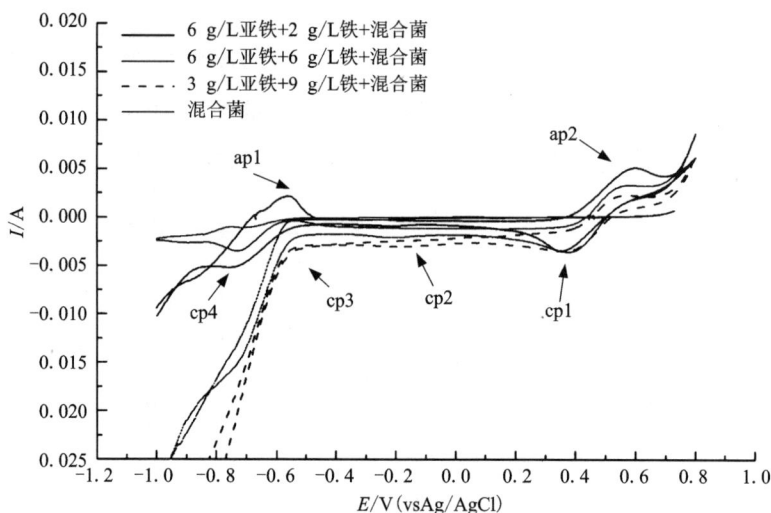

图 6 – 12 加铁与无铁体系的黄铜矿电极循环伏安曲线(20 mV/s, pH = 2.0)

6.1.5 氯离子对黄铜矿电化学行为的影响

图 6 – 13 是加入氯离子的混合菌体系中黄铜矿电极的循环伏安曲线。本组实验共设置了 4 个梯度, 4 个体系中分别加入了 1 g/L、5 g/L、10 g/L 和 15 g/L 的氯离子(以氯化钠的形式),从而得到上述曲线,并与只加了混合菌的体系进行比较。各氧化峰和还原峰的峰电位和峰电流如表 6 – 15 和表 6 – 16 所示。

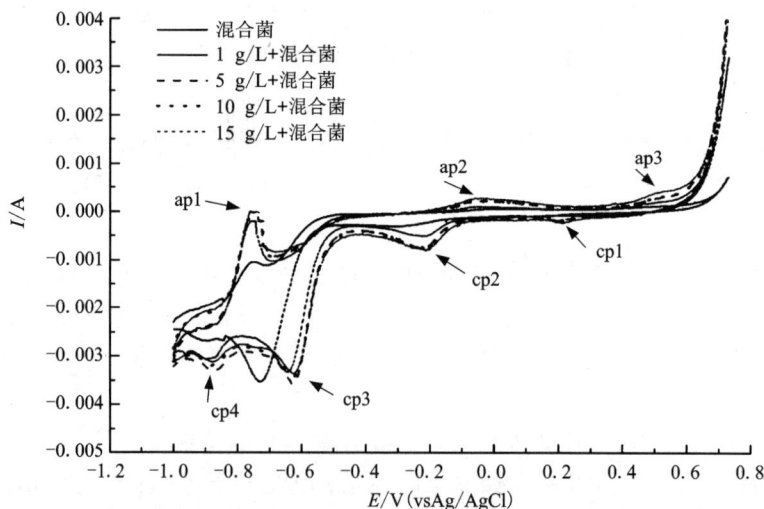

图 6 – 13 加 Cl⁻ 的混合菌体系的黄铜矿电极循环伏安曲线(20 mV/s, pH = 2.0)

表 6-15　添加不同浓度氯离子各体系黄铜矿电极的氧化峰电位及电流

体系	峰	氧化峰		
		ap1	ap2	ap3
混合菌	峰电位/V	-0.750	-0.0501	0.465
	峰电流/A	-0.00102	0.0000609	0.000121
混合菌 +1 g/L Cl⁻	峰电位/V	-0.755	-0.0751	0.469
	峰电流/A	-0.000224	0.000105	0.000177
混合菌 +5 g/L Cl⁻	峰电位/V	-0.751	-0.0646	0.497
	峰电流/A	0.0000151	0.000240	0.000293
混合菌 +10 g/L Cl⁻	峰电位/V	-0.755	-0.0681	0.501
	峰电流/A	-0.000185	0.000215	0.000293
混合菌 +15 g/L Cl⁻	峰电位/V	-0.748	-0.0571	0.501
	峰电流/A	-0.0000190	0.000267	0.000391

表 6-16　添加不同浓度氯离子各体系黄铜矿电极的还原峰电位及电流

体系	峰	还原峰			
		cp1	cp2	cp3	cp4
混合菌	峰电位/V	-	-0.277	-0.733	-0.900
	峰电流/A	-	-0.000301	-0.00350	-0.00268
混合菌 +1 g/L Cl⁻	峰电位/V	-	-0.218	-0.651	-0.891
	峰电流/A	-	-0.000498	-0.00332	-0.00306
混合菌 +5 g/L Cl⁻	峰电位/V	0.207	-0.221	-0.633	-0.880
	峰电流/A	-0.000185	-0.000766	-0.00358	-0.00333
混合菌 +10 g/L Cl⁻	峰电位/V	0.218	-0.221	-0.633	-0.876
	峰电流/A	-0.000185	-0.000741	-0.00343	-0.00321
混合菌 +15 g/L Cl⁻	峰电位/V	0.203	-0.214	-0.630	-0.880
	峰电流/A	-0.000227	-0.000783	-0.00336	-0.00313

从图 6-13 及表 6-15 和表 6-16 可以看到：

（1）加入氯离子的体系比不加氯离子的体系氧化峰 ap1、ap2、ap3 都增强，还原峰 cp2、cp4 增强，还原峰 cp3 的电流大小变化不大，但峰的位置都向正方向移动了,在添加 5 g/L、10 g/L 及 15 g/L 氯的体系中,出现了新的还原峰 cp1。

(2)添加了氯离子的各组相比较,氧化峰 ap1 以加入 5 g/L 氯的体系最强,添加 10 g/L 氯和 15 g/L 氯的体系相当;氧化峰 ap2 添加 5 g/L、10 g/L 及 15 g/L 氯的体系峰强度相当,但比添加 1 g/L 氯的体系要强;氧化峰 ap3 随着氯离子浓度的增大而增强,但是增幅随之减小;还原峰 cp1 是新出现的,在出现该峰的 3 个体系中差不多;还原峰 cp2 与氧化峰 ap2 的变化规律大体一致;还原峰 cp3 和 cp4 位置和强度大体相当。

以上现象说明:

(1)加入氯离子,各氧化峰和还原峰都有所增强,并且部分体系中出现了新的峰,说明氯离子确实促进了黄铜矿的氧化,这与 G. Senanayake[29] 的结论一致。

(2)添加 5 g/L、10 g/L 及 15 g/L 氯的体系,无论是曲线的形状、峰的位置和大小都相当,但比添加 1 g/L 氯的体系有所增强。说明高浓度的氯离子的加入对黄铜矿的浸出相对于低浓度氯离子并无明显促进作用,Lilian Velasquez Yevenes 也得出过相似的结论。

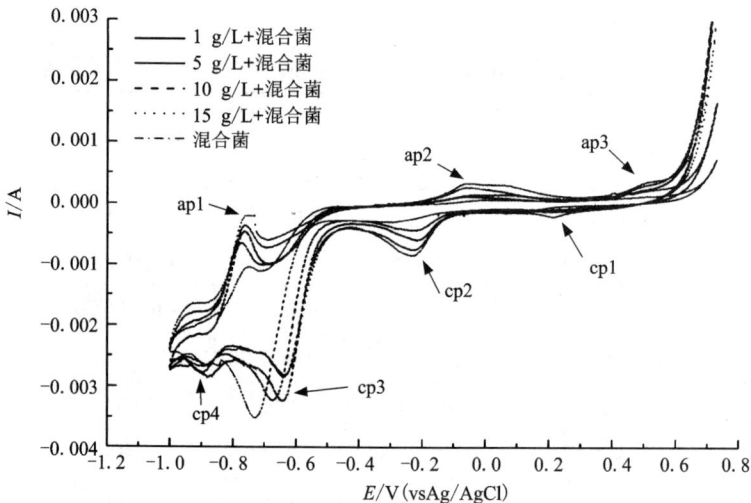

图 6 - 14　加 Cl⁻ 的无菌体系的黄铜矿电极循环伏安曲线(20 mV/s, pH = 2.0)

关于氯离子促进黄铜矿浸出的机理尚未明了,有可能是因为氯离子的存在,增加了黄铜矿氧化过程中间产物尤其是一些本来不易溶的中间产物的溶解度,从而减轻了黄铜矿表面的钝化,促进了黄铜矿的氧化。Lilian Velasquez Yevenes 则认为 Cl⁻ 的加入对矿物浸出的动力学更有利。Lu 等人发现在有 Cl⁻ 存在的条件下,矿物表面生成的 S 是结晶态的,而在无 Cl⁻ 存在的情况下,生成的 S 是不定形的，可能 S 形态的这种变化导致矿物氧化发生了变化，虽然目前还不知道这两种变化之间的具体关系。为了对比加菌和不加菌条件下氯离子的作用，又测定了不加菌条件下黄铜矿的循环伏安曲线。

从图 6 – 14 可以看到，在无菌的体系中，加入氯离子，峰 ap1、ap2、ap3 和 cp2 的峰强度变大，并且也出现了新的还原峰 cp1，峰 cp4 大致相当，峰 cp3 向正方向移动了。这些现象表明，在无菌体系中加入氯离子，确实能够促进黄铜矿的氧化。

图 6 – 15 是混合菌与无菌体系的黄铜矿的循环伏安曲线的比较。为了便于比对，选取了添加 10 g/L 氯的两个体系进行比较。其他相应体系的比较表现出相似的结果。

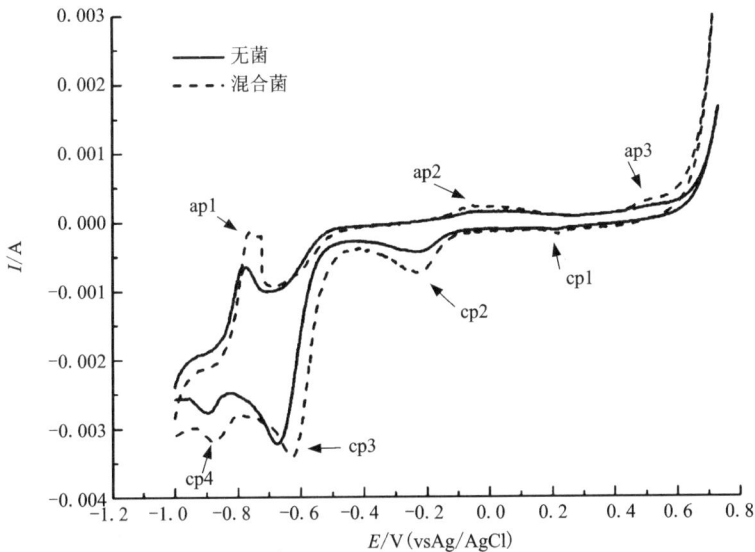

图 6 – 15　加入 10 g/L Cl⁻ 的无菌和混合菌体系的黄铜矿电极循环伏安曲线(20 mV/s，pH =2.0)

从图 6 – 15 可以清楚地看到，加入了混合菌的体系，各峰都有所增强，表明加入氯离子的无菌和混合菌体系相比，后者对黄铜矿浸出的促进作用更加明显。

综合以上结果，可以得出结论：添加氯离子，有利于黄铜矿的氧化；高浓度的氯离子的加入对黄铜矿的浸出相对于低浓度氯离子并无明显促进作用；各种条件下，对黄铜矿氧化的促进作用按明显程度来排序应当是：混合菌 + 氯离子 > 氯离子 > 混合菌 > 无菌。

6.2 斑铜矿的电化学行为

6.2.1 pH 对斑铜矿电化学行为的影响

图 6 – 16 是 pH = 4.0 及 pH = 3.0 时斑铜矿的循环伏安曲线，由图可以看到，当 pH = 4.0 及 pH = 3.0 时，电流很小，峰比较微弱，表明在此条件下，斑铜矿表面的反应非常弱，虽然有微弱的氧化，但是此时斑铜矿基本上是惰性的。

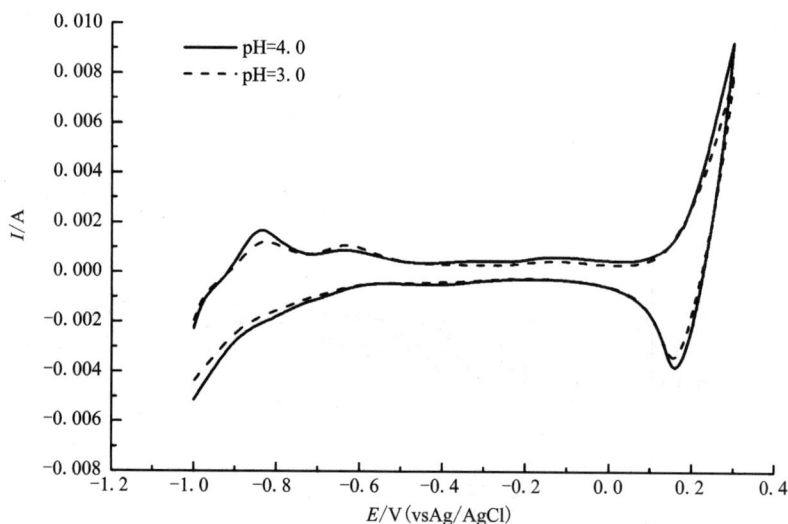

图 6 – 16 不同 pH 下斑铜矿电极的循环伏安曲线(pH = 3.0, 4.0, 扫描速度 20 mV/s, 35℃)

图 6 – 17 是 pH = 2.0 时斑铜矿的循环伏安曲线，它表现出了与 pH = 4.0 和 pH = 3.0 时不同的特点。图中各氧化峰和还原峰的峰电位和峰电流如表 6 – 17 和表 6 – 18 所示。

表 6 – 17   pH = 2.0 时斑铜矿电极的氧化峰电位及峰电流

体系	峰	氧化峰			
		ap1	ap2	ap3	ap4
pH = 2.0	峰电位/V	– 0.883	– 0.618	– 0.506	– 0.0975
	峰电流/A	– 0.000414	0.00325	0.00210	0.000661

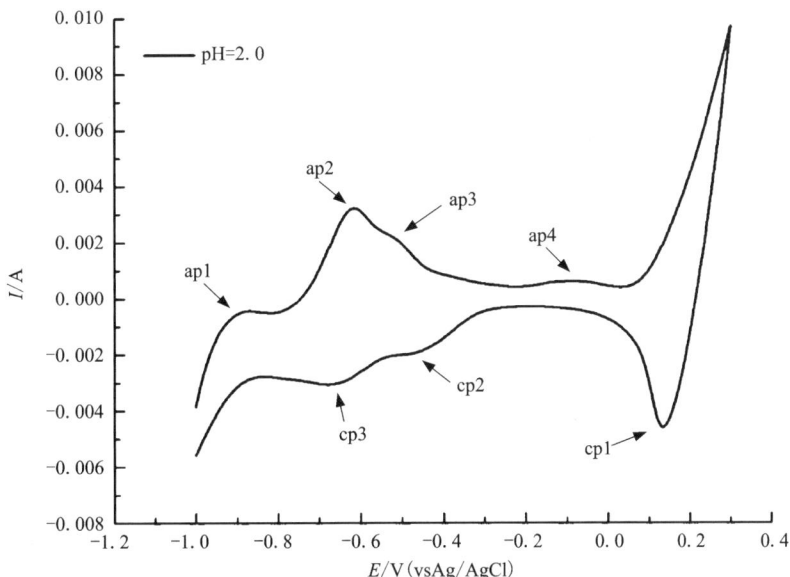

图 6 - 17　pH = 2.0 时斑铜矿的循环伏安曲线(20 mV/s, 35℃)

表 6 - 18　pH = 2.0 时斑铜矿电极的还原峰电位及峰电流

体系	峰	还原峰		
		cp1	cp2	cp3
pH = 2.0	峰电位/V	0.131	- 0.427	- 0.659
	峰电流/A	- 0.00457	- 0.00173	- 0.00305

从图 6 - 17 和表 6 - 17、表 6 - 18 可以看到, 当 pH = 2.0 时, 斑铜矿的循环伏安曲线表现出了与 pH = 4.0 和 pH = 3.0 时不一样的特点, 电流有所增大, 峰变得明显, 有 4 个氧化峰 ap1、ap2、ap3 和 ap4, 3 个还原峰 cp1、cp2 和 cp3。表明在低的 pH 条件下, 斑铜矿的氧化增强了。

斑铜矿的分子式为 Cu_5FeS_4, 也可认为是 $CuFeS_2 \cdot 2Cu_2S$, 它可以看作是由 1 个黄铜矿分子和 2 个辉铜矿分子组成。因此分析斑铜矿的氧化过程时, 可以看成是黄铜矿和斑铜矿的分别氧化。这里采用此种分析方法讨论。

图 6 - 17 中氧化峰 ap2 和 ap3 可能包含了黄铜矿向斑铜矿的转变:

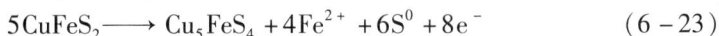

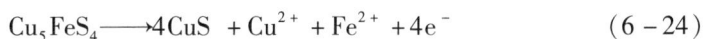

$$5CuFeS_2 \longrightarrow Cu_5FeS_4 + 4Fe^{2+} + 6S^0 + 8e^- \qquad (6 - 23)$$

$$Cu_5FeS_4 \longrightarrow 4CuS + Cu^{2+} + Fe^{2+} + 4e^- \qquad (6 - 24)$$

Elsa M. Arce 等人认为在 $0.273 < E < 0.373V(VSAg/AgCl)$ 电位范围内，可能发生了以下反应：

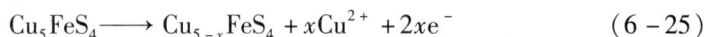

$$Cu_5FeS_4 \longrightarrow Cu_{5-x}FeS_4 + xCu^{2+} + 2xe^- \qquad (6-25)$$

在 $E > 0.373$ 时可能发生反应：

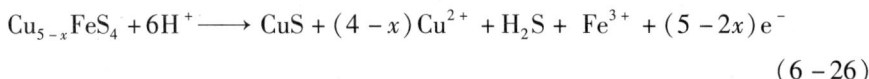

$$Cu_{5-x}FeS_4 + 6H^+ \longrightarrow CuS + (4-x)Cu^{2+} + H_2S + Fe^{3+} + (5-2x)e^-$$
$$(6-26)$$

而 D. C. Price 则认为发生的是如下反应：

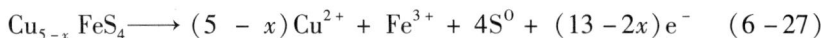

$$Cu_{5-x}FeS_4 \longrightarrow (5-x)Cu^{2+} + Fe^{3+} + 4S^0 + (13-2x)e^- \qquad (6-27)$$

在本实验中，由于溶液的 H^+ 浓度较高（pH = 2.0），因而反应式（6-26）更有可能发生。

这 2 个反应都发生在斑铜矿的快速溶解区域。

按照 D. C. Price 的观点，辉铜矿的氧化是按照以下反应进行的：

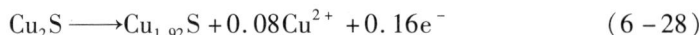

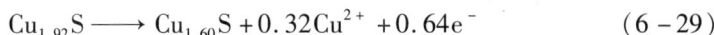

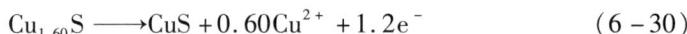

$$Cu_2S \longrightarrow Cu_{1.92}S + 0.08Cu^{2+} + 0.16e^- \qquad (6-28)$$

$$Cu_{1.92}S \longrightarrow Cu_{1.60}S + 0.32Cu^{2+} + 0.64e^- \qquad (6-29)$$

$$Cu_{1.60}S \longrightarrow CuS + 0.60Cu^{2+} + 1.2e^- \qquad (6-30)$$

CuS 正是斑铜矿氧化过程中产生的中间相，这与 D. Bevilaqua 等的观点一致。

3 个还原峰 cp1、cp2、cp3 代表氧化过程生成产物的还原；还原峰 cp1 和 cp2 可能分别代表三价铁离子和铜离子的还原：

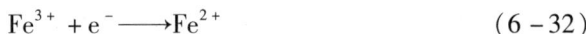

$$Cu^{2+} + 2e^- \longrightarrow Cu \qquad (6-31)$$

$$Fe^{3+} + e^- \longrightarrow Fe^{2+} \qquad (6-32)$$

还原峰 cp3 可能是由 S 和 CuS 的还原所致：

$$S + 2H^+ + 2e^- \longrightarrow H_2S \qquad (6-33)$$

$$2CuS + 2H^+ + 2e^- \longrightarrow Cu_2S + H_2S \qquad (6-34)$$

扫描过程中，确实有臭鸡蛋气味的气体产生，这种气体很可能就是 H_2S。

6.2.2 浸矿微生物对斑铜矿电化学行为的影响

1. 添加单一菌浸矿菌对斑铜矿电化学行为的影响

图 6-18 是添加单一菌条件下斑铜矿的循环伏安曲线。各氧化峰和还原峰的峰电位和峰电流如表 6-19 和表 6-20 所示。从图 6-18 和表 6-19、表 6-20 可以看出：

（1）除 A. c 之外，其他各组的氧化峰 ap1、ap2 和 ap3 相对于无菌组都有所增强；添加 L. f 组的峰 ap5 最强，然而变化幅度并不大，其他各组相当。

（2）还原峰 cp1 以 A. c 和 S. t 组最强，峰 cp2 以 S. t 和 L. f 组最强，并且 L. f 组的峰向正方向移动了。峰 cp3 以 A. c 组最强。

（3）在添加 *L.f* 的一组中，还出现了一个新的氧化峰 ap1，其他组未见有该峰出现。

（4）各添加菌体系的氧化峰和还原峰都较无菌组有所增强。

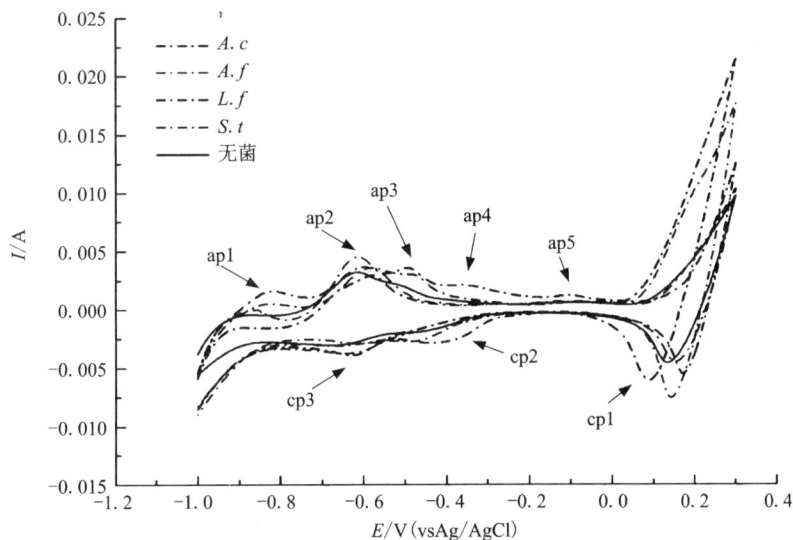

图 6 - 18　添加单一浸矿菌时斑铜矿电极的循环伏安曲线（pH = 2.0, 20 mV/s）

表 6 - 19　添加单一浸矿菌时斑铜矿电极的氧化峰电位及峰电流

体系	峰	氧化峰				
		ap1	ap2	ap3	ap4	ap5
无菌	峰电位/V	− 0.883	− 0.618	− 0.506	−	− 0.0975
	峰电流/A	− 0.000414	0.00325	0.00210	−	0.000661
A.c	峰电位/V	− 0.912	− 0.651	− 0.576	−	− 0.0982
	峰电流/A	− 0.00159	0.00193	0.00296	−	0.000649
A.f	峰电位/V	− 0.825	− 0.582	− 0.480	−	− 0.0982
	峰电流/A	0.000570	0.00360	0.00303	−	0.000668
L.f	峰电位/V	− 0.822	− 0.608	− 0.495	− 0.359	− 0.106
	峰电流/A	0.00161	0.00362	0.00356	0.00217	0.00129
S.t	峰电位/V	− 0.866	− 0.614	− 0.544	−	− 0.0922
	峰电流/A	0.000182	0.00455	0.00283	−	0.000675

表 6-20　添加单一浸矿菌时斑铜矿电极的还原峰电位及峰电流

体系	峰	还原峰		
		cp1	cp2	cp3
无菌	峰电位/V	0.131	-0.427	-0.659
	峰电流/A	-0.00457	-0.00173	-0.00305
A.c	峰电位/V	0.0875	-0.442	-0.619
	峰电流/A	-0.00605	-0.00149	-0.00390
A.f	峰电位/V	0.151	-0.416	-0.634
	峰电流/A	-0.00448	-0.00159	-0.00376
L.f	峰电位/V	0.168	-0.399	-0.642
	峰电流/A	-0.00550	-0.00279	-0.00305
S.t	峰电位/V	0.139	-0.463	-0.614
	峰电流/A	-0.00750	-0.00281	-0.00289

以上现象说明:

(1)添加浸矿菌之后,斑铜矿的氧化得到了一定程度的加强。

(2)综合来看,添加 L.f 的体系,其氧化峰都是最强的,还原峰也有增强,并且出现了一个新的氧化峰 ap4,说明对斑铜矿氧化的加强效果以 L.f 最佳。

(3)峰 ap5 处的电流比较小,相对于其他峰,它的变化并不大,且在 -0.3 ~ 0.1 V 的范围内,电流比较平缓,说明该处斑铜矿表面发生了钝化,反应较难进行。浸矿菌的加入有利于钝化层的去除,然而从短期来看,效果似乎不是很明显。

2. 两菌混合对斑铜矿电化学行为的影响

图 6-19 是添加两种浸矿菌条件下斑铜矿电极的循环伏安曲线,得到各氧化峰和还原剂峰的峰电位和峰电流如表 6-21 和表 6-22 所示。

从图 6-19 和表 6-21 和表 6-22 可以看到,添加两种浸矿菌的各组合,形状相似,峰的大小和位置相差并不大,说明各种组合对斑铜矿的电化学行为影响差别并不大。值得注意的是,相对于只加一种浸矿菌的条件,添加两种浸矿菌的各组都出现了氧化峰 ap4。

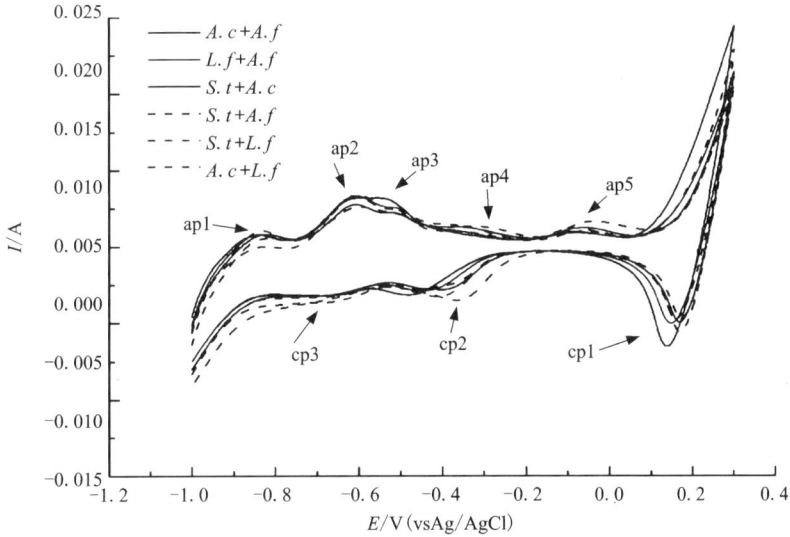

图 6 - 19　添加两种浸矿菌时斑铜矿电极的循环伏安曲线(pH = 2.0，20 mV/s)

表 6 - 21　添加两种浸矿菌时斑铜矿电极的氧化峰电位及峰电流

体系	峰	氧化峰				
		ap1	ap2	ap3	ap4	ap5
A. c + A. f	峰电位/V	− 0.848	− 0.614	− 0.518	− 0.370	− 0.0837
	峰电流/A	0.000708	0.00316	0.00297	0.000901	0.000962
L. f + A. f	峰电位/V	− 0.848	− 0.611	− 0.506	− 0.350	− 0.0837
	峰电流/A	0.000766	0.00328	0.00248	0.000941	0.000941
S. t + A. c	峰电位/V	− 0.825	− 0.611	− 0.509	− 0.341	− 0.0719
	峰电流/A	0.000822	0.00277	0.00225	0.00122	0.00128
S. t + A. f	峰电位/V	− 0.845	− 0.614	− 0.509	− 0.344	− 0.0602
	峰电流/A	0.0000379	0.00331	0.00236	0.000979	0.000979
S. t + L. f	峰电位/V	− 0.825	− 0.605	− 0.489	− 0.341，	− 0.0371
	峰电流/A	0.000601	0.00261	0.00199	0.00135	0.00167
A. c + L. f	峰电位/V	− 0.837	− 0.602	− 0.504	− 0.359	− 0.0865
	峰电流/A	0.00102	0.00329	0.00236	0.00138	0.00118

表 6 - 22   添加两种浸矿菌时时斑铜矿电极的还原峰电位及峰电流

体系	峰	还原峰		
		cp1	cp2	cp3
A. c + A. f	峰电位/V	0. 136	− 0. 469	− 0. 666
	峰电流/A	− 0. 00653	− 0. 00319	− 0. 00312
L. f + A. f	峰电位/V	0. 142	− 0. 428	− 0. 669
	峰电流/A	− 0. 00507	− 0. 00289	− 0. 00318
S. t + A. c	峰电位/V	0. 165	− 0. 382	− 0. 651
	峰电流/A	− 0. 00496	− 0. 00284	− 0. 00312
S. t + A. f	峰电位/V	0. 168	− 0. 393	− 0. 654
	峰电流/A	− 0. 00562	− 0. 00254	− 0. 00361
S. t + L. f	峰电位/V	0. 171	− 0. 356	− 0. 663
	峰电流/A	− 0. 00462	− 0. 00349	− 0. 00336
A. c + L. f	峰电位/V	0. 160	− 0. 399	− 0. 654
	峰电流/A	− 0. 00479	− 0. 00324	− 0. 00324

为了比较两菌混合与单一菌种对斑铜矿电化学行为的影响，又作了下面的对比。图 6 - 20 选取了 A. f、L. f 的混合组与相应的单一菌的斑铜矿循环伏安曲线进行比较。可以看到，A. f、L. f 的混合条件下与 L. f 存在的条件下斑铜矿的循环伏安曲线很接近，混合菌组的峰要略强一点，而这二者又要比只加 A. f 的一组要强。表明二菌混合的效果比单一菌的效果要稍好。

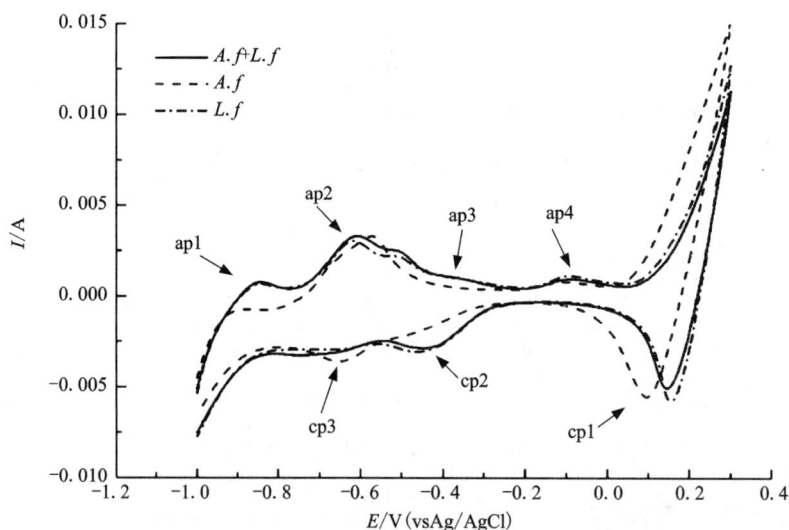

图 6 - 20   单一菌和两菌混合条件下斑铜矿电极的循环伏安曲线比较(pH =2. 0, 20 mV/s)

3.3 菌及 4 菌混合对斑铜矿电化学行为的影响

图 6-21 是添加 3 种浸矿菌和 4 种浸矿菌条件下斑铜矿的循环伏安曲线。各氧化峰和还原峰的峰电位和峰电流如表 6-23 和表 6-24 所示。

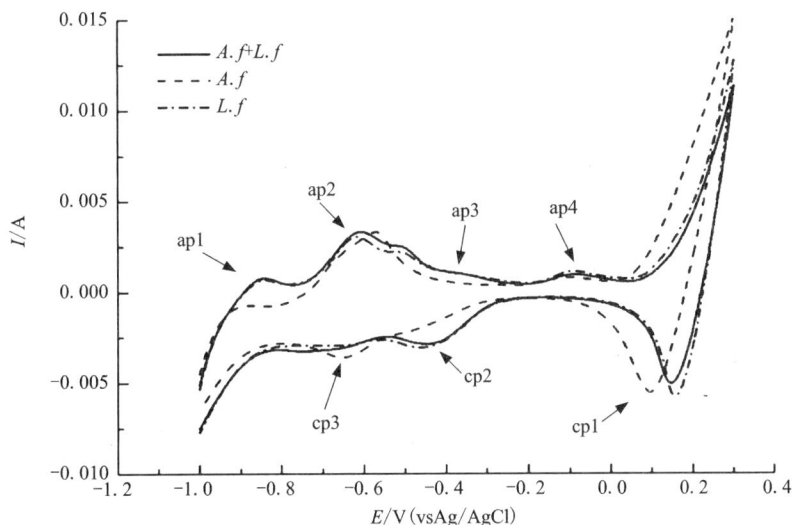

图 6-21　3 菌和 4 菌混合条件下斑铜矿电极的循环伏安曲线（pH = 2.0, 20 mV/s）

表 6-23　添加 3 种及 4 种浸矿菌时斑铜矿电极的氧化峰电位及峰电流

体系	峰	氧化峰				
		ap1	ap2	ap3	ap4	ap5
$A.f + L.f + A.c$	峰电位/V	−0.863	−0.663	−0.561	−0.332	−0.0894
	峰电流/A	0.000206	0.00209	0.00347	0.000646	0.000708
$A.c + A.f + S.t$	峰电位/V	−0.866	−0.660	−0.556	−0.329	−0.0982
	峰电流/A	0.000391	0.00228	0.00367	0.000584	0.000708
$A.c + L.f + S.t$	峰电位/V	−0.8401	−0.660	−0.556	−0.338	−0.0837
	峰电流/A	−0.0000115	0.00191	0.00291	0.000613	0.000849
$A.f + L.f + S.t$	峰电位/V	−0.854	−0.663	−0.556	−0.335	−0.0950
	峰电流/A	0.000206	0.00165	0.00316	0.000646	0.000962
$A.c + A.f +$ $L.f + S.t$	峰电位/V	−0.872	−0.660	−0.556	−0.338	−0.0894
	峰电流/A	0.000106	0.00257	0.00409	0.000654	0.000721

表 6 - 24 添加 3 种及 4 种浸矿菌时斑铜矿电极的还原峰电位及峰电流

体系	峰	还原峰		
		cp1	cp2	cp3
A. f + L. f + A. c	峰电位/V	0.0988	- 0.454	- 0.640
	峰电流/A	- 0.00634	- 0.00200	- 0.00363
A. c + A. f + S. t	峰电位/V	0.101	- 0.477	- 0.651
	峰电流/A	- 0.00685	- 0.00218	- 0.00370
A. c + L. f + S. t	峰电位/V	0.107	- 0.440	- 0.657
	峰电流/A	- 0.00482	- 0.00174	- 0.00343
A. f + L. f + S. t	峰电位/V	0.116	- 0.422	- 0.672
	峰电流/A	- 0.00546	- 0.00174	- 0.00350
A. c + A. f + L. f + S. t	峰电位/V	0.0960	- 0.466	- 0.654
	峰电流/A	- 0.00676	- 0.00202	- 0.00415

从图 6 - 21 和表 6 - 23、表 6 - 24 可以看到，3 菌和 4 菌混合的循环伏安曲线相似，各氧化峰的位置和还原峰的位置及强度相当。这说明 3 菌和 4 菌混合对斑铜矿的电化学行为影响相当，这与黄铜矿电极的电化学行为情况类似。

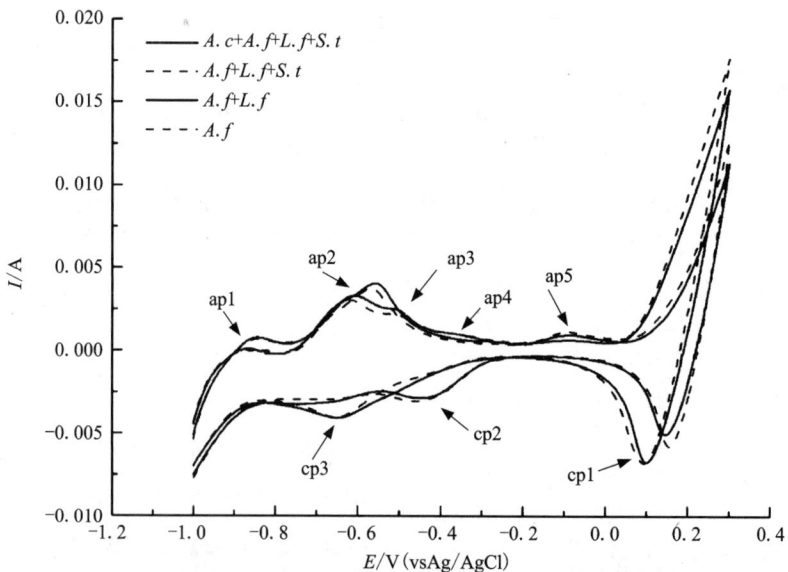

图 6 - 22 不同加菌条件下斑铜矿电极的循环伏安曲线（pH = 2.0, 20 mV/s）

图 6 - 22 是不同加菌条件下斑铜矿电极的循环伏安曲线对比，由于实验中的组合比较多，本书选取了其中的一个组合进行比较。从图中可以看到，三菌混合的体系与四菌混合体系的曲线较为接近，而单一菌体系和两菌体系的曲线较为接近，总的来说，三菌与四菌混合体系的峰比单一菌和两菌体系的强，而前已述两菌体系的比单一菌的又要稍强。

综合以上的结果，可以得到以下结论：在一定范围内，降低 pH，有利于斑铜矿的氧化；加入浸矿菌，斑铜矿的氧化得到加强；加入两种浸矿菌，对斑铜矿氧化的加强效果比只加一种菌稍好；而加入三种菌和四种菌对斑铜矿的氧化效果相当，但比前两者要强。

6.2.3　亚铁离子和铜离子对斑铜矿电化学行为的影响

图 6 - 23 是添加不同浓度亚铁条件下斑铜矿电极的循环伏安曲线，得到氧化峰和还原峰的峰电位和峰电流如表 6 - 25 和表 6 - 26 所示。

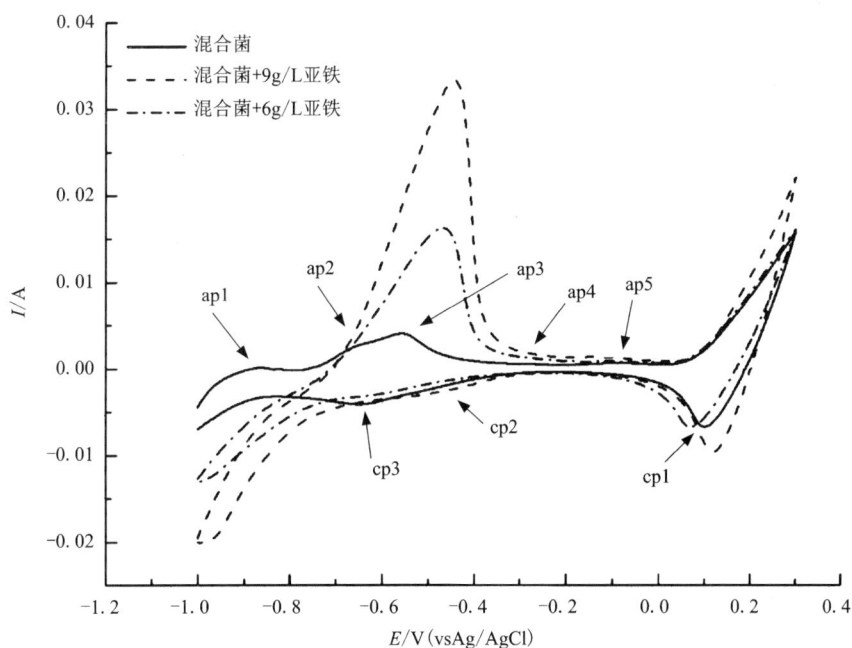

图 6 - 23　添加不同浓度亚铁条件下斑铜矿电极的循环伏安曲线（pH = 2.0，20 mV/s）

表 6-25　添加不同浓度亚铁时斑铜矿电极的氧化峰电位及峰电流

体系	峰	氧化峰				
		ap1	ap2	ap3	ap4	ap5
混合菌	峰电位/V	-0.872	-0.660	-0.556	-0.338	-0.0894
	峰电流/A	0.000106	0.00257	0.00409	0.000654	0.000721
混合菌 + 9 g/L 亚铁	峰电位/V	-0.863	-0.446	—	—	—
	峰电流/A	-0.00609	0.0333	—	—	—
混合菌 + 6 g/L 亚铁	峰电位/V	-0.866	-0.469	—	—	—
	峰电流/A	-0.00486	0.0161	—	—	—

由图 6-24 和表 6-25、表 6-26 可以看到，加入亚铁离子之后，斑铜矿的电化学行为发生了明显的变化：

(1)电流明显增大，氧化峰 ap1 减弱，峰电流由正变为负。

(2)氧化峰 ap2、ap3 和 ap4 合为一个新的氧化峰 ap2，且该峰的峰电流很大；氧化峰 ap5 消失了。

(3)还原峰 cp1 变化相对较小，只是峰电流和位置稍有变化。

(4)还原峰 cp2 消失，cp3 位置向正方向有所移动。

表 6-26　添加不同浓度亚铁时斑铜矿电极的还原峰电位及峰电流

体系	峰	还原峰		
		cp1	cp2	cp3
混合菌	峰电位/V	0.0960	-0.466	-0.654
	峰电流/A	-0.00676	-0.00202	-0.00415
混合菌 +9 g/L 亚铁	峰电位/V	0.116	—	-0.497
	峰电流/A	-0.00965	—	-0.00280
混合菌 +6 g/L 亚铁	峰电位/V	0.0669	—	-0.625
	峰电流/A	-0.00667	—	-0.00298

对于以上现象，我们认为：

(1)新出现的氧化峰 ap2 可能与亚铁的氧化有关，亚铁离子大大促进了该反应的进行，因而该处出现了一个很强的氧化峰。

(2)如前所述，还原峰 cp2 代表铁离子向亚铁离子的还原，因而亚铁作为产物抑制了该反应的进行，而使该峰消失。

（3）总体来看，亚铁离子的加入，促进了斑铜矿的氧化。

图 6 - 24 为添加亚铁和不同浓度铜条件下斑铜矿电极的循环伏安曲线，各氧化峰和还原峰的峰电位和峰电流如表 6 - 27 和表 6 - 28 所示。从图 6 - 24 和表 6 - 27 和表 6 - 28 可以看到，加入铜离子之后，氧化峰 ap1 明显减弱，还原峰 cp1 变化不大，在添加 9 g/L 亚铁 + 9 g/L 铜的条件下，出现了一个新的还原峰 cp2（该峰不同于之前的还原峰 cp2），还原峰 cp3 强度变化不大。

从以上现象我们认为：

（1）氧化峰 ap2 是由 3 个峰合并而来，它不仅包含了亚铁氧化成三价铁的反应，而且很可能包含了黄铜矿向斑铜矿转变的反应式（6 - 23）和式（6 - 24）；铜离子作为产物之一，它的加入抑制了该反应的进行。

（2）还原峰 cp2 是新出现的峰，它与铜离子的还原有关：

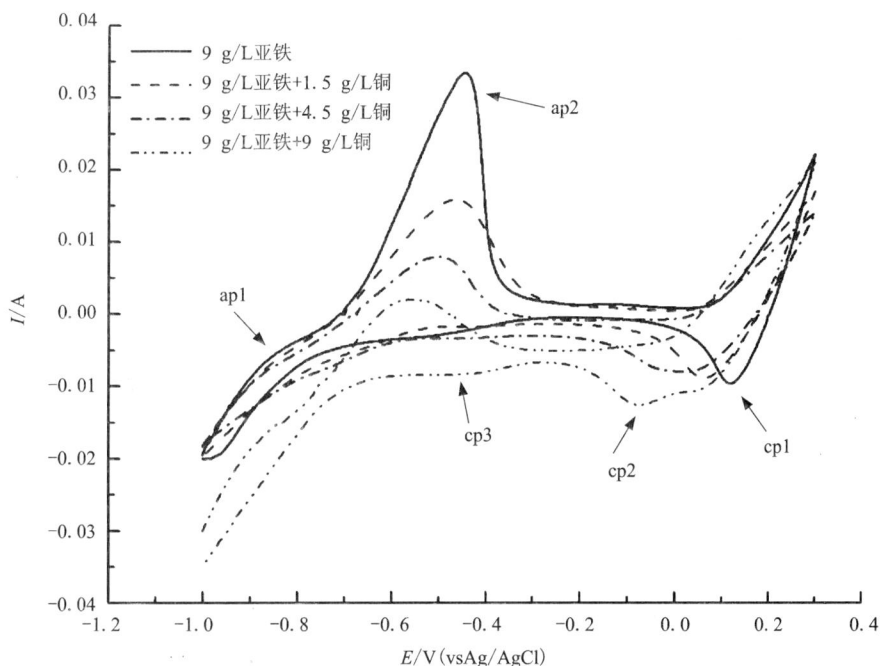

$$Cu^{2+} + 2e^- \longrightarrow Cu \tag{6-35}$$

图 6 - 24　添加亚铁和不同浓度铜条件下斑铜矿电极的循环伏安曲线（pH = 2.0, 20 mV/s）

表 6 – 27　添加亚铁和不同浓度铜时斑铜矿电极的氧化峰电位及峰电流

体系	峰	氧化峰	
		ap1	ap2
9 g/L 亚铁	峰电位/V	– 0.863	– 0.446
	峰电流/A	– 0.00609	0.0333
9 g/L 亚铁 +1.5 g/L 铜	峰电位/V	– 0.869	– 0.466
	峰电流/A	– 0.00747	0.0157
9 g/L 亚铁 +4.5 g/L 铜	峰电位/V	– 0.880	– 0.506
	峰电流/A	– 0.00857	0.00792
9 g/L 亚铁 +9 g/L 铜	峰电位/V	– 0.877	– 0.561
	峰电流/A	– 0.0172	0.00201

表 6 – 28　添加亚铁和不同浓度铜时斑铜矿电极的还原峰电位及峰电流

体系	峰	还原峰		
		cp1	cp2	cp3
9 g/L 亚铁	峰电位/V	0.116	–	– 0.497
	峰电流/A	– 0.00965	–	– 0.00280
9 g/L 亚铁 +1.5 g/L 铜	峰电位/V	0.0640	–	– 0.480
	峰电流/A	– 0.00891	–	– 0.00170
9 g/L 亚铁 +4.5 g/L 铜	峰电位/V	0.0235	–	– 0.472
	峰电流/A	– 0.00793	–	– 0.00344
9 g/L 亚铁 +9 g/L 铜	峰电位/V	0.0498	– 0.0776	– 0.469
	峰电流/A	– 0.0106	– 0.0129	– 0.00824

6.2.4　亚铁离子和铁离子对斑铜矿电化学行为的影响

　　图 6 – 25 是添加亚铁和不同浓度铁条件下斑铜矿电极的循环伏安曲线。得到各氧化峰和还原峰的峰电位和峰电流见表 6 – 29 和表 6 – 30。

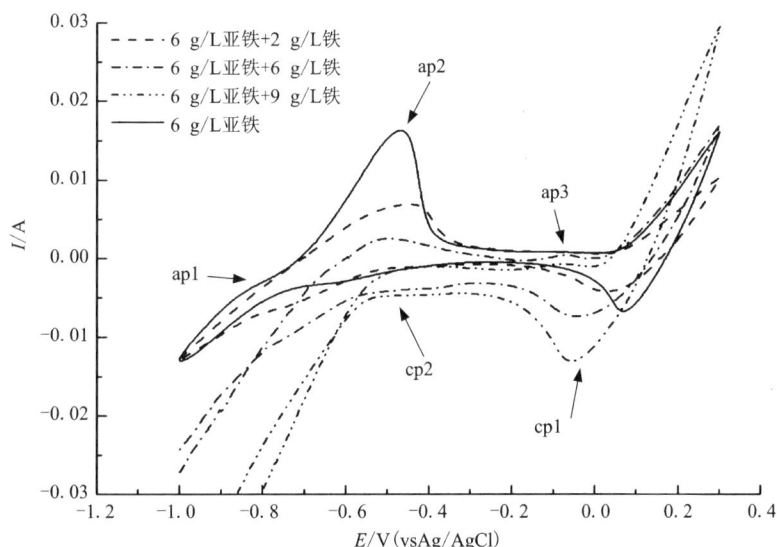

图 6 - 25　添加亚铁和不同浓度铁条件下斑铜矿电极的循环伏安曲线（pH = 2.0, 20 mV/s）

表 6 - 29 添加亚铁和不同浓度铁时斑铜矿电极的氧化峰电位及峰电流

体系	峰	氧化峰		
		ap1	ap2	ap3
6 g/L 亚铁	峰电位/V	- 0.866	- 0.469	-
	峰电流/A	- 0.00486	0.0161	-
6 g/L 亚铁	峰电位/V	-	- 0.448	-
+2 g/L 铁	峰电流/A		0.00685	-
6 g/L 亚铁	峰电位/V	-	- 0.515	- 0.0748
+6 g/L 铁	峰电流/A	-	0.00252	0.000457
3 g/L 亚铁	峰电位/V	-	- 0.495	- 0.0837
+9 g/L 铁	峰电流/A	-	- 0.00144	- 0.000701

从图 6 - 25 和表 6 - 29、表 6 - 30 可以看到：

（1）随着铁离子浓度的升高，电流范围明显增大，氧化峰 ap1 逐渐消失。

（2）氧化峰 ap2 逐渐减弱，但是随着浓度升高，出现了新的氧化峰 ap3。

（3）总的来看，还原峰 cp1 随铁离子浓度的升高而增强（添加 2 g/L 铁的体系除外）。

对以上现象，我们认为：

（1）氧化峰 ap1 与亚铁的氧化有关，铁离子浓度增大，抑制了亚铁的氧化，因而该峰随铁离子浓度的增大而减弱。

（2）随着铁离子浓度的升高，电流范围明显增大，并且逐渐出现了新的氧化峰 ap3，表明铁离子的加入促进了斑铜矿的氧化，并且减轻了斑铜矿的表面钝化，因而在原来的钝化区出现了一个新的峰 ap3。

（3）总体来看，与只加亚铁的体系相比，铁离子的加入促进了某些反应的进行，同时又抑制了某些反应的进行，二者相比，并不能确定哪种体系更有利于斑铜矿的氧化，但可以确定的是，与只加混合菌的体系相比，铁离子的加入明显促进了斑铜矿的氧化分解。

表 6-30　添加亚铁和不同浓度铁时斑铜矿电极的还原峰电位及峰电流

体系	峰	还原峰	
		cp1	cp2
6 g/L 亚铁	峰电位/V	0.0669,	−0.625
	峰电流/A	−0.00667	−0.00298
6 g/L 亚铁 +2 g/L 铁	峰电位/V	0.0324	−0.695
	峰电流/A	−0.00416	−0.00511
6 g/L 亚铁 +6 g/L 铁	峰电位/V	−0.0432	−0.677
	峰电流/A	−0.00750	−0.00806
3 g/L 亚铁 +9 g/L 铁	峰电位/V	−0.0545	−
	峰电流/A	−0.0130	−

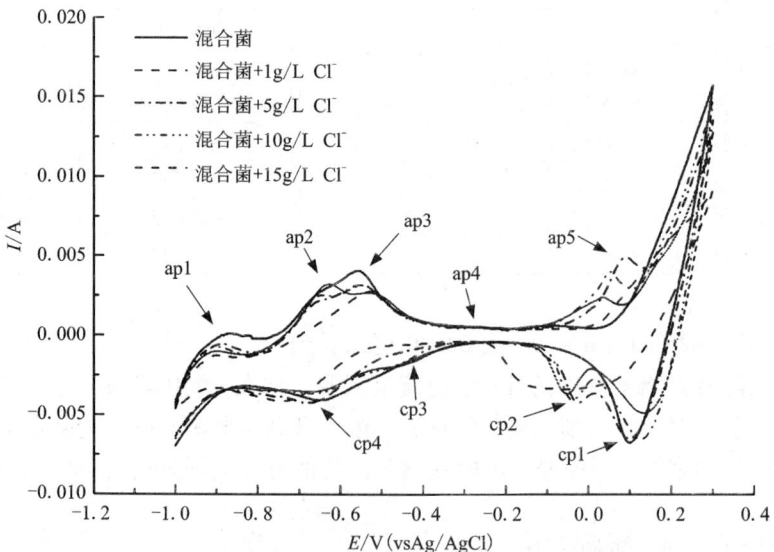

图 6-26　添加不同浓度氯离子条件下斑铜矿电极的循环伏安曲线（pH=2.0, 20 mV/s）

6.2.5　氯离子对斑铜矿电化学行为的影响

图 6-26 是添加不同浓度氯离子条件下斑铜矿的循环伏安曲线,得到的各氧化峰和还原峰的峰电位和峰电流见表 6-31 和表 6-32。

表 6-31　添加混合菌和不同浓度氯离子时斑铜矿电极的氧化峰电位及峰电流

体系	氧化峰	ap1	ap2	ap3	ap4	ap5
混合菌	峰电位/V	-0.872	-0.660	-0.556	-0.338	-0.0894
	峰电流/A	0.000106	0.00257	0.00409	0.000654	0.000721
混合菌 +1 g/L Cl⁻	峰电位/V	-0.900	-0.529	-0.277	-	-
	峰电流/A	-0.00124	0.00276	0.000619	-	-
混合菌 +5 g/L Cl⁻	峰电位/V	-0.889	-0.669	-0.550	-0.272	0.0875
	峰电流/A	-0.000550	0.00209	0.00323	0.000646	0.00499
混合菌 +10 g/L Cl⁻	峰电位/V	-0.904	-0.648	-0.553	-0.272	0.0527
	峰电流/A	-0.000673	0.00253	0.00316	0.000584	0.00405
混合菌 +15 g/L Cl⁻	峰电位/V	-0.904	-0.625	-0.524	-0.283	0.0352
	峰电流/A	-0.000953	0.00322	0.00271	0.000597	0.00242

表 6-32　添加混合菌和不同浓度氯离子时斑铜矿电极的还原峰电位及峰电流

体系	峰	还原峰			
		cp1	cp2	cp3	cp4
混合菌	峰电位/V	0.0960	-	-0.466	-0.654
	峰电流/A	-0.00676	-	-0.00202	-0.00415
混合菌 +1 g/L Cl⁻	峰电位/V	-0.0634	-	-0.419	-0.735
	峰电流/A	-0.00338	-	-0.000549	-0.00416
混合菌 +5 g/L Cl⁻	峰电位/V	0.0988	-0.0286	-0.416	-0.654
	峰电流/A	-0.00647	-0.00420	-0.000928	-0.00420
混合菌 +10 g/L Cl⁻	峰电位/V	0.121	-0.0400	-0.469	-0.654
	峰电流/A	-0.00641	-0.00401	-0.00200	-0.00363
混合菌 +15 g/L Cl⁻	峰电位/V	0.130	-0.0517	-0.442	-0.642
	峰电流/A	-0.00484	-0.00364	-0.00186	-0.00347

从图 6 - 27 和表 6 - 31、表 6 - 32 可以看到：

（1）在混合菌体系中加入 1 g/L 氯离子后，各氧化峰和还原峰反而减弱了，氧化峰 ap4、ap5 甚至消失了。

（2）继续增大氯离子浓度到 5 g/L，氧化峰 ap1、ap2、ap3 没有增强，但是出现了新的氧化峰 ap4 和 ap5，这两个峰分别出现在斑铜矿的钝化区和快速溶解区；各还原峰变化不大，出现了新的还原峰 cp2。

（3）增大氯离子浓度到 10 g/L 和 15 g/L，各峰（尤其是新出现的氧化峰和还原峰）不但没有增强，反而较添加 5 g/L 氯离子时有所减弱。

通过以上现象，我们认为：

（1）低浓度的氯离子对斑铜矿的氧化没有促进作用；

（2）氯离子达到一定浓度后，开始促进斑铜矿的氧化，继续增大氯离子浓度，反而不利于斑铜矿的氧化，表明在有菌的条件下，过高浓度的氯离子不能促进斑铜矿的氧化。

（3）新的氧化峰和还原峰的出现，可能是因为氯离子增大了斑铜矿氧化过程中间产物的溶解度，从而减轻了斑铜矿表面的钝化，促进了斑铜矿的氧化；也有人认为氯离子有可能参与了斑铜矿的表面反应。

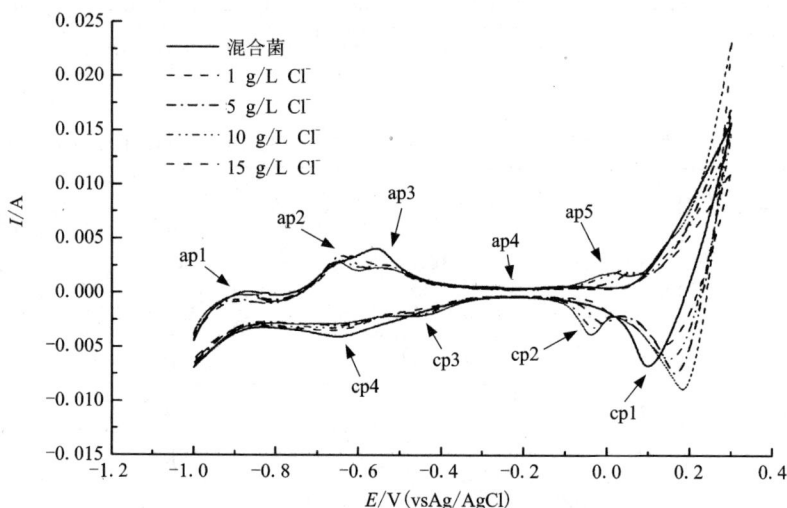

图 6 - 27　无菌条件下添加不同浓度氯离子时斑铜矿
电极的循环伏安曲线（pH = 2.0，20 mV/s）

图 6 - 27 是无菌条件下添加不同浓度氯离子时斑铜矿电极的循环伏安曲线，得到各氧化峰和还原峰的峰电位和峰电流见表 6 - 33 和表 6 - 34。

表 6－33　无菌条件下添加不同浓度氯离子时斑铜矿电极的氧化峰电位及峰电流

体系	峰	氧化峰				
		ap1	ap2	ap3	ap4	ap5
混合菌	峰电位/V	－0.872	－0.660	－0.556	－0.338	－0.0894
	峰电流/A	0.000106	0.00257	0.00409	0.000654	0.000721
1 g/L Cl⁻	峰电位/V	－0.895	－0.619	－0.518	－0.141	0.0875
	峰电流/A	－0.000783	0.00335	0.00253	0.000566	0.00152
5 g/L Cl⁻	峰电位/V	－0.872	－0.642	－0.532	－0.274	0.0555
	峰电流/A	－0.000103	0.00346	0.00230	0.000376	0.00202
10 g/L Cl⁻	峰电位/V	－0.895	－0.645	－0.535	－0.260	0.0381
	峰电流/A	－0.000612	0.00291	0.00253	0.000461	0.00215
15 g/L Cl⁻	峰电位/V	－0.869	－0.654	－0.538	－0.2634	0.0150
	峰电流/A	－0.000124	0.00289	0.00234	0.000604	0.00206

表 6－34　无菌条件下添加不同浓度氯离子时斑铜矿电极的还原峰电位及峰电流

体系	峰	还原峰			
		cp1	cp2	cp3	cp4
混合菌	峰电位/V	0.0960	－	－0.466	－0.654
	峰电流/A	－0.00676	－	－0.00202	－0.00415
1 g/L Cl⁻	峰电位/V	0.133	0.0150	－0.446	－0.651
	峰电流/A	－0.00482	－0.00203	－0.00140	－0.00352
5 g/L Cl⁻	峰电位/V	0.165	－0.00840	－0.451	－0.628
	峰电流/A	－0.00732	－0.00278	－0.00188	－0.00299
10 g/L Cl⁻	峰电位/V	0.145	－0.0343	－0.446	－0.640
	峰电流/A	－0.00603	－0.00319	－0.00200	－0.00326
15 g/L Cl⁻	峰电位/V	0.183	－0.0400	－0.451	－0.648
	峰电流/A	－0.00883	－0.00388	－0.00214	－0.00287

从图 6－27 和表 6－33、表 6－34 可以看到：

在未加菌的情况下，加入氯离子的体系中，斑铜矿的电化学行为与加菌的情况下斑铜矿的电化学行为有所不同，表现在：

（1）添加 1 g/L 氯离子后，虽然各峰相对于混合菌组有所减弱，但是出现了氧化峰 ap4 和 ap5，而这两个峰在加混合菌和 1 g/L 氯离子的情况下是没有的。

（2）增大氯离子的浓度，发现各氧化峰及还原峰 cp3、cp4 并未随氯离子浓度增大而增大（或增大的幅度很小），但是还原峰 cp1 和 cp2 随浓度不同而出现差别，总体来说，这两个峰随着氯离子浓度的增大而增强（尽管增强的幅度很小），这与混合菌条件下加入氯离子的情况又有所不同。

加入氯离子后，相对于混合菌体系，峰 ap3 和 cp4 有所减弱，但是 ap5、cp1 增强比较明显，并且出现了新的还原峰 cp2，其他峰变化都不大。

对于以上现象，我们认为：

（1）只添加氯离子的体系或比只加混合菌的体系，对斑铜矿都有促进作用，但作用不尽相同，总体来看，添加氯离子的体系作用要稍强。

（2）在加入氯离子的各体系中，有菌和无菌对斑铜矿的作用有一定差别，在无菌条件下，氯离子浓度升高，促进作用增强；而加菌的情况则相反。这表明，细菌在这其中起了某种作用，但是具体是什么作用现在还不清楚。

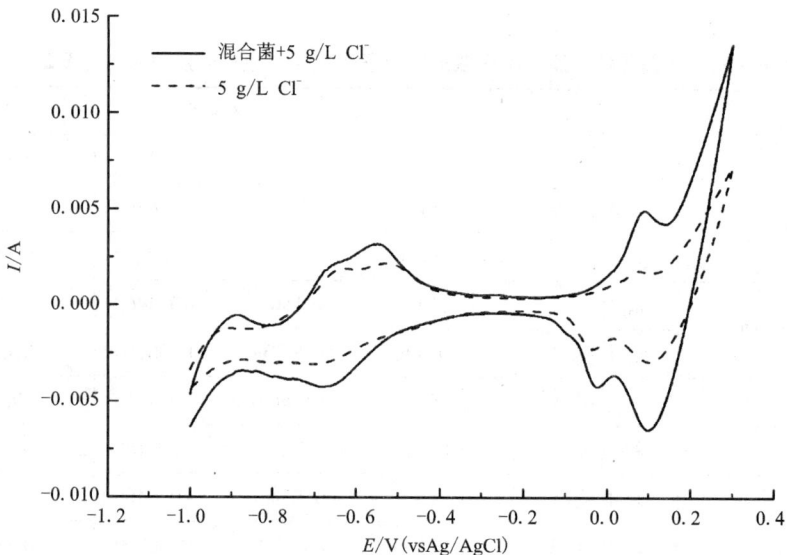

图 6-28　有菌和无菌条件下添加 5 g/L 氯离子条件下斑铜矿
电极的循环伏安曲线（pH = 2.0，20 mV/s）

为了对比有无浸矿菌条件下加入氯离子对斑铜矿的电化学行为影响，选取了添加 5 g/L 氯离子的两个体系（即有菌和无菌）进行对比，因该组对比比较典型：

从图 6-28 可以清楚地看到,加入混合菌的一组,电流比不加菌的一组要大,峰的强度比不加菌的一组明显要强,表明加入混合菌对斑铜矿氧化的促进作用比不加菌的要强。其他浓度的氯离子相应各组的对比同样呈现出相似的特点,只是对比没有这一组明显。

通过以上的对比,在酸性条件(pH = 2.0)下,可以大致得出对斑铜矿氧化促进作用按强弱顺序排列应当是:

混合菌 + 氯离子 > 氯离子 > 混合菌 > 无菌

这个顺序与根据黄铜矿得出的结论一致。当然,短期作用下氯离子作用可能强于混合菌,然而长期作用下,因为氯离子对微生物的生长有强烈的抑制作用,其结果会不一样。

6.3　本章小结

(1)黄铜矿和斑铜矿的氧化过程有许多中间反应,伴随多种中间产物的生成。不同的氧化还原电位下会发生不同的反应,同时生成不同的中间产物,一般说来,黄铜矿和斑铜矿的氧化过程是:

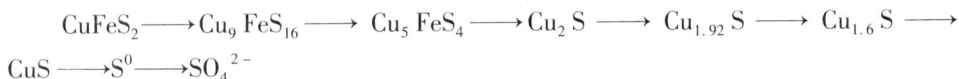

$CuFeS_2 \longrightarrow Cu_9FeS_{16} \longrightarrow Cu_5FeS_4 \longrightarrow Cu_2S \longrightarrow Cu_{1.92}S \longrightarrow Cu_{1.6}S \longrightarrow CuS \longrightarrow S^0 \longrightarrow SO_4^{2-}$

(2)H^+ 参与了矿物氧化过程的部分反应,在一定的范围内,体系 pH 的下降,有利于黄铜矿和斑铜矿的氧化分解。

(3)浸矿菌的加入有利于黄铜矿和斑铜矿的氧化分解,浸矿菌有可能通过自身分泌物、破坏矿物晶格、形成原电池方式等途径实现这一作用。

(4)不同的浸矿菌对黄铜矿和斑铜矿的作用效果不一样,不同浸矿菌的组合对矿物的作用也不一样,对矿物氧化的促进作用按效果来看,3 菌和 4 菌组合的作用相当,它们的作用比 2 菌的组合要强,而 2 菌的组合又要比只加入单一浸矿菌的效果要好。

(5)亚铁离子的加入,对黄铜矿和斑铜矿氧化的促进作用比较明显;然而升高亚铁离子的浓度,黄铜矿和斑铜矿表现出不同的特点:升高亚铁离子浓度,黄铜矿的氧化反而受到抑制,斑铜矿则相反;在加入亚铁离子的基础上再加入铜离子,促进了黄铜矿和斑铜矿的氧化分解。铜离子有一定的氧化性,它的加入提高了体系的电位,从而利于氧化反应的发生。不过,由于铜离子本身是矿物氧化过程的产物之一,所以高浓度的铜离子与低浓度的铜离子相比,并未表现出更明显的促进作用。

(6)在加入亚铁离子的基础上加入铁离子,同样促进了黄铜矿和斑铜矿的氧化。铁离子是矿物氧化过程的主要氧化剂,它的加入有利于氧化反应的进行。然而增大铁离子的浓度，并不能强化这种促进作用，相反，从某种程度上甚至削弱了该作用。可能的解释是铁离子增强了生成黄钾铁矾和黄钾铁矾铵的反应，而这两种物质在矿物表面形成了钝化层，或者过高浓度的铁离子抑制了浸矿菌生长代谢，从而削弱了浸矿菌的作用。

（7）氯离子的加入，可以加强黄铜矿和斑铜矿的氧化分解。氯离子的这种促进作用机制尚未明了，有可能是氯离子参与了矿物的表面反应，也有可能是氯离子提高了矿物氧化过程中间产物的溶解度，减轻了表面的钝化。高浓度的氯离子相对于低浓度的氯离子并未表现出更强的对矿物氧化的促进作用，相反，某些情况下这种促进作用甚至削弱了。在酸性条件（pH＝2.0）下，对黄铜矿和斑铜矿的氧化促进作用按强弱顺序排列是混合菌＋氯离子＞氯离子＞混合菌＞无菌。

第7章　原生硫化铜矿微生物高效浸出技术的推广应用

由前几章研究，已成功获得具有良好浸出效果的浸出微生物组合，开发出低品位原生复杂铜矿的高效微生物浸出新技术，而且在梅州低品位铜矿生物浸出工业应用中效果很好。但是，由于不同产地矿石的硫化矿物和脉石矿物组成及赋存状态存在很大差异，为了更好地推广低品位硫化矿微生物高效浸出新技术，针对7个典型硫化矿区(包括新疆乌恰铜矿、宁夏中卫铜矿、黑龙江多宝山铜矿、湖北大冶铜矿、赞比亚谦比希铜矿、新疆哈密铜镍矿和甘肃省金川铜镍钴矿)的硫化矿石，进行矿石的微生物可浸性研究，并分别开展相应的实验室扩大试验，考察微生物高效浸出技术在以上7个矿山推广应用的可行性，着重进行赞比亚低品位铜矿的生物冶金工业试验，并获得成功。

7.1　次生型硫化铜矿石的微生物浸出

7.1.1　新疆乌恰铜矿的微生物浸出

1.乌恰铜矿的矿石性质

根据新疆鑫汇地质矿业有限责任公司编写的《新疆乌恰县萨热克铜矿普查报告》显示：

乌恰萨热克铜矿矿体矿石硫化程度较高，矿石较硬，其中主要铜矿物为辉铜矿、蓝辉铜矿以及少量的自然铜、微量的黝铜矿，偶见黄铜矿、斑铜矿，其他的金属矿物主要为黄铁矿，偶见方铅矿。脉石矿物主要为砂屑、岩屑以及砾石、石英、方解石、绢云母等。矿石中矿物主要为辉铜矿、孔雀石、斑铜矿，脉石矿物为石英、长石和黏土矿物。矿石矿物呈细—粗粒状，浸染状构造。矿石由砾石和胶结物组成，易于破碎。矿石为混合—氧化矿，氧化率30%～80%，矿石中还有 Ag 有益成分可综合利用。矿床平均品位：铜1.34%，银12.90 g/t。主要铜矿物为辉铜矿，呈浸染状均匀分布在沙砾石之间或沿裂隙分布。蓝辉铜矿常与辉铜矿一起呈浸染状均匀分布在沙砾石之间，少数沿裂隙分布。黝铜矿常呈单体分布，粒度0.02～0.1 mm。其他偶见自然铜、黄铜矿和斑铜矿粒度很细，常呈单体分布，少有连生。黄铁矿、方铅矿是矿石中偶见的主要金属矿物。

试验研究采取的混合矿综合样总重约 600 kg，2008 年 10 月收到该批矿样。原矿经粗碎、细碎、对辊、筛分、缩分，制备成 -3 mm 与 +3 ~ 15 mm 两个粒级的试验样品。-3 mm 粒级的考虑留用，暂不用作试验样品。+3 ~ 15 mm 粒级的用于小柱浸出试验，由于样品总量不够，暂不考虑大柱浸出试验。瓷球磨矿、干式筛分至 -0.074 mm 占 90%，作为摇瓶浸出的试验样品、化学多元素分析和铜的物相分析样品。乌恰萨热克铜矿化学多元素分析如表 7 - 1 所示，铜的物相分析如表 7 - 4 所示。

表 7 - 1　乌恰萨热克铜矿化学多元素分析 1

元素	Cu	Fe	S	SiO₂	Al₂O₃	CaO	MgO	合计
含量/%	0.61	4.72	0.38	64.1	3.66	9.54	1.45	86.46

表 7 - 2　乌恰萨热克铜矿化学多元素分析 2 (钙镁矿物主要考虑为碳酸盐)

元素	Cu	Fe	S	SiO₂	Al₂O₃	CaCO₃	MgCO₃	合计
含量/%	0.61	4.72	0.38	64.1	3.66	20.61	3.05	97.12

表 7 - 3　乌恰萨热克铜矿 Cu、Fe、S 原子个数比

元素	Cu	Fe	S
绝对摩尔数	0.00953125	0.084285714	0.011875
原子个数比	1.000	8.843	1.246

表 7 - 4　乌恰萨热克铜矿铜矿物的物相分析

相态	原生硫化铜	次生硫化铜	自由氧化铜	结合氧化铜	总计
铜含量/%	0.008	0.400	0.062	0.100	0.57
分布率/%	1.40	70.18	10.88	17.54	100.00

将表 7 - 1 中钙、镁氧化物主要以钙镁碳酸盐形式计算，所得结果如表 7 - 2 所示，由表 7 - 2 可知，表 7 - 1 多元素分析比例达到 97.12%，说明多元素分析正确。按表 7 - 1 分析结果计算 Cu、Fe、S 原子个数比，见表 7 - 3。由表 7 - 1、表 7 - 4 可知，全铜品位仅为 0.57%，其中次生硫化铜占 70.18%，原生硫化铜仅占 1.40%，自由氧化铜占 10.88%，因此，新疆乌恰萨热克铜矿属于低品位次生

型硫化铜矿。

2. 乌恰铜矿石的生物可浸性研究

　　乌恰铜矿石的微生物可浸性研究在摇瓶中进行，矿石量为 100g，空白对照的硫酸浸出，其结果如图 7 - 1 所示。由图 7 - 1 可知，硫酸浸出作用 18 天，矿石中的铜浸出率仅为 26.21%，与矿石中容易被硫酸浸出的氧化铜物相部分之和差不多(自由氧化铜占 10.88%，结合氧化铜占 17.54%，)，说明矿石中氧化铜物相部分被浸出，而硫化矿难被浸出。在微生物的作用下，15 天后，矿石中的铜浸出率可达 96.25%，浸渣结果分析表明，浸出率为 96.64%，二者比较一致。因此乌恰铜矿石的微生物摇瓶浸出试验表明，乌恰铜矿石具有较好的微生物可浸性。

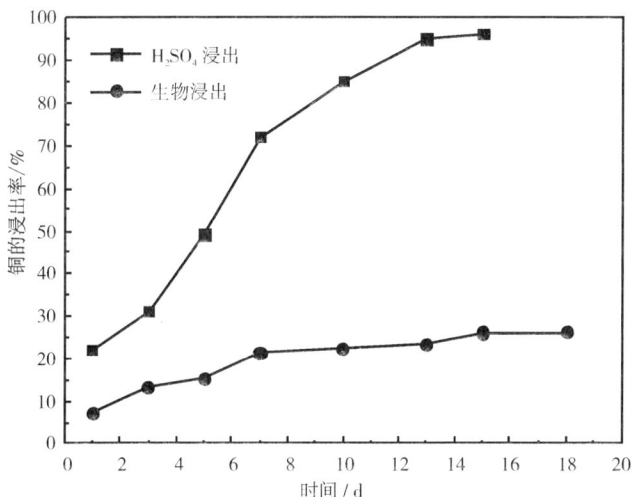

图 7 - 1　新疆乌恰低品位铜矿石的摇瓶浸出

　　乌恰铜矿石的微生物小型柱浸试验采用矿石量为 3 kg，其结果如图 7 - 2 所示。柱浸时间还包括预浸的 10 天，预浸结束时矿石铜的浸出率为 20.31%，明显低于摇瓶酸浸浸出铜部分的比例。由图 7 - 2 可知，反应经过 2 个快速浸出阶段，分别是 10 ~ 40 d，80 ~ 120 d，最终反应 155 d，矿石铜的浸出率达到93.21%。浸渣元素分析如表 7 - 6 所示，矿石中铜的浸出率为93.77%，二者较为相符。小柱浸出试验表明，乌恰铜矿石具有良好的浸出效率，可以考虑进一步的放大柱浸试验。

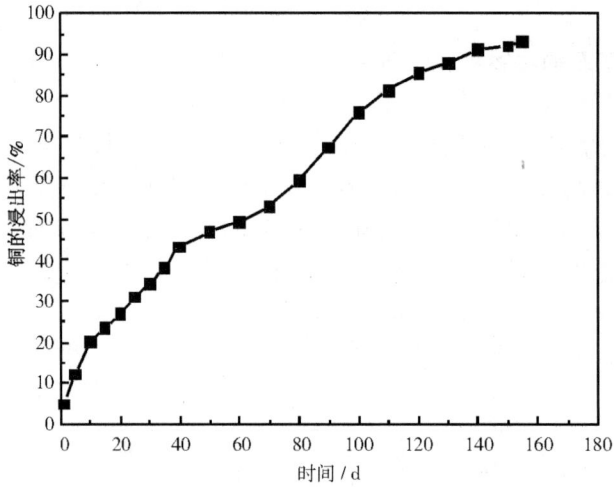

图 7 - 2　新疆乌恰低品位铜矿石小型柱生物浸出

表 7 - 5　乌恰铜矿石摇瓶生物浸渣化学元素分析

原矿	质量/g	品位/%				
	100	Cu	Fe	S	CaO	MgO
		0.61	4.72	0.38	9.54	1.45
浸渣	质量/g	品位/%				
	82.09	Cu	Fe	S	CaO	MgO
		0.025	2.27	4.5	7.18	0.8
计算结果		浸出率/%				
		Cu	Fe	S	CaO	MgO
		96.64	60.52		48.92	54.71

表 7 - 6　乌恰铜矿石小柱浸渣化学元素分析

原样	质量/kg	品位/%				
	3.15	Cu	Fe	S	CaO	MgO
		0.61	4.72	0.38	9.54	1.45
浸渣	质量/kg	品位/%				
	2.91	Cu	Fe	S		
		0.045	2.52	1.83		
计算结果		浸出率/%				
		Cu				
		93.77				

表 7 - 7　乌恰铜矿石大柱浸渣化学元素分析

原 矿	质量/kg	品位/%				
	148.56	Cu	Fe	S	CaO	MgO
		0.61	4.72	0.38	9.54	1.45
浸 渣	质量/kg	品位/%				
	141.88	Cu	Fe	S		
		0.09	2.52	1.83		
计算结果		浸出率/%				
		Cu				
		85.91				

3. 乌恰铜矿石反应柱的生物浸出

乌恰铜矿石的微生物大型柱浸试验采用的矿石量为 150 kg, 其结果如图 7 - 3 所示。柱浸时间还包括预浸的 23 d, 预浸结束时矿石铜的浸出率为 15.86%。明显 低于小型柱浸浸出铜部分比例。由图 7 - 2 可知, 反应经过三个快速浸出阶段, 分 别是 10 ~ 50 d、100 ~ 125 d、200 ~ 280 d, 最终反应 307 d, 矿石铜的浸出率达到 87.22%。浸渣分析结果如表 7 - 7 所示, 矿石铜的浸出率为 85.91%, 二者虽有

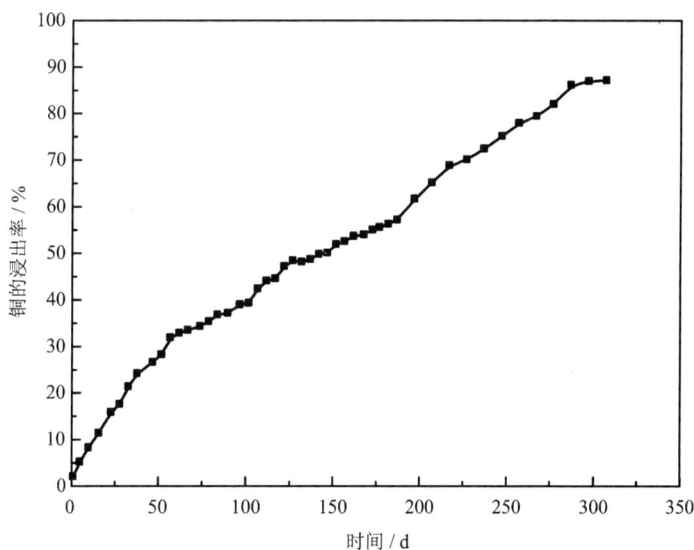

图 7 - 3　新疆乌恰低品位铜矿石大型柱生物浸出

1.32%浸出率的差别，但是在误差范围之内。大柱浸出试验表明，乌恰铜矿石具有良好的浸出效率，可以考虑进一步的工业试验，如果铜资源储量足够的话，就能够实施生物冶金产业化。

7.1.2 宁夏中卫铜矿的微生物浸出

1. 宁夏中卫铜矿的矿石性质

根据宁夏回族自治区有色金属地质勘查院《宁夏中卫市腰岘子铜银矿区Ⅰ、Ⅲ号矿段补充详查地质报告》，宁夏中卫铜矿矿床为铜银矿床，银作为共生矿产；根据岩石化学多元素分析结果，没有（银除外）发现其他有用矿产。宁夏中卫腰岘子铜矿地质储量详见表7-8。

表7-8 宁夏中卫腰岘子铜矿资源情况

矿段	自然类型	级别	矿石量、铜金属量/t						银金属量/kg
			332			333			
			金属量/t	矿石量/t	品位/%	金属量/t	矿石量/t	品位/%	
Ⅰ	硫化矿	Ⅰ	327.94	60508.78	0.54	1200.76	185227.25	0.65	3881.33
		Ⅱ	939.9	244098.47	0.39	1012.59	279532.16	0.36	7515.14
合计			1321.84	304607.25	0.434	2213.35	464759.41	0476	11396.47

宁夏中卫腰岘子铜矿资源情况如下：矿石中主要矿石矿物为孔雀石、蓝铜矿、含辉铜矿，脉石矿物为石英及少量长石等。矿石的平均化学成分为：SiO_2 85.82%、CaO 2.35%、MgO 1.36%、Fe_2O_3 0.25%、Al_2O_3 3.65%、K_2O 0.28%、Na_2O 0.037%、Cu 0.15%~0.75%，Cu 平均含量为0.29%，矿石结构主要为自形、半自形粒状结构，构造以层状、块状或斑点状为主。

试验采取的混合矿综合样总重约1000 kg，2008年8月收到了该批矿样。原矿经粗碎、细碎、对辊、筛分、缩分制备成-5 mm、+5~15 mm与+5~20 mm 3个粒级的试验样品。-5 mm粒级的考虑留用，暂不用作试验样品。+5~15 mm粒级的用于小柱浸出试验，+5~20 mm粒级的用于大柱浸出试验。瓷球磨矿、干式筛分至-0.074 mm占90%，作为摇瓶浸出的试验样品、化学多元素分析和铜的物相分析样品。宁夏中卫铜矿化学多元素分析见表7-9，铜的物相分析见表7-10。

表 7 – 9　宁夏中卫铜矿的化学多元素分析

成分	Cu	Mo	CaO	MgO	Fe	S	Ag*	Au*
含量/%	0.32	0.001	4.55	2.29	0.85	0.48	39	<0.1

由表 7 – 9、表 7 – 10 可知，中卫铜矿中次生硫化铜相比例占 59.38%，原生硫化铜相占 37.50%，铜的品位为 0.32%，该矿属于次生型低品位硫化铜矿。矿石中银有一定利用价值，金利用价值不高，钼利用价值也不高[钼的工业指标：硫化矿石(Mo)的边界品位，露采 0.03%、坑采 0.03% ~ 0.05%；工业品位，露采 0.06%，坑采 0.06% ~ 0.08%]。中卫铜矿矿石中碱性矿石主要为含钙镁的矿物，在浸出过程中，其含量的高低决定酸耗的多少。为此，有必要对矿石中钙、镁进行物相分析，其结果见表 7 – 11、表 7 – 12。由表 7 – 11、表 7 – 12 可知，矿石中主要钙、镁矿物碳酸盐物相所占的比例分别高达 81.98% 和 93.80%。根据地质报告推断，中卫铜矿的钙镁矿物很可能主要以白云石和石灰石形式存在。

表 7 – 10　宁夏中卫铜矿铜矿物的物相分析

相态	原生硫化铜	次生硫化铜	自由氧化铜	结合氧化铜	总计
含量/%	0.120	0.190	0.003	0.007	0.32
分布率	37.50	59.38	0.81	2.31	100.00

表 7 – 11　宁夏中卫铜矿钙矿物的物相分析

相态	成分	含量/%	分配率/%
碳酸盐中钙	CaO	3.73	81.98
铁铝氧化物中钙	CaO	0.5	10.99
硅酸盐中钙	CaO	0.32	7.03
合计	CaO	4.55	100.00

表 7 – 12　宁夏中卫铜矿镁矿物的相分析

相态	成分	含量/%	分配率/%
碳酸盐中镁	MgO	1.21	93.80
铁铝氧化物中镁	MgO	0.045	3.49
硅酸盐中镁	MgO	0.035	2.71
合计	MgO	1.29	100.00

---

* 单位为：g/t

2. 宁夏中卫铜矿的生物可浸性研究

中卫铜矿石的微生物可浸性研究在摇瓶中进行,矿石量为150 g,空白对照试验采用硫酸浸出,其结果见图7-4。由图7-4可知,硫酸浸出作用16 d,矿石中的铜浸出率仅为20.08%,因为矿石中氧化铜物相和部分次生硫化铜物相容易被硫酸浸出。这是因为矿石中氧化铜物相部分被浸出,而硫化矿仅少量被浸出。在微生物的作用下,40 d后,矿石中铜的浸出率可达94.38%,浸渣结果分析如表7-13显示,铜的浸出率为93.48%,二者比较一致。同时钙镁由于微生物产酸作用,钙镁的浸出率分别达到85.98%和96.13%,矿石中钙镁矿物均被微生物产生的硫酸溶解反应完毕。因此,中卫铜矿石的微生物摇瓶浸出试验表明,中卫铜矿石具有较好的微生物可浸性,可以考虑进行柱浸放大试验。与乌恰铜矿相比,虽然两者生物浸出率差别不大,但是其浸出速度明显慢于乌恰铜矿。

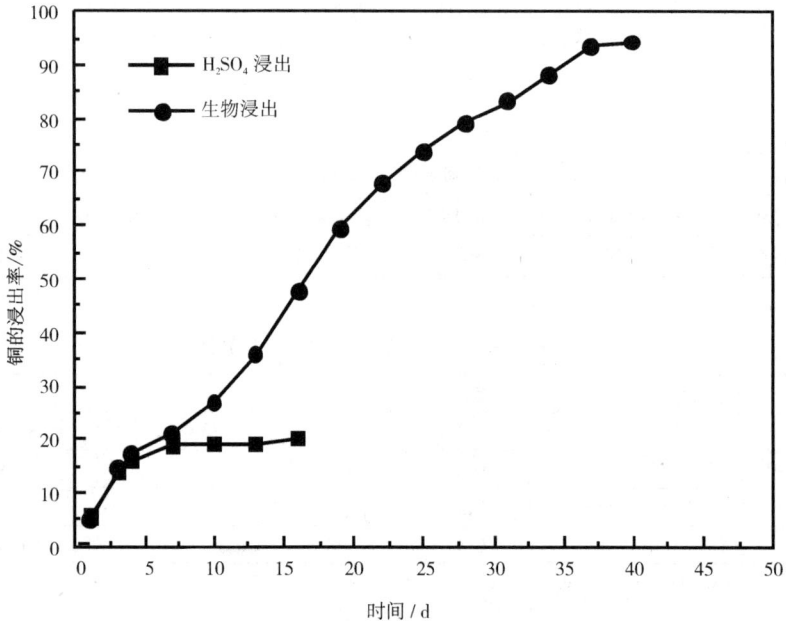

图7-4 宁夏中卫低品位铜矿石的摇瓶浸出

表7-13 宁夏中卫铜矿石的摇瓶浸渣化学元素分析

原矿重量/g	原矿品位/%				
	Cu	Fe	S	CaO	MgO
150	0.32	0.85	0.48	4.55	2.29

续表 7 - 13

浸渣重量/g	浸渣品位/%				
	Cu	Fe	S	CaO	MgO
132.89	0.023	0.25	0.38	0.72	0.10
计算结果	浸出率/%				
	Cu	Fe	S	CaO	MgO
	93.48	81.17	29.87	85.98	96.13

3. 宁夏中卫铜矿反应柱的生物浸出

中卫铜矿石的微生物小型柱浸试验采用的矿石量为 5 kg, 其结果如图 7 - 5 所示。柱浸时间也包括预浸的 10 d, 预浸结束时矿石铜的浸出率为 10.05%, 同样明显低于摇瓶酸浸浸出铜部分的比例。在预浸的过程中，浸出液中产生白色结晶物质，如图 7 - 7 所示，过滤得到白色的针状固体，如图 7 - 8 所示，这是由浸出过程产生的硫酸钙沉淀结晶所致。由图 7 - 5 可知，生物浸出反应 255 d, 矿石铜的浸出率达到 92.33%。浸渣元素分析如表 7 - 14 所示，矿石中铜的浸出率为 91.34%, 二者较为相符。小柱浸出试验表明，中卫铜矿石具有良好的浸出效率，可以考虑进一步的放大柱浸试验。

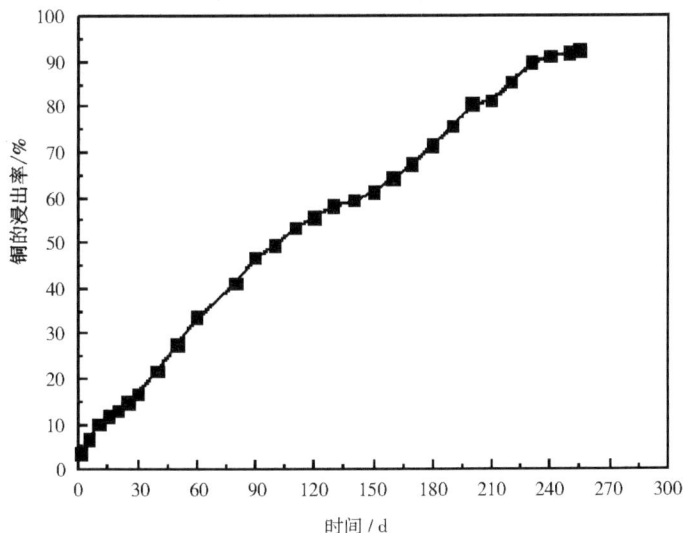

图 7 - 5　宁夏中卫铜矿石小型柱的生物浸出

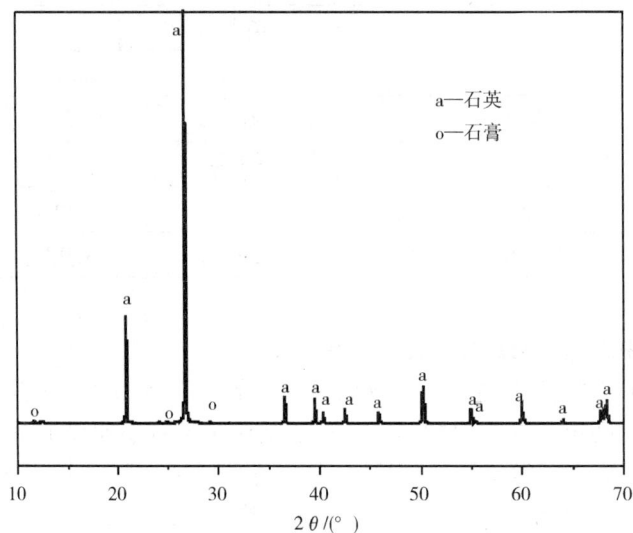

图 7 - 6　中卫铜矿摇瓶浸出渣 XRD 分析图谱

表 7 - 14　宁夏中卫铜矿石的小型浸渣化学元素分析

原矿重量/kg	原矿品位/%				
	Cu	Fe	S	CaO	MgO
5	0.32	0.85	0.48	4.55	2.29
浸渣重量/kg	浸渣品位/%				
	Cu	Fe	S	CaO	MgO
4.85	0.028	0.35	0.33	0.85	0.14
计算结果	浸出率/%				
	Cu				
	91.34				

　　中卫铜矿石的微生物大型柱浸试验采用矿石量为 100 kg，其结果如图 7 - 9 所示。柱浸时间还包括预浸的 25 d，预浸结束时矿石铜的浸出率为 12.31%，明显低于小型柱浸浸出铜部分比例。由图 7 - 9 可知，反应 315 d，矿石铜的浸出率达到 83.03%。柱浸过程的浸出液颜色变化如图 7 - 10、图 7 - 11、图 7 - 12 和图 7 - 13 所示，预浸液中有硫酸钙沉淀，随着浸出反应的进行，溶液中铜离子增加，蓝色不断加深。浸渣分析结果如表 7 - 15 所示，矿石铜的浸出率为 81.88%，二

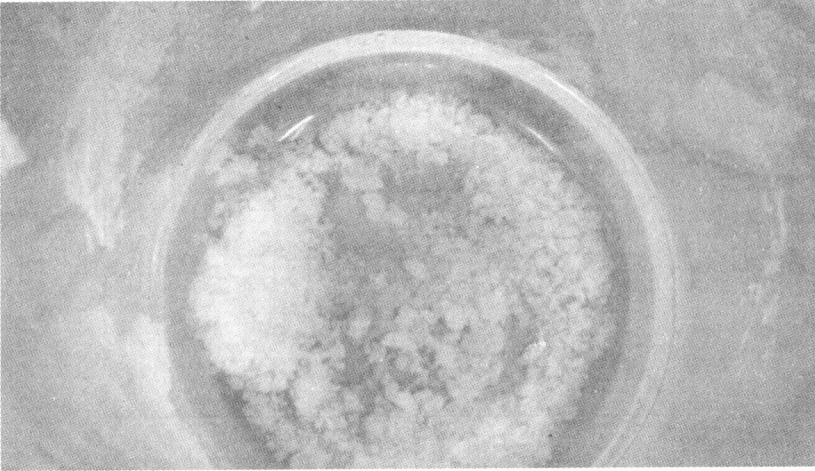

图 7 – 7　小柱预浸阶段浸出液中的沉淀物

图 7 – 8　预浸阶段，滤纸过滤所得的自然风干沉淀物

者浸出率虽有 1.25% 的差别，但是在误差范围之内。大柱浸出试验表明，中卫铜矿石具有良好的浸出效率，可以考虑进一步的工业试验。若资源储量不够，可以实施生物冶金小规模产业化应用。

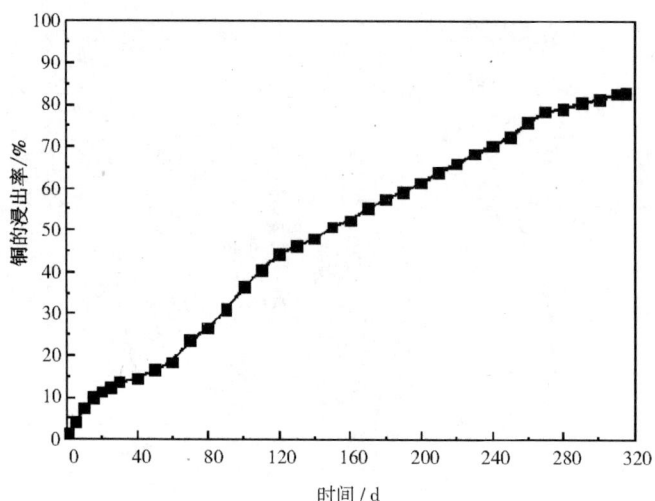

图7-9　宁夏中卫铜矿石大型柱的生物浸出

表7-15　宁夏中卫铜矿石的大型浸渣分析

原矿重量/kg	原矿品位/%				
	Cu	Fe	S	CaO	MgO
100	0.32	0.85	0.48	4.55	2.29
浸渣重量/kg	浸渣品位/%				
	Cu	Fe	S	CaO	MgO
96.55	0.027	0.36	0.29	1.06	0.35
计算结果	浸出率/%				
	Cu　　　　81.85				

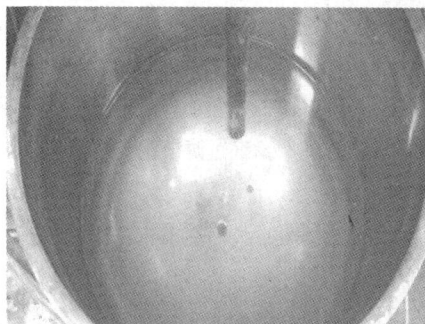

图7-10　中卫铜矿预浸液体, 2008 年 9 月 25 日

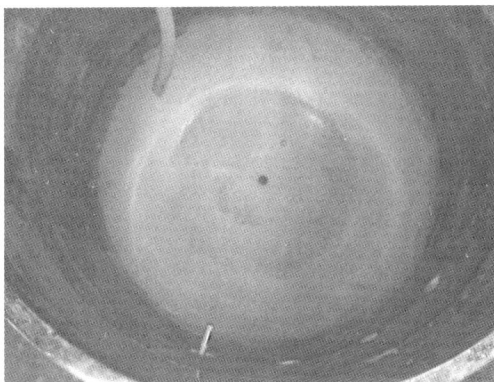

图 7－11　中卫铜矿预浸液体，2008 年 10 月 8 日

图 7－12　中卫铜矿浸出液，2008 年 11 月 11 日

图 7－13 中卫铜矿浸出液，2009 年 4 月 13 日

7.2 原生型硫化铜矿的微生物浸出

7.2.1 黑龙江多宝山铜矿的微生物浸出

1. 黑龙江多宝山铜矿的矿石性质

黑龙江多宝山铜矿床目前探明铜金属储量为 $230 \times 10^4 t$，属于超大型铜矿床，氧化率不高，为斑岩型铜矿床，主要铜矿物为黄铜矿、斑铜矿、赤铜矿和铜蓝，属于原生型硫化铜矿。试验采取的混合矿综合样总重约 2000 kg，2008 年 8 月收到该批矿样。原矿经粗碎、细碎、对辊、筛分、缩分制备成 -5 mm、+5~15 mm 与 +5~20 mm 三个粒级的试验样品。-5 mm 粒级的考虑留用，暂不用作试验样品。+5~15 mm粒级的用于小柱浸出试验，+5~20 mm 粒级的用于大柱浸出试验。瓷球磨矿、干式筛分至 -0.074 mm 占90%，作为摇瓶浸出的试验样品、化学多元素分析和铜的物相分析样品。黑龙江多宝山铜矿化学多元素分析分别如表 7-16 所示，铜、钙和镁的物相分析如表 7-17，表 9-18 和表 9-19 所示。

表 7-16　多宝山铜矿矿样化学多元素分析

成分	Cu	Fe	S	Mo	CaO	MgO	Ag[*]	Au[*]
含量/%	0.51	2.12	1.18	0.011	4.63	1.29	12	0.2

表 7-17　多宝山铜矿矿样铜的物相分析

相态	原生硫化铜	次生硫化铜	自由氧化铜	结合氧化铜	总计
混样含量/%	0.380	0.120	0.006	0.004	0.510
分布率/%	74.51	23.53	1.18	0.78	100.00

表 7-18　多宝山铜矿钙物相分析

相态	成分	含量/%	分配率/%
碳酸盐中钙	CaO	3.65	78.83
铁铝氧化物中钙	CaO	0.62	13.39
硅酸盐中钙	CaO	0.36	7.78
合计	CaO	4.63	100.00

---

[*] 单位为：g/t

表 7 - 19　多宝山铜矿镁物相分析

相态	成分	含量/%	分配率/%
碳酸盐中镁	MgO	0.89	38.86
铁铝氧化物中镁	MgO	0.78	34.06
硅酸盐中镁	MgO	0.62	27.07
合计	MgO	2.29	100.00

由表 7 - 16 和表 7 - 17 可知，矿石中铜的含量为 0.51%，原生硫化铜为 74.51%，次生硫化铜为 23.53%，二者占到铜的 98.04%，因此该铜矿属于低品位原生型硫化铜矿。考虑到浸出过程的酸耗，进一步分析其钙镁物相，其结果如表 7 - 18 和表 7 - 19 所示，由表 7 - 18 和表 7 - 19 可知，钙碳酸盐物相为 78.83%，矿石中钙主要以碳酸盐物相存在、镁物相在碳酸盐、铁铝氧化物和硅酸盐分布差不多。因此，生物浸出容易受到钙碳酸盐矿物影响。

2. 黑龙江多宝山铜矿的生物可浸性研究

黑龙江多宝山铜矿石的微生物可浸性研究在摇瓶中进行，矿石量为 150 g，空白对照的硫酸浸出，其结果如图 7 - 14 所示。由图 7 - 14 可知，硫酸浸出作用 46 d，矿石中的铜浸出率仅为 6.23%，因为矿石中氧化铜物相和少量次生硫化铜物相容易被硫酸浸出。说明矿石中氧化铜物相部分被浸出，而硫化矿仅少量被浸出。在微生物作用的 158 d 后，矿石中铜的浸出率为 56.47%，原因在于主要含铜矿物为黄铜矿，难以浸出。因此，多宝山铜矿石生物可浸性难易取决于黄铜矿的可浸性难易程度。

为了考察矿石中黄铜矿的可浸性，对原矿矿石采用浮选工艺获得铜精矿。为了减少选矿药剂的影响，采用无捕收剂浮选，仅使用起泡剂 2 号油。通过浮选获得精矿 200 g，取用 20 g 用于浸矿试验。铜矿浮选精矿多元素分析如表 7 - 20 所示，主要元素 Cu、Fe 和 S 基本符合黄铜矿分子式。多宝山铜矿浮选精矿的 XRD 如图 7 - 16 所示，浮选精矿中硫化矿物主要为黄铜矿和黄铁矿，脉石矿物为石英和勃姆石。多宝山铜矿浮选精矿的可浸性结果如图 7 - 15 所示，在微生物作用的 196 天后，精矿中铜的浸出率仅为 27.21%，平均每天浸出 0.139%，浸出反应效率偏低，矿石可浸性差。

因此，多宝山铜矿石的微生物摇瓶浸出试验表明，多宝山铜矿石具有较差的微生物可浸性，与中卫铜矿相比，不但生物浸出率差别大，而且其浸出速度明显慢于中卫铜矿。

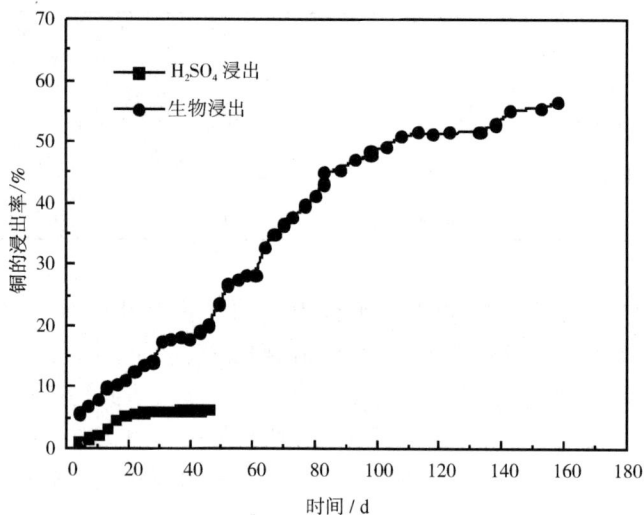

图 7-14　多宝山低品位铜矿石的摇瓶生物浸出

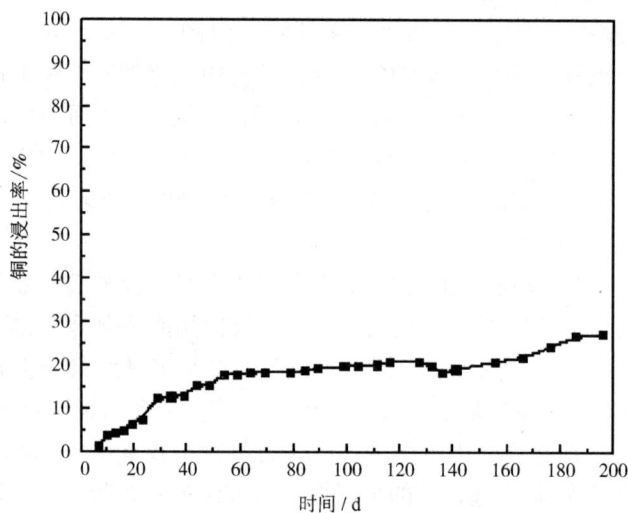

图 7-15　多宝山浮选铜精矿的摇瓶生物浸出

表 7-20　多宝山铜矿浮选精矿多元素分析

成分	Cu	Fe	S
含量/%	22.41	23.09	26.23
原子个数比	1	1.17	2.34

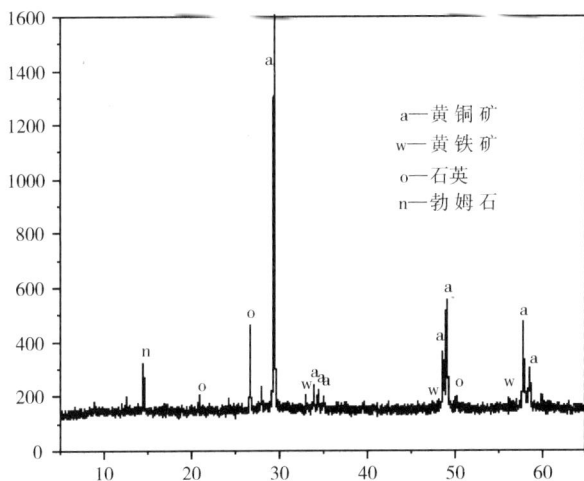

图 7 - 16　多宝山铜矿浮选精矿的 XRD 图谱

3. 黑龙江多宝山铜矿反应柱的生物浸出

为了验证摇瓶试验结果,继续进行柱浸试验。多宝山铜矿石的微生物小型柱浸试验采用的矿石量为 5 kg,其结果如图 7 - 17 所示。柱浸时间也包括预浸的 35 d,预浸结束时矿石铜的浸出率为 1.41%,同样明显低于摇瓶酸浸浸出铜部分的比例。在预浸的过程中,浸出液中产生白色结晶物质,如图 7 - 19 所示,过滤得到白色的针状固体,如图 7 - 20 所示,这是由浸出过程产生的硫酸钙沉淀结晶所致。由图 7

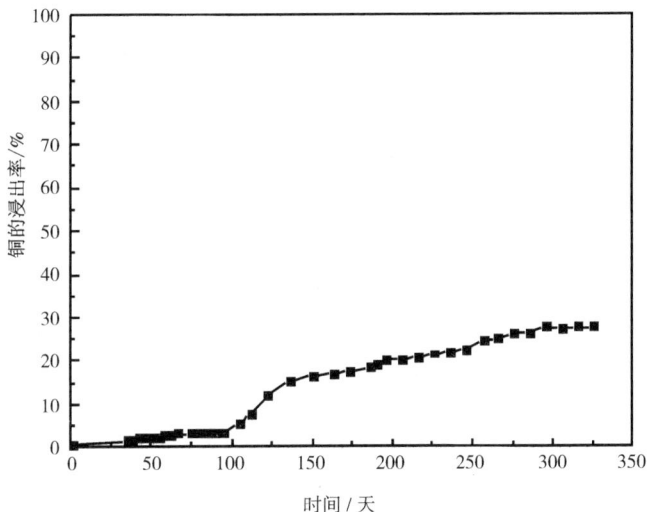

图 7 - 17　多宝山铜矿石小型柱的生物浸出

-17 可知，生物浸出反应 326 d，矿石铜的浸出率达到 27.41%。浸渣元素分析如表 7-21 所示，矿石中铜的浸出率为 29.22%，二者较为相符。小柱浸出试验表明，多宝山铜矿石具有很低的浸出效率。

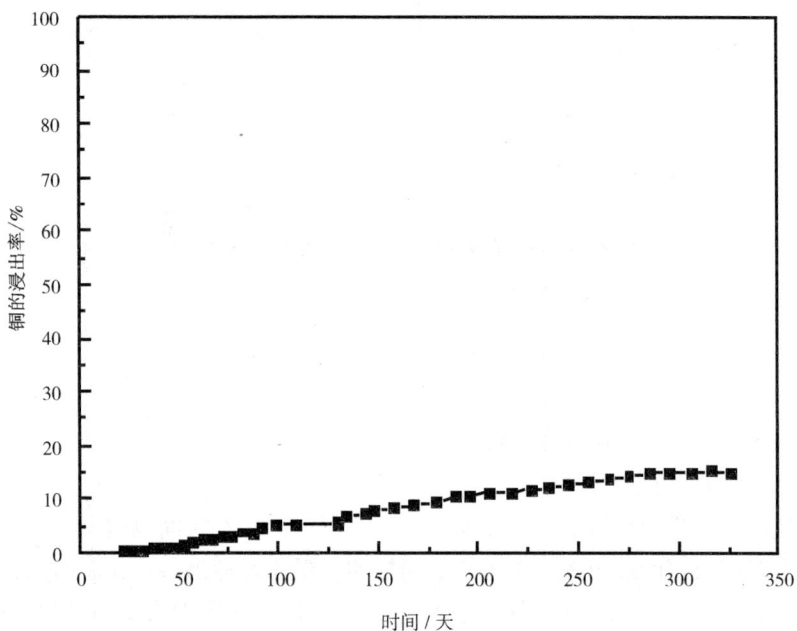

图 7-18　多宝山铜矿石大型柱的生物浸出

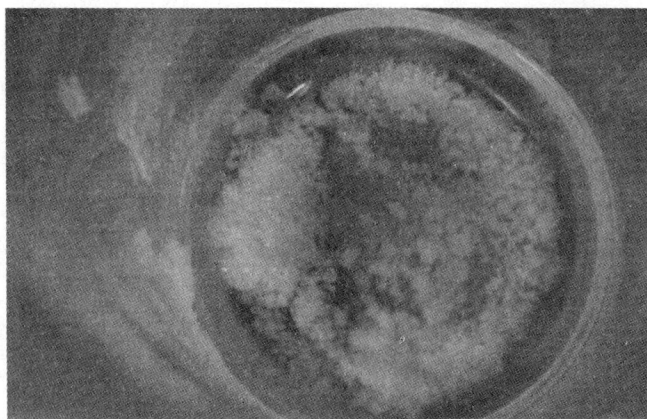

图 7-19　柱浸产生的白色晶体物质

图 7 - 20 柱浸阶段沉淀物过滤产物

表 7 - 21 黑龙江多宝山铜矿石的小型浸渣分析

原矿重量/kg	原矿品位/%				
	Cu	Fe	S	CaO	MgO
5	0.51	2.12	1.18	4.63	1.29
浸渣重量/kg	浸渣品位/%				
	Cu	Fe	S	CaO	MgO
4.75	0.38	1.24	0.59	1.35	1.25
计算结果	浸出率/%				
	Cu				
	29.22				

　　中卫铜矿石的微生物大型柱浸试验采用矿石量为 180 kg，其结果如图 7 - 18 所示。由图 7 - 18 可知，柱浸时间还包括预浸的 52 d 时间，预浸结束时矿石铜的浸出率为 1.47%，明显低于小型柱浸浸出铜部分的比例。反应 326 d，矿石铜的浸出率达到 15.08%。浸出过程的浸出液的颜色变化如图 7 - 22 至图 7 - 25 所示，浸渣分析结果见表 7 - 22，由表 7 - 22 可知，矿石铜的浸出率为 15.47%，二者浸出率差别不大。大柱浸出试验再次表明，多宝山铜矿石浸出效率很差，不具备工业应用潜力。由于矿石性质原因，具有微生物在常温难以作用的矿物，其工业应用十分困难，也不利于有价金属的回收，因此，生物冶金工艺不适合多宝山铜矿。

表 7 - 22　黑龙江多宝山铜矿石的大型浸渣分析

原矿重量/kg	原矿品位/%				
	Cu	Fe	S	CaO	MgO
180	0.51	2.12	1.18	4.63	1.29
浸渣重量/kg	浸渣品位/%				
	Cu	Fe	S	CaO	MgO
176.38	0.44	1.51	0.75	1.61	1.59
计算结果	浸出率/%				
	Cu				
	15.47				

图 7 - 21　多宝山铜矿浸出阶段沉淀物过滤产物，与中卫的沉淀物对比

图 7 - 22　预浸出液，2008 年 9 月 25 日

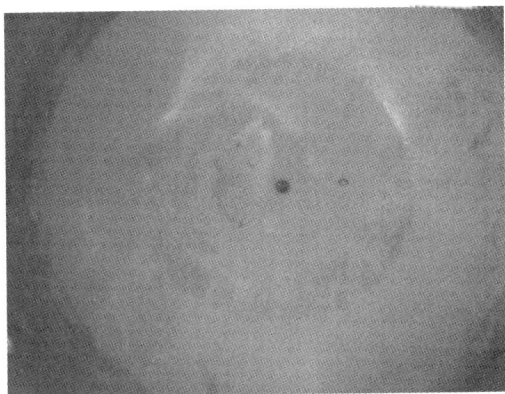

图 7 - 23　预浸出液, 2008 年 10 月 8 日

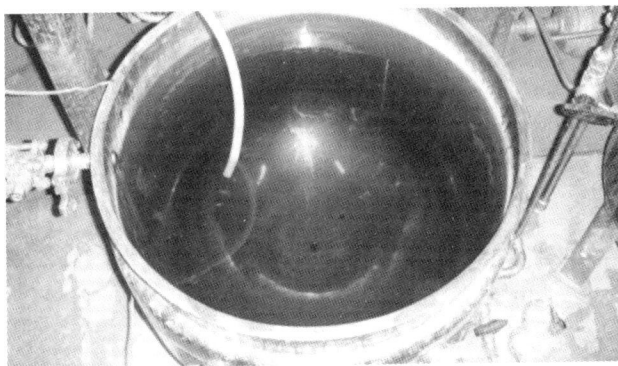

图 7 - 24　预浸出液, 2008 年 11 月 12 日

图 7 - 25　预浸出液, 2009 年 4 月 13 日

7.2.2 湖北大冶铜矿的微生物浸出

1. 湖北大冶铜矿的矿石性质

试验试样取自大冶有色金属有限责任公司铜录山矿排土场,该排土场主要以堆存废石为主,其次为之前堆存的采矿剥离的氧化铜矿,取样为排土场综合样。该样品为黄褐色粉状矿样,含水量大,未烘干之前,大部分为泥土状。晒干之后,矿石主要呈粉状、砂状。其中有部分为碎块状,原生矿泥含量大。化学多元素分析见表 7-23,铜的物相分析结果见表 7-24,粒度分析见表 7-25。

表 7-23 大冶铜矿化学多元素分析

元素	Cu	Fe	SiO$_2$	Al$_2$O$_3$	CaO	MgO	Pb	Zn	S
含量/%	0.35	8.78	34.18	6.56	19.51	1.68	0.32	0.01	0.46

表 7-24 大冶铜矿铜物相分析

铜相	原生硫化铜	次生硫化铜	自由氧化铜	结合氧化铜	硅酸铜	合计
含量/%	0.016	0.097	0.092	0.067	0.078	0.35
分布率/%	4.57	27.71	26.29	19.14	22.29	100.00

表 7-25 大冶铜矿原矿粒度分析

粒级/mm	产率/%	品位/%	分布率/%
+3	27.87	0.25	72.13
-3	72.13	0.50	27.87
合计	100.00	0.43	100.00

由表 7-23、表 7-24 和表 7-25 可见,样品铜品位为 0.35%,该矿石铜品位低、含泥量大、氧化率高。矿石中可供选矿回收的主要组分是铜。矿石中铜的氧化程度较高,原生硫化铜矿物所占比例很低,硫化物中的铜分布率为 32.28%。以自由氧化铜、结合氧化铜和硅酸铜 3 种形式存在的铜分布率大致相近,分布率分别为 26.29%、19.14% 和 22.29%。矿石铜的氧化率为 67.72%。 -3 mm 粒级所占比例为 72.13%,含泥量大。综合分析,大冶铜矿石属强烈氧化的单一低品位难选铜矿石。矿石的 X 射线衍射分析见图 7-26,矿石中主要矿物为方解石、白云石、石英、长石,含有少量的阳起石、云母和绿泥石,与矿石的化学元素分析一致。方解石和白云石为碱性脉石,是浸出过程中消耗硫酸的对象。因此,在后

续研究中，必须考虑减少方解石和白云石中和硫酸的影响。

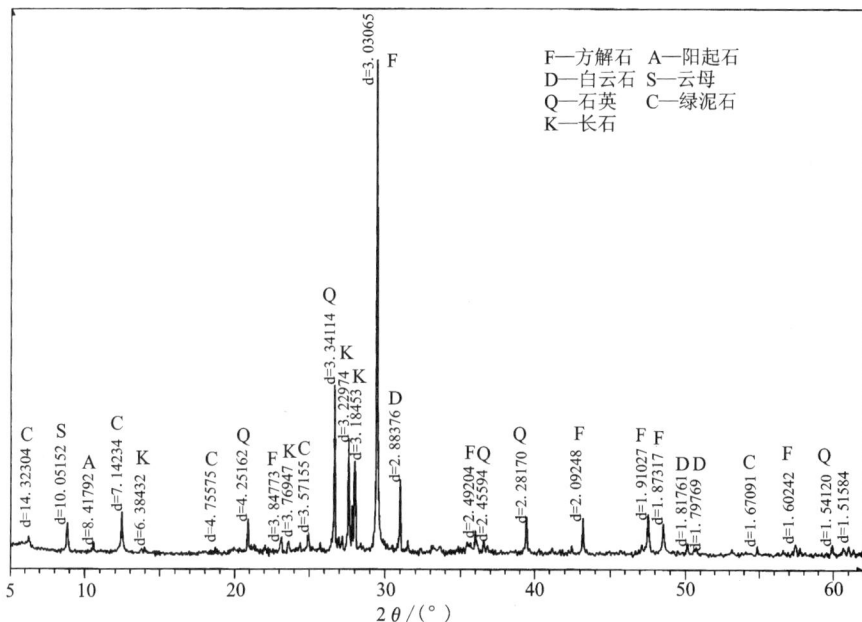

图 7-26　矿石的 X 射线衍射分析图谱

2. 湖北大冶铜矿的生物可浸性研究

　　大冶铜矿石的微生物可浸性研究在摇瓶中进行，矿石量为 150 g，空白对照的硫酸浸出，其结果见图 7-27 所示。由图 7-27 可知，硫酸浸出作用 19 d，矿石中的铜浸出率仅为 65.89%，因为矿石中氧化铜物相和少量次生硫化铜物相容易被硫酸浸出。说明矿石中氧化铜物相部分被浸出，而硫化矿仅少量被浸出。在微生物的作用下，50 d 后，矿石中铜的浸出率可达 84.12%，浸渣化学元素分析结果如表 7-26 所示，铜的浸出率为 82.56%，二者几乎一致。同时钙镁物相（白云石和石灰石）由于微生物产酸作用，钙镁的浸出率分别达到 83.97% 和 91.84%，矿石中钙镁容易浸出矿物均被微生物产生的硫酸浸出完毕。因此，大冶铜矿石的微生物摇瓶浸出试验表明，大冶铜矿石具有较好的微生物可浸性，但与乌恰铜矿相比，其浸出速度明显慢于乌恰铜矿。

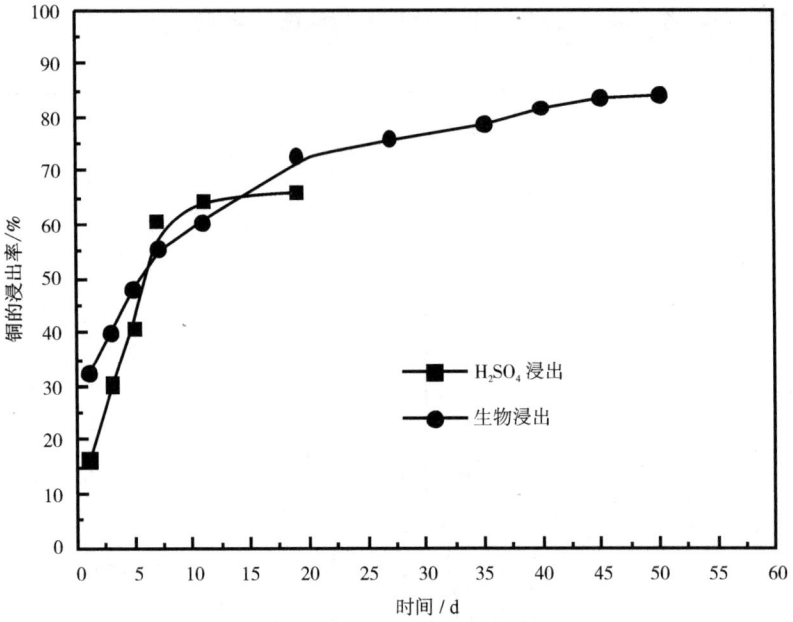

图 7-27　大冶铜矿石的摇瓶生物浸出

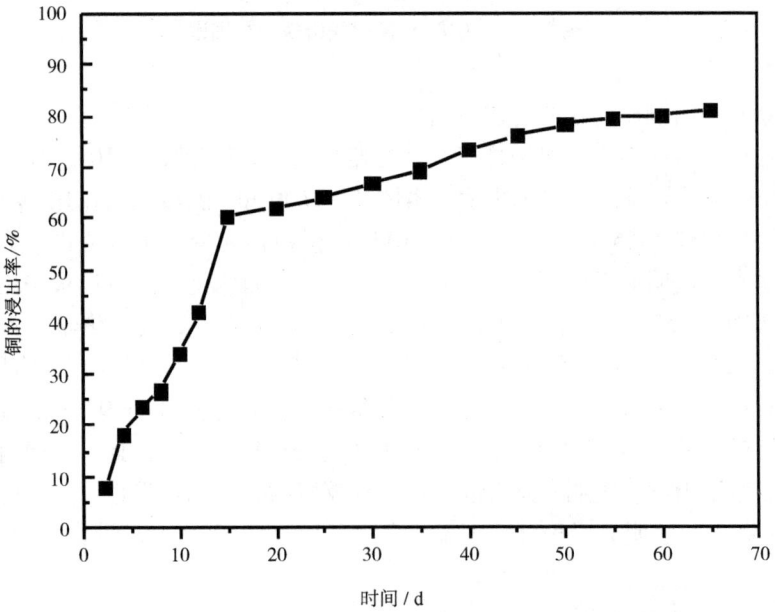

图 7-28　大冶铜矿石的小型生物柱浸

表 7 - 26　大冶铜矿石的摇瓶浸渣化学元素分析

原矿重量/g	原矿品位/%				
	Cu	Fe	S	CaO	MgO
150	0.35	8.78	0.46	19.51	1.68
浸渣重量/g	浸渣品位/%				
	Cu	Fe	S	CaO	MgO
144.30	0.063	4.25	0.29	3.25	0.16
计算结果	浸出率/%				
	Cu		CaO		MgO
	83.56		83.97		91.84

3. 湖北大冶铜矿反应柱的生物浸出

大冶铜矿石的微生物小型柱浸试验采用的矿石量为 5 kg, 其结果如图 7 - 28 所示。柱浸时间也包括预浸的 15 d 时间, 预浸结束时矿石铜的浸出率为 60.38%, 同样明显低于摇瓶酸浸铜浸出的部分。由图 7 - 28 可知, 生物浸出反应 65 d 后, 矿石铜的浸出率达到 81.19%。浸渣元素分析如表 7 - 27 所示, 矿石中铜的浸出率为 79.56%, 二者较为相符。小柱浸出试验表明, 大冶铜矿石具有良好的浸出效率, 可以考虑进一步扩大柱浸试验。

表 7 - 27　大冶铜矿石的小柱浸渣化学元素分析

原矿重量/g	原矿品位/%				
	Cu	Fe	S	CaO	MgO
5	0.35	8.78	0.46	19.51	1.68
浸渣重量/kg	浸渣品位/%				
	Cu	Fe	S	CaO	MgO
4.77	0.075	4.55	0.28	5.02	0.34
计算结果	浸出率/%				
	Cu				
	79.56				

大冶铜矿石的微生物大型柱浸试验采用的矿石量为 100 kg, 其结果如图 7 - 29 所示。柱浸时间还包括预浸的 20 d 时间, 预浸结束时矿石铜的浸出率为 59.01%, 还是明显低于小型柱浸浸出铜部分的比例。由图 7 - 29 可知, 反应

95 d后，矿石铜的浸出率达到75.63%。浸渣化学元素分析结果如表7-28所示，矿石铜的浸出率为77.33%，二者虽有1.70%浸出率的差别，但是在误差范围之内。大柱浸出试验表明，采用硫酸预浸和生物浸出联合工艺，大冶铜矿石具有良好的浸出效率，如果铜资源储量足够的话，可以考虑进一步的工业试验，以实施生物冶金产业化。

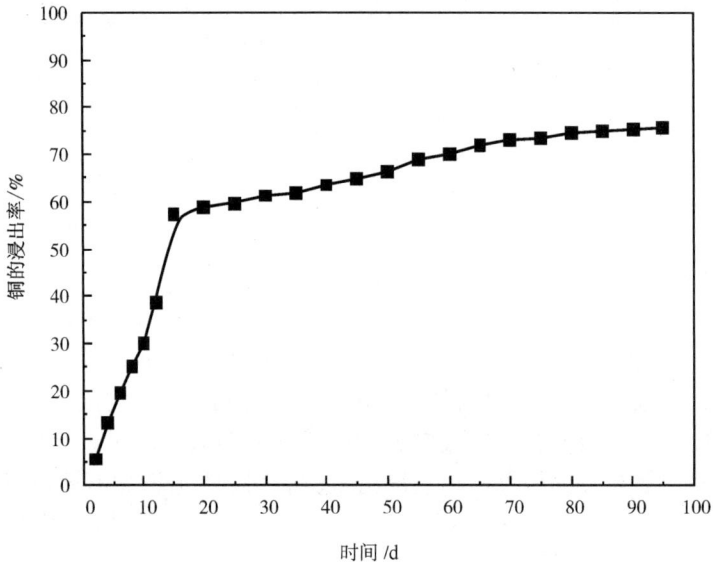

图7-29 大冶铜矿石的小型生物柱浸

表7-28 大冶铜矿石的大型浸渣化学元素分析

原矿重量/kg	原矿品位/%				
	Cu	Fe	S	CaO	MgO
100	0.35	8.78	0.46	19.51	1.68
浸渣重量/kg	浸渣品位/%				
	Cu	Fe	S	CaO	MgO
95.58	0.083	4.55	0.28	5.02	0.34
计算结果	浸出率/%				
	Cu				
	77.33				

7.2.3　赞比亚谦比希铜矿的微生物浸出

1. 赞比亚谦比希铜矿的矿石性质

赞比亚谦比希铜矿是世界著名的铜矿区，目前拥有的铜金属储量达到 700 万 t。主矿体的主要有价铜矿物为斑铜矿，其次为辉铜矿、自然铜及极少量的黄铜矿。硫化铜为自形晶、包裹晶和浸染状结构，自形晶嵌布粒度多为 5 ~ 125 μm（最大为 240 μm），包裹晶粒度 5 ~ 60 μm，浸染状粒度 40 ~ 325 μm。硫化矿中主要脉石矿物为石英、钾长石，有少量的云母片岩、碳酸盐及微量的泥板岩。氧化铜矿主要为硅孔雀石和少量的孔雀石，以及微量的假孔雀石。脉石矿物主要有云母、少量的石英和钾长石。

矿石的化学多元素分析如表 7 - 29 所示，矿石中铜的品位为 2.07%，属于品位很高的含铜矿石，远远超过国内铜矿开采的平均品位，具有非常高的经济价值。矿石中钴、镍的品位分别为 0.03%、0.0035%，低于工业边界品位，不具有经济利用价值。杂质主要为 SiO_2，含量为 58.32%，在制样过程中还偶尔发现大颗粒的沙粒。钙、镁含量分别为 1.12% 和 3.44%，是浸出过程中消耗硫酸的主要杂质成分。

表 7 - 29　谦比希矿石低品位矿石的化学多元素分析

元素	Fe	FeO	SiO_2	Al_2O_3	CaO	MgO	MnO	K_2O
含量/%	4.07	1.08	58.32	9.21	1.12	3.44	0.09	7.36
元素	Na_2O	Cu	Co	Ni	S	Pb	Zn	Na_2O
含量/%	0.20	2.07	0.03	0.0035	0.40	0.0010	0.0085	0.20

矿石铜的物相分析如表 7 - 30 所示，自由氧化铜的比例超过 50%，结合氧化铜的比例为 23.67%，硫化铜矿（原生物相 + 次生物相）的比例占到 25.12%，硫化矿的主要物相为黄铜矿和斑铜矿，谦比希铜矿石属于氧化硫化混合型铜矿。湿法冶金过程中最大限度地回收自由氧化铜物相，尽可能回收结合硫化物相，这是提高工艺回收率的关键。

表 7 - 30　谦比希矿石铜的物相分析

铜 相	自由氧化铜	结合氧化铜	原生硫化铜	次生硫化铜	合计
含量/%	1.06	0.49	0.475	0.045	2.07
分布率/%	51.21	23.67	22.95	2.17	100

2. 赞比亚谦比希铜矿的生物可浸性研究

谦比希铜矿石的微生物可浸性研究在自制的微生物搅拌反应器(如图7－30所示)中进行，矿石量为1500 g，空白对照的硫酸浸出，其结果如图7－31所示。由图7－31可知，硫酸浸出作用10 h，矿石中的铜浸出率可达到75.02%，因为矿石中几乎全部的氧化铜相和部分次生硫化铜矿物容易被硫酸浸出。这说明矿石中氧化铜物相部分被浸出，而硫化矿仅少量被浸出。在微生物的作用下，2 d后，矿石中铜的浸出率可达97.43%，浸渣结果分析见表7－31，铜的浸出率为95.56%。因此，微生物搅拌浸出试验表明，谦比希铜矿石具有较好的微生物可浸性，而且与乌恰铜矿相比，其浸出速度明显较快。

表7－31　谦比希铜矿石的摇瓶浸渣分析

原矿重量/g	浸渣重量/g	原矿品位/%	浸渣品位/%	计算结果/%
		Cu	Cu	Cu 浸出率
1500	1455	2.07	0.092	95.56

A. 塑料搅拌浆

B. 搅拌桶和挡板

C. 6 个搅拌反应桶

D. 搅拌器和反应器配套联用

图7－30　自制生物搅拌浸出的反应器

　　为了考察矿石中斑铜矿的可浸性，对原矿矿石采用浮选工艺获得铜精矿。样品共 200 kg，取 5 kg 代表性样品用于浸矿试验。铜矿浮选精矿多元素分析如表 7-32 所示，主要矿物为斑铜矿，有少量的辉铜矿和黄铜矿。赞比亚铜矿浮选精矿的可浸性结果如图 7-33 所示，在硫酸作用 20 d 后，精矿中铜的浸出率仅为 27.35%，平均每天浸出 1.37%；在微生物作用 30 d 后，精矿中铜的浸出率为 95.36%，平均每天浸出 3.18%，远远大于硫酸的浸出效率。浮选精矿的浸出试验再次证明赞比亚铜矿生物浸出反应效率非常高，说明矿石生物可浸性很好，可以考虑进一步柱浸的放大试验。

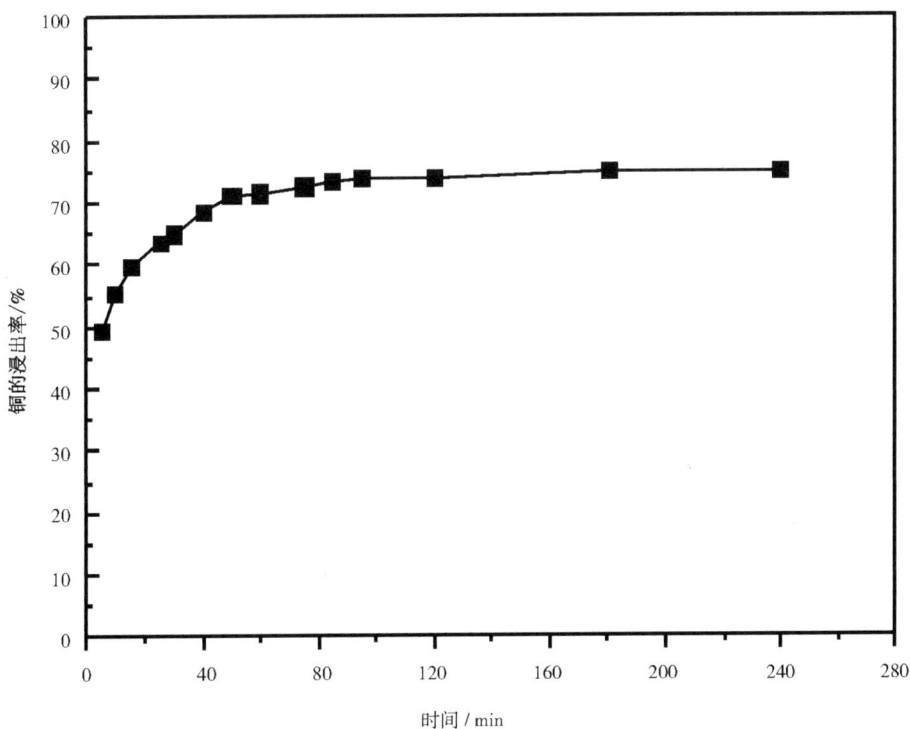

图 7-31　谦比希矿石的硫酸浸出

表 7-32　谦比希浮选精矿的化学多元素分析

元素	Cu	Fe	Co	Ni	S	SiO$_2$
含量/%	41.25	8.14	0.21	0.051	15.40	33.81

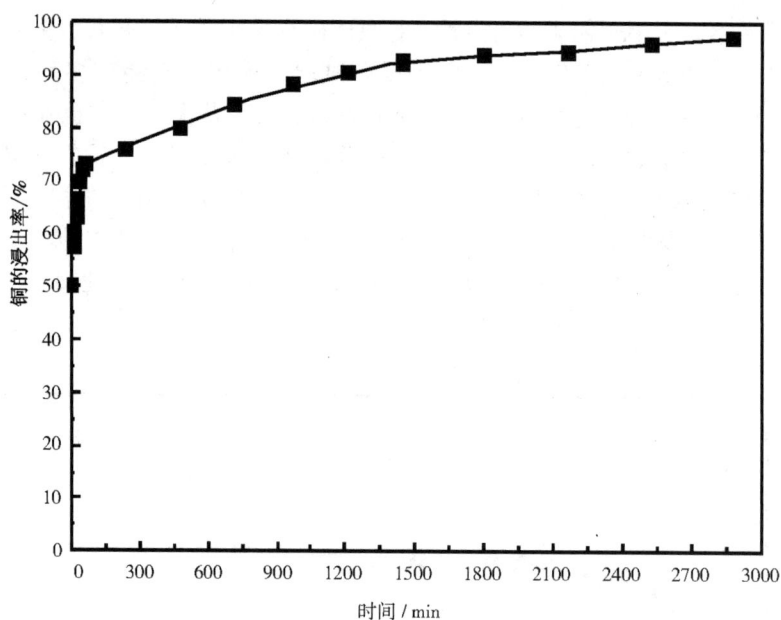

图 7 - 32　谦比希矿石搅拌生物浸出

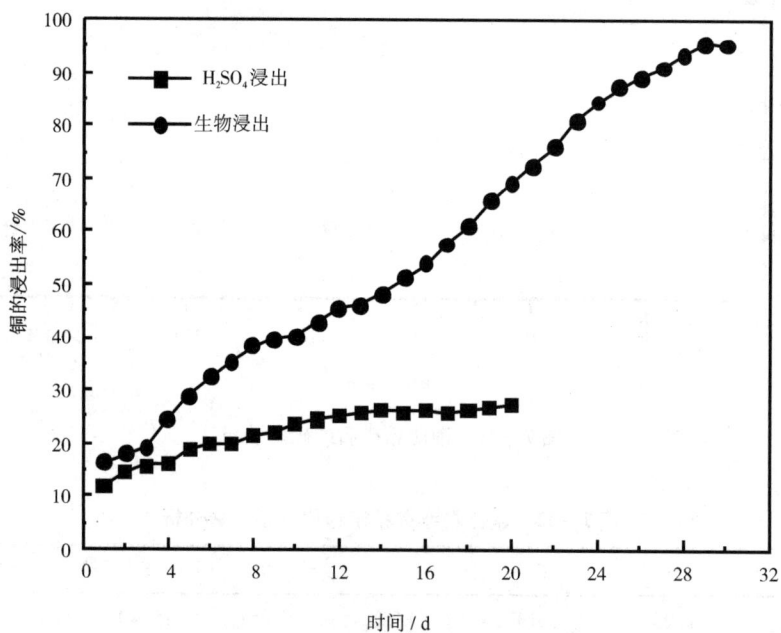

图 7 - 33　谦比希精矿硫酸浸出和生物浸出

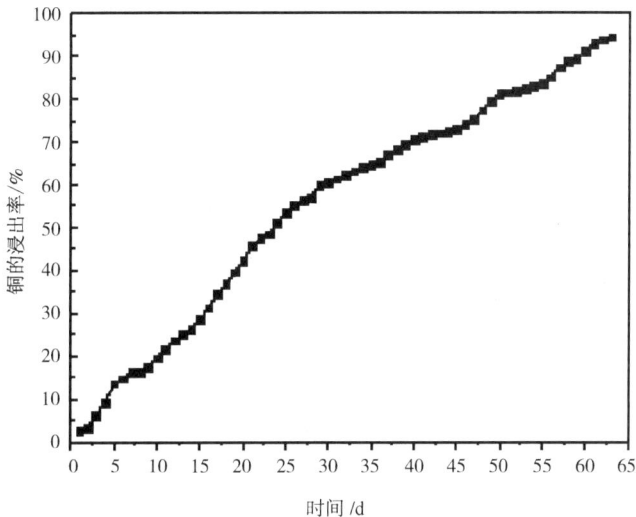

图 7-34　谦比希铜矿的小型柱浸出

3. 赞比亚谦比希铜矿的小型及中型柱的生物浸出

赞比亚铜矿石的微生物柱浸试验装置是采用 PVC 塑料管制作的，如图 7-35 所示。小型柱浸试验采用矿石量为 20 kg，其结果如图 7-34 所示。柱浸时间还包括预浸的 5 d，预浸结束时矿石铜的浸出率为 13.35%，明显低于摇瓶酸浸浸出铜部分的比例。由图 7-34 可知，反应经过两个快速浸出阶段，分别是 10～30 d，45～50 d，最终反应 63 d 后，矿石铜的浸出率达到 94.32%。大型浸渣元素分析如表 7-34 所示，由表 7-33 可知，矿石的小型浸渣中铜的浸出率为 93.29%，二者较为相符。小柱浸出试验表明，赞比亚铜矿石具有良好的浸出效率，可以考虑进一步放大柱浸试验。

表 7-33　谦比希铜矿石的小型浸渣分析

原矿重量/g	浸渣重量/g	原矿品位/%	浸渣品位/%	计算结果/%
		Cu	Cu	Cu 浸出率
20	18.56	2.07	0.139	93.29

表 7-34　谦比希铜矿石的大型浸渣分析

原矿重量/g	浸渣重量/g	原矿品位/%	浸渣品位/%	计算结果/%
		Cu	Cu	Cu 浸出率
105	100	2.07	0.301	86.16

图 7 - 35　谦比希低品位铜矿柱浸装置

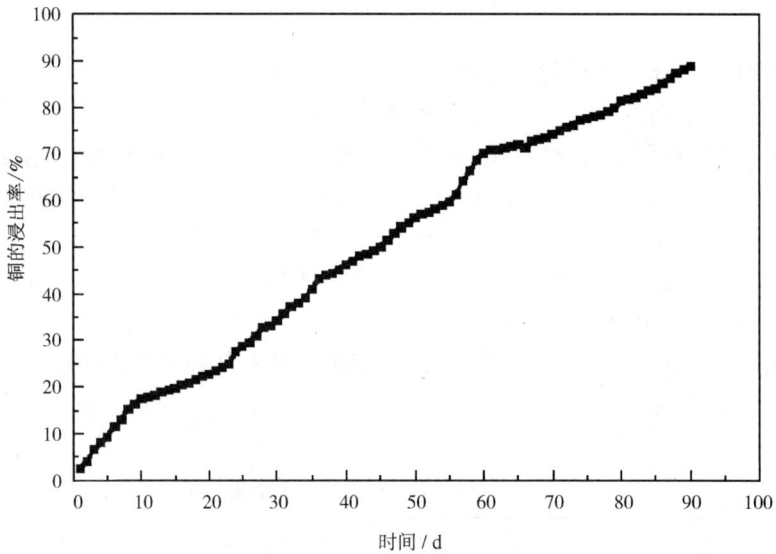

图 7 - 36　谦比希低品位铜矿大型柱浸出

赞比亚铜矿石的微生物大型柱浸试验采用矿石量为 105 kg，其结果如图 7 - 36 所示。柱浸时间还包括预浸的 10 d，预浸结束时矿石铜的浸出率为 17.45%，明显高于小型柱浸浸出铜部分的比例。由图 7 - 36 可知，生物浸出最终反应 90 d，矿石铜的浸出率达到 89.05%。大型浸渣分析结果见表 7 - 34，矿石铜的浸出率为 86.16%，二者浸出率虽有 2.89% 的差别，但是在误差范围之内。大柱浸出试验表明，赞比亚铜矿石具有良好的浸出效率，可以考虑进一步的工业试验，谦比希拥有的铜资源储量十分巨大,可以实施生物冶金产业化。

4. 赞比亚谦比希铜矿生物冶金工业应用

浸矿微生物现场多级的扩大培养流程及设备如图 7 - 37 所示,通过 150 mL 摇瓶、10 L 搅拌桶、70 L 搅拌桶、2 m^3 搅拌槽、28 m^3 搅拌槽和 150 m^3 搅拌槽 6 级培养后,培养基采用精矿 + 原矿,培养液中微生物浓度可以达到 1×10^8 个/mL,各级培养溶液中细胞浓度情况如表 7 - 35 所示。

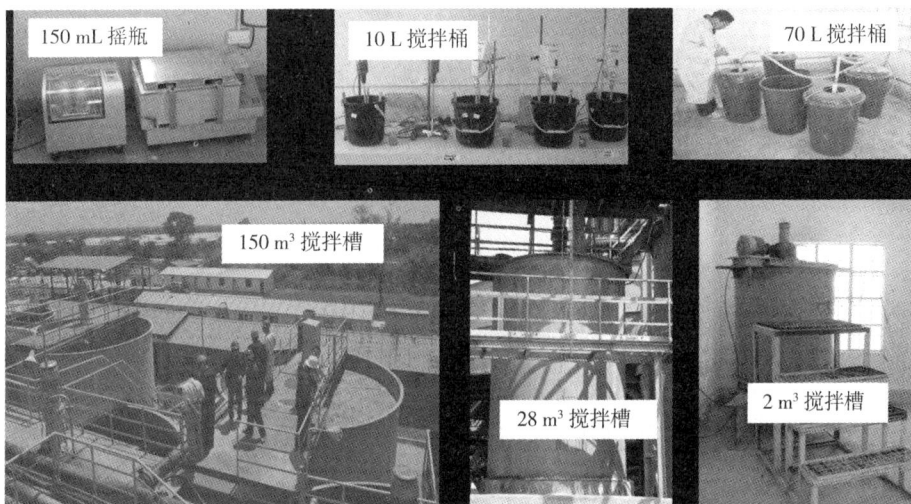

图 7 - 37　谦比希浸矿微生物现场多级的扩大培养流程及设备

表 7 - 35　谦比希浸矿微生物多级培养溶液中细胞浓度,个/mL

培养环节	摇瓶	10 L 扩培	70 L 扩培	2 m^3 扩培	28 m^3 扩培	150 m^3 扩培
微生物最大浓度 /(个·mL^{-1})	5×10^8	5×10^8	2×10^8	2×10^8	1×10^8	1×10^8

经 28 m^3 搅拌槽扩培培养好的浸矿微生物溶液通过运酸车加入喷淋液池中,首先在 200 t 矿石中应用,运行 40 d 后,不需要添加硫酸,依靠微生物氧化硫化矿产生的硫酸就可以很好地维持体系酸度,2 个月内铜浸出率达到 60%,效果非常理想。再经 150 m^3 搅拌槽扩培培养好的浸矿微生物,含菌溶液通过运酸车加入现有硫酸堆浸喷淋液池中,添加硫酸逐渐减少,依靠微生物氧化硫化矿产生硫酸维持体系酸度,由生产报表可知,少消耗硫酸超过 35%,2 个月内铜浸出率达到 50%,效果非常理想。

图 7 – 38　赞比亚谦比希低品位铜矿 200 t 矿石堆浸

图 7 – 39　赞比亚谦比希低品位铜矿 60 万 t 矿石堆浸

　　从浸矿菌种的选育、扩培、工业试验到产业化实施，只用了 4 个月的时间，在不改变原来工艺条件的基础上，谦比希湿法炼铜厂堆浸铜产量提高了 20%，酸耗降低了 35% 以上，大量以前不能回收的铜资源得到了有效利用。

　　中国有色矿业集团罗涛总经理现场考察时评价说："我们把全世界最先进的技术用到赞比亚，这对提升中国企业在海外的形象具有重要的示范作用。而生物冶金技术产业化示范基地的建立，对打造赞比亚新的铜工业，保持其产铜大国的地位，促进赞比亚经济发展，意义重大。"

　　通过上述研究，对比现场采用的硫酸浸出工艺和生物冶金 2 种工艺流程，2

种工艺主要技术参数及技术指标如表 7 - 36 所示。

表 7 - 36　两种工艺流程参数及技术指标对比

工 艺 参 数	现有酸浸工艺指标	生物冶金流程指标
矿石品位*/ %	≥1.6%	≥0.5%**
浸出时间	4 ~ 8h	120d
硫酸浓度 / (g · L^{-1})	30 ~ 40	10
采用浸矿微生物	—	合适的菌种组合
浸出液铜浓度/ (g · L^{-1})	4 ~ 8	4.25
总铜浸出率/%	65% ~ 70%	85% ~ 90%
每吨铜消耗硫酸	4.88t	2.18t
浸出液 pH	1.45	1.83
年生产规模	6000t	>10000 t***
每吨铜生产成本	3344 美元	2150 美元

由表 7 - 36 可知, 生物冶金工艺流程具有如下特点: 对矿石品位要求低, 总铜浸出率高, 酸耗低, 操作简单, 公益环保, 生产成本大幅降低。由于生物冶金技术在赞比亚的成功应用, 2010 年 11 月 27 日, 赞比亚总统班达和中国驻赞比亚大使李强民共同为"中国有色集团 - 中南大学赞比亚生物冶金技术产业化示范基地"揭牌。目前正在研究在赞比亚卢安夏铜矿的进一步推广应用。

7.3　铜镍钴硫化矿的微生物浸出

7.3.1　新疆哈密铜镍矿的微生物浸出

1. 新疆哈密铜镍矿的矿石性质

2007 年 9 月, 新疆哈密香山西共计探明 7 个矿体, 矿体规模较小, 若按铜 0.2% 和镍 0.2% 的边界品位以及铜 0.4% 和镍 0.3% 的最低工业品位指标圈定矿体, 总计资源量(333 + 334)为矿石量 578160 t, 其中低品位矿石量 47610 t, 铜金

---

*　参考中色集团在谦比希的生产实际。

**　实际谦比希的堆浸铜的品位为 0.4% ~ 0.5% 。

***　卢安夏铜矿在律堆浸规模年产铜 2.5 万 t, 堆浸规模根据生产能力还可以相应增大。

属量 2482.90 t，镍金属量 2487.15 t，伴生组分钴金属量 289.06 t。具体资源量估算结果见表 7－37。

表 7－37　哈密香山西铜镍矿资源储量

资源量 矿体号	333 矿石量 /t	334 矿石量 /t	Cu	Ni	Co	Cu	Ni	Co
			333 金　属　量 /t			334 金　属　量 /t		
Ⅰ	43828		188.46	188.46	21.91			
Ⅱ	196310		762.61	729.28	98.15			
Ⅲ	130248		755.44	625.19	65.12			
Ⅳ	95962		364.66	431.83	47.98			
Ⅴ	73410		271.62	345.03	36.70			
Ⅴ—1		12389				85.48	60.71	6.19
Ⅴ—2		26013				54.63	106.65	13.01
合计	539758	38402	2342.79	2319.79	269.86	140.11	167.36	19.20

哈密香山西铜镍矿矿石中主要矿物有磁黄铁矿、镍黄铁矿、黄铜矿，其次为紫硫镍矿、黄铁矿、方黄铜矿，有极少量的杂铜镍黄铁矿、闪锌矿、方铅矿、白铁矿、方硫铁镍矿、辉铁镍矿等。矿石类型以稀疏稠密浸染状、细脉浸染状矿石为主。

表 7－38　哈密矿石化学多元素分析

元　素	Ni	Cu	Co	Fe	S	FeO	SiO$_2$	Al$_2$O$_3$	CaO	MgO
含量/%	0.45	0.18	0.013	9.07	2.05	5.89	46.77	13.91	7.95	7.30

表 7－39　哈密矿石镍物相分析

物　相	硫化镍	氧化镍	硅酸镍	合计
含量/%	0.38	0.024	0.046	0.45
分布率/%	84.44	5.33	10.22	100.00

表7-40　哈密矿石铜物相分析

物　相	原生硫化铜	次生硫化铜	自由氧化铜	结合氧化铜	合计
含量/%	0.14	0.037	0.0007	0.0023	0.18
分布率/%	77.78	20.56	0.39	1.28	100.00

表7-41　哈密矿石钴物相分析

物　相	硫化钴	氧化钴	硅酸钴	合计
含量/%	0.0081	0.0001	0.0048	0.013
分布率/%	62.31	0.77	36.92	100.00

表7-42　哈密矿石铁物相分析

物　相	碳酸铁	硫化铁	磁铁矿	赤褐铁矿	硅酸铁	合计
含量/%	1.65	1.33	0.33	2.87	2.89	9.07
分布率/%	18.19	14.66	3.64	31.64	31.86	100.00

　　试验矿样来自新疆哈密地区的低品位铜镍钴硫化矿，经破碎制样后，矿样的多元素化学分析和镍、铜、钴、铁物相分析结果分别见表7-38、表7-39、表7-40、表7-41、表7-42。由表7-38到表7-42结果可以看出：矿石中镍的品位为0.45%，钴的品位为0.013%，铜的品位为0.18%。镍主要以硫化矿的形式存在，占总镍的84.44%，其次是硅酸镍，占10.22%；铜主要以原生硫化铜的形式存在，占总铜的77.78%，其次是次生硫化铜，占20.56%；钴主要以硫化钴形式存在，占总钴的62.31%，其次是硅酸钴，占36.92%；铁主要以赤褐铁矿和硅酸铁的形式存在，两者共占63.50%，其次是碳酸铁和硫化铁，两者占32.85%。因此，该矿石属于低镁型低品位镍钴铜硫化矿石。

2. 新疆哈密铜镍矿的生物可浸性研究

　　哈密铜镍矿石的微生物可浸性研究在摇瓶中进行，矿石量为150 g，空白对照的硫酸浸出，其结果见图7-40。由图7-40可知，在微生物的作用下，53 d后，矿石中铜的浸出率为94.38%。因此，哈密铜镍矿石的微生物摇瓶浸出试验表明，哈密铜镍矿石具有较好的微生物可浸性，可以考虑进一步扩大柱浸试验。

3. 新疆哈密铜镍矿的生物小型柱浸

　　哈密铜镍矿石的微生物小型柱浸试验采用矿石量为20 kg，其结果如图7-41

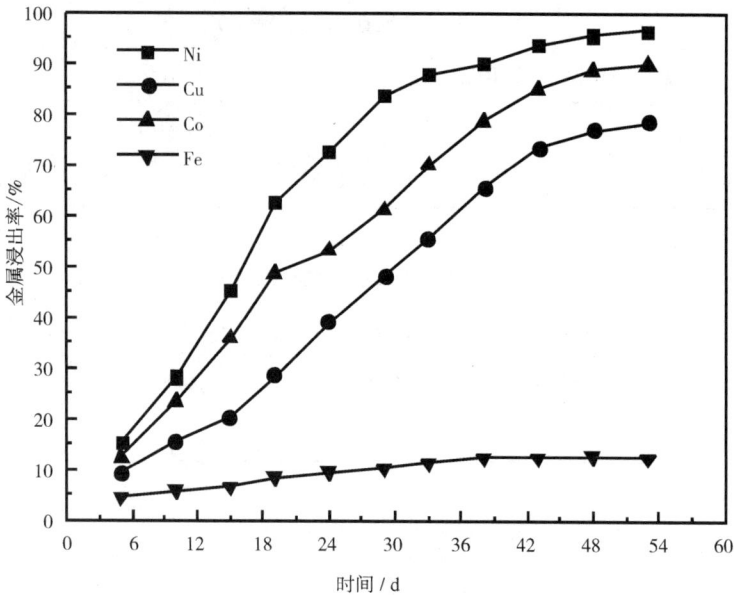

图7-40　哈密铜镍矿的摇瓶浸出

所示。柱浸时间也包括预浸的 15 d 时间，预浸结束时矿石铜、镍、钴的浸出率为分别为 16.53%、5.88% 和 16.59%。在预浸的过程中，浸出液中产生白色结晶物质，过滤得到白色的针状固体，这是由浸出过程产生的硫酸钙沉淀结晶所致。

　　由图 7-41 可知，生物浸出反应 240 d，矿石铜、镍、钴的浸出率分别为 92.56%、66.01% 和 85.03%。小柱浸出试验表明，哈密铜镍矿石具有良好的浸出效率，可以考虑进一步放大柱浸试验。

7.3.2　甘肃金川铜镍钴矿的微生物浸出

1. 甘肃金川铜镍钴矿的矿石性质

　　试验矿石来自金川二矿区贫矿石。贫矿石镍、铜硫化率分别在 85%、66% 以上，为铜和镍的硫化矿；镍的氧化物主要为硅酸镍与镍华，铜的氧化物主要为墨铜矿。矿样的原矿化学成分分析结果见表 7-43。由表 7-43 可知，矿石中主要可以回收的有价值元素为铜、镍和钴，均低于工业边界品位，属于低品位铜镍钴矿石。

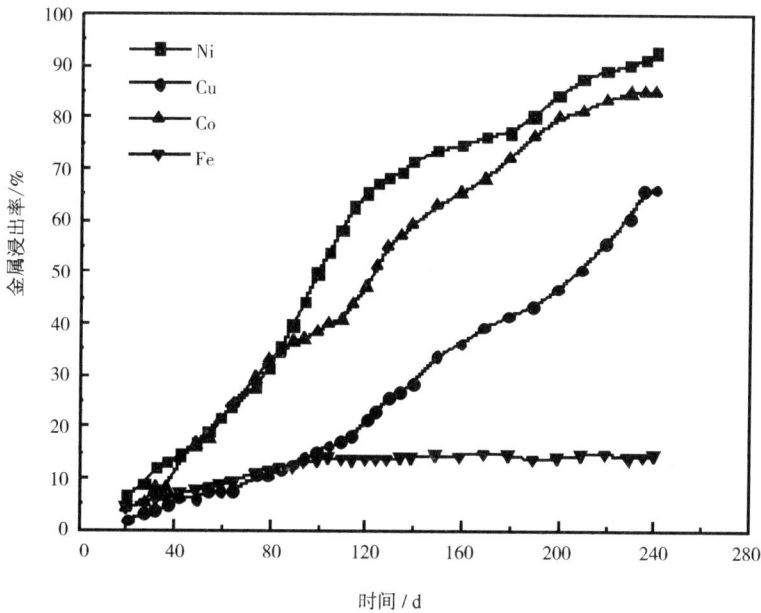

图 7 - 41　哈密铜镍矿的小型柱浸

表 7 - 43　金川原矿化学多元素分析

元素	Ni	Cu	Co	Fe	S	FeO	SiO$_2$	Al$_2$O$_3$	CaO	MgO
含量/%	0.596	0.437	0.026	9.342	3.221	6.112	26.772	13.911	0.584	20.381

表 7 - 44　金川矿石镍物相分析

物相	硫化镍	氧化镍	合计
含量/%	0.522	0.074	0.596
分布率/%	87.583	12.416	100.00

表 7 - 45　金川矿石铜物相分析

物相	原生硫化铜	次生硫化铜	自由氧化铜	结合氧化铜	合计
含量/%	0.305	0.035	0.09	0.007	0.437
分布率/%	69.794	8.009	20.595	1.602	100.00

表 7 – 46　金川矿石钴物相分析

物相	硫化钴	氧化钴	硅酸钴	合计
含量/%	0.017	0.006	0.003	0.026
分布率/%	65.385	23.077	9.538	100.00

表 7 – 47　金川矿石铁物相分析

物相	紫硫镍铁矿	镍黄铁矿	磁黄铁矿	赤褐铁矿	硅酸铁	合计
含量/%	0.291	0.635	1.382	7.696	1.338	9.342
分布率/%	2.566	5.599	12.185	67.854	9.797	100.00

表 7 – 48　金川矿石镁物相分析

物相	橄榄石		辉石			合计
	残留橄榄石	蛇纹石	残留辉石	绿泥石	透闪石	
含量/%	2.032	8.348	7.311	1.211	1.479	20.381
分布率/%	9.970	40.960	35.872	5.942	7.257	100.00

矿石中元素镍、铜、钴、铁和镁的物相分析结果见表 7 – 44、表 7 – 45、表 7 – 46、表 7 – 47。由此可知，矿石主要原生脉石矿物为橄榄石、辉石，蚀变脉石矿物为蛇纹石、绿泥石、透闪石、碳酸盐，且含有 3% ~ 8% 的硫化物，主要为磁黄铁矿、镍黄铁矿、黄铜矿，还有少量的方黄铜矿、马基诺矿、墨铜矿等；蚀变金属硫化物为紫硫镍铁矿、黄铁矿、磁铁矿、铬尖晶石、磷灰石等。金川镍矿中含镍的主要硫化物为镍黄铁矿、黄铜矿，镍黄铁矿部分蚀变为紫硫镍黄铁矿。磁黄铁矿、黄铁矿等也含有少量镍。镍的氧化物主要为含镍硅酸盐，主要是橄榄石、蛇纹石、绿泥石、辉石、滑石、透闪石。金川矿石中 MgO 含量较高，达 30% ~ 35%，其主要赋存矿物为橄榄石、蛇纹石，其次是辉石、蛇纹石、透闪石、绿泥石（见表 7 – 49）。

表 7 – 49　各含镁矿物中 MgO 的分配量

MgO 赋存矿物	橄榄石	辉石	蛇纹石	透闪石	绿泥石	微晶集合体
MgO 赋存量/%	9.74	1.26	10.30	1.22	1.62	2.64

2. 甘肃金川铜镍钴硫化矿的生物可浸性研究

金川铜镍钴硫化矿石的微生物可浸性研究在摇瓶中进行，矿石量为 150 g，空白对照的硫酸浸出，其结果如图 7 - 42 所示。由图 7 - 42 可知，硫酸浸出作用 16 d 后，矿石中的铜浸出率仅为 20.08%，因为矿石中铜镍钴氧化物相和部分次生硫化铜物相容易被硫酸浸出。这说明矿石中氧化铜物相部分被浸出，而硫化矿仅少量被浸出。在微生物的作用下，40 d 后，矿石中铜的浸出率可达 94.38%。同时钙镁由于微生物产酸作用，钙镁的浸出率分别达到 85.98% 和 96.13%，矿石中钙镁容易浸出的矿物均被微生物产生的硫酸浸出完毕。因此，金川铜镍钴矿石的微生物摇瓶浸出试验表明，金川铜镍钴矿石具有较好的微生物可浸性，与哈密铜镍矿石相比，虽然生物浸出率差别不大，但是其浸出速度明显慢于哈密铜镍矿。

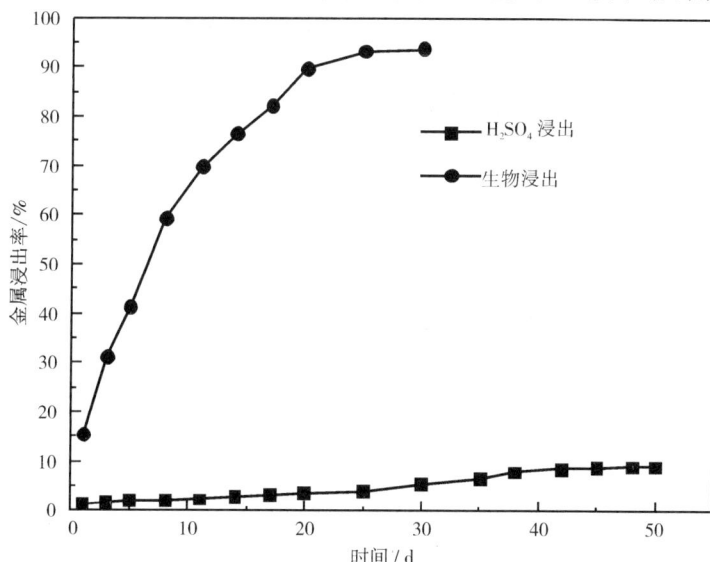

图 7 - 42　金川铜镍钴硫化矿石的摇瓶浸出

3. 甘肃金川铜镍钴矿的反应柱生物浸出

金川铜镍钴矿石的微生物小型柱浸试验采用矿石量为 20 kg，其结果如图 7 - 43 所示。由图 7 - 43 可知，反应分为 2 个阶段，前 40 d 为预浸阶段，后 220 d 为细菌浸出阶段。预浸阶段结束时，矿石中金属元素镍、钴、铜、铁和镁的浸出率分别为 10.55%、8.23%、8.45%、32.15% 和 43.05%。经过 260 d 柱浸试验，矿石中金属元素镍、钴、铜、铁和镁的浸出率分别为 90.21%、84.58%、59.39%、38.25% 和 58.23%。因此，预浸阶段对矿石中铁和镁元素的浸出非常有效，分别达到铁和镁元素总浸出量的 84.05% 和 73.93%，矿石中铁和镁元素在预浸阶段主要在有硫酸存在的条件下完成浸出。矿石中镍、钴、铜元素在预浸阶段浸出量均很少，这三者的主要浸出是在细菌浸出阶段完成，可以进行大型柱浸试验。

同时考察 20 kg 规模矿石柱浸试验硫酸消耗情况，其结果如图 7 - 44 所示，

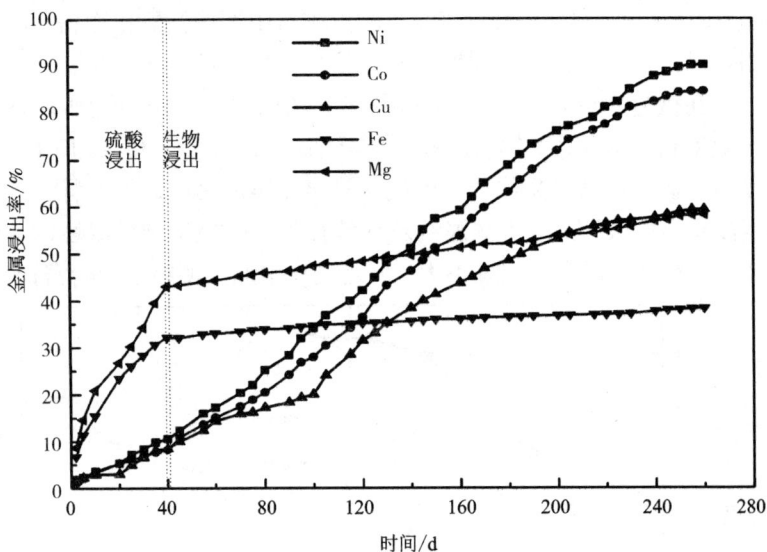

图 7-43　金川铜镍钴硫化矿石的 20 kg 规模柱浸

预浸阶段消耗的硫酸为 506 kg/t，占总酸耗的 70.67%，主要是由矿石中可溶性矿物成分的溶解造成，整个过程总酸耗量为 716 kg/t。

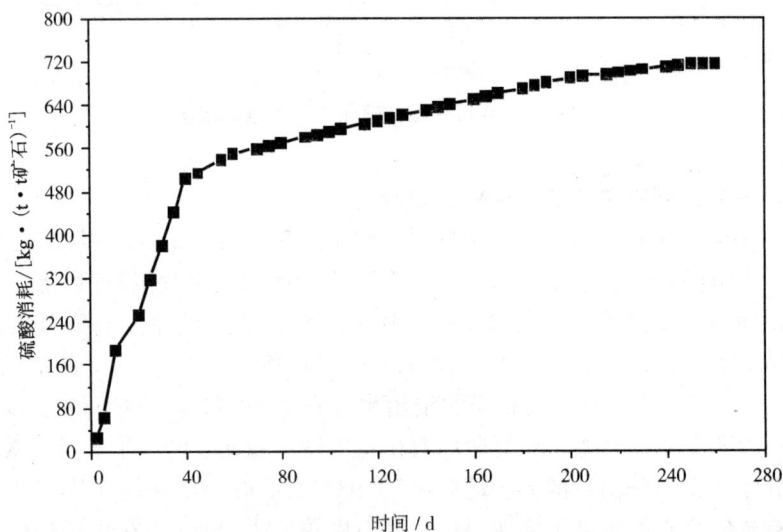

图 7-44　20 kg 柱浸矿石中酸耗与时间的关系

表 7 - 50　20 kg 柱浸不同阶段酸耗

预浸阶段	菌浸阶段	总耗酸量
506 kg/t	210 kg/t	716 kg/t
40d	220d	260d

　　大型柱浸矿石量为 150 kg。溶液总体积 70L，流速 40 ~ 60 mL/min；空压机通气。150 kg 规模矿石柱浸试验结果如图 7 - 45 所示，反应分为两个阶段，前 50 d为预浸阶段，后 300 d 为细菌浸出阶段。预浸阶段结束时，矿石中金属元素镍、钴、铜、铁和镁的浸出率分别为 15.32%、10.01%、8.31%、28.69% 和 36.55%。经过 350 d 柱浸试验，矿石中金属元素镍、钴、铜、铁和镁的浸出率分别为88.62%、82.15%、56.39%、39.36% 和 55.69%。同样，预浸阶段对矿石中铁和镁元素的浸出非常有效，分别达到铁和镁元素总浸出量的 72.89% 和 65.63%，矿石中铁和镁元素在预浸阶段主要在硫酸存在的条件下完成浸出。矿石中镍、钴、铜元素在预浸阶段浸出量均很少，这三者的浸出主要在细菌浸出阶段完成。

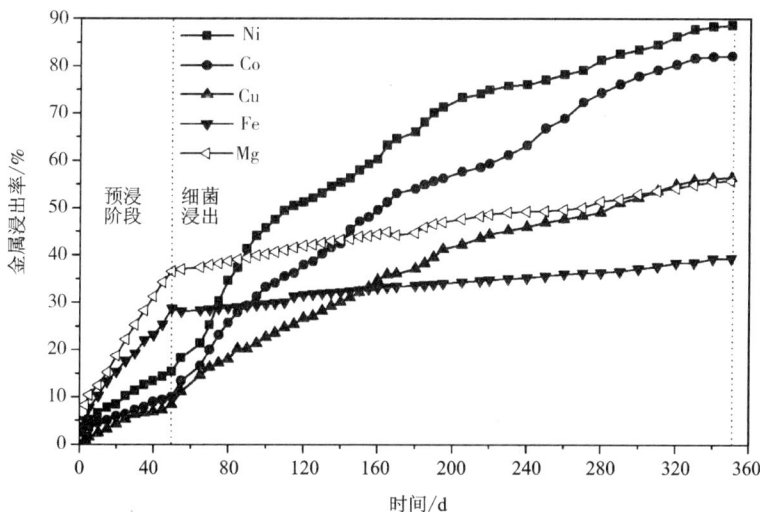

图 7 - 45　金川铜镍钴硫化矿石的 150 kg 规模柱浸

　　同时考察 150 kg 规模矿石柱浸试验硫酸消耗情况，其结果如图 7 - 46 所示，预浸阶段 50 d 消耗的硫酸为 485 kg/t，占总酸耗的 68.79%，主要是由矿石中可溶性成分的溶解造成的，整个过程总酸耗量为 705 kg/t。由于酸耗太大，易形成硫酸镁，因此甘肃金川铜镍钴矿生物冶金难以工业化。

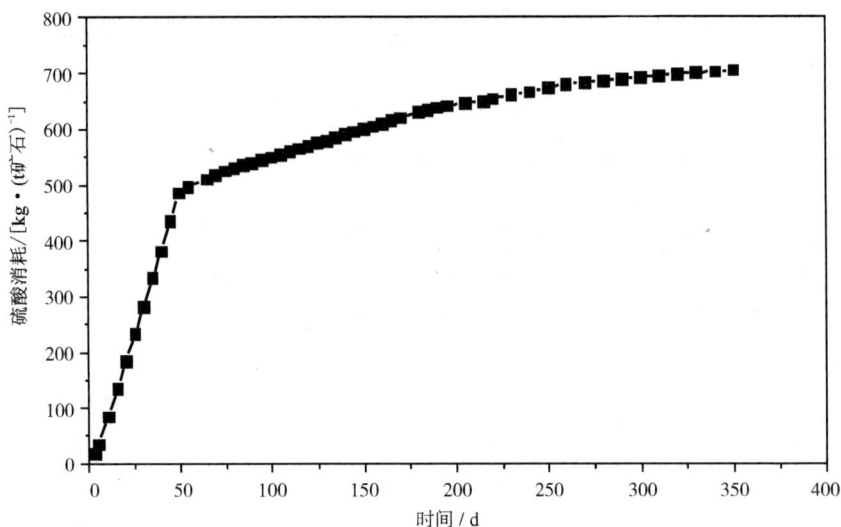

图 7 - 46   150 kg 柱浸矿石中酸耗与时间的关系

表 7 - 51   150 kg 柱浸不同阶段酸耗

预浸阶段	菌浸阶段	总耗酸量
485 kg/t	217 kg/t	705 kg/t
50dd	300 d	350 d

7.4 本章小结

针对 7 个矿区产地的矿石，进行了生物浸出的实验室半工业试验研究，获得了较好的研究结果和推广价值，并在赞比亚成功进行了工业化应用。主要结论如下：

(1)100 kg 规模以上柱浸试验试验，反应 307 d，新疆乌恰铜的浸出率达到 87.22%；反应 315 d，中卫矿石铜的浸出率达到 83.03%；反应 95 d，大冶矿石铜的浸出率达到 75.63%。180 kg 规模柱浸试验，反应 326 d，多宝山矿石铜的浸出率达到 15.47%。

(2)20 kg 柱浸试验，反应 240 d，哈密矿石铜、镍、钴的浸出率为分别为 92.56%、66.01% 和 85.03%。150 kg 规模柱浸试验，反应 350 d，矿石中金属元素镍、钴、铜、铁和镁的浸出率分别为 88.62%、82.15%、56.39%、39.36% 和

55.69%。

（3）从铜矿物组成角度分析，原生型铜矿生物浸出工业化难度大，次生型铜矿容易实施，低钙镁的铜镍钴硫化矿适合产业化。赞比亚谦比希应用生物冶金，60 万 t 生物堆浸 2 个月铜浸出率达到 50%，铜产量提高 20%，酸耗降低 35% 以上。

参考文献

[1]中华人民共和国国务院. 中国矿产资源政策白皮书. 2003.

[2]国土资源部. 中国矿产资源规划(2008—2020 年). 2008.

[3]中国有色金属工业协会,《中国有色金属工业中长期科技发展规划》(2006—2020 年), 2005 年.

[4]王淀佐, 邱冠周, 胡岳华. 资源加工学[M]. 北京: 科学出版社, 2007.

[5]杨显万, 沈庆峰, 郭玉霞. 微生物湿法冶金[M]. 北京: 冶金工业出版社, 2003.

[6]杨显万, 沈庆峰, 郭玉霞. 微生物湿法冶金[C]. 北京: 冶金工业出版社, 2003.

[7]Torma AE. The role of Thiobacillus ferrooxidans in hydro – metallurgical processes[A]. In Advances in Biochemical Engineering[C], ed. TK Ghose, A Fretcher, N Blackebrough, 1977, 6: 1 – 37. New York: Springer.

[8]Rawlings DE. Heavy metal mining using microbes[J]. Annual review of microbiology, 2002, 56: 65 – 91.

[9]Kelly DP, Wood AP. Reclassification of some species of Thiobacillus to the newly designated genera Acidithiobacillus gen. nov. , Halothiobacillus gen. nov. and Thermithiobacillus gen. nov [J]. International journal of systematic and evolutionary microbiology, 2000, 50: 511 – 516.

[10]Stanley JT, Bryant MP, Pfennig N, et al. Bergeys Manual of Systematic Bacteriology, Bergey [C], D. H. (1860 – 1937). 1989, volume 3, Williams and Wilkins, Baltimore, MD.

[11]Harrison AP. Genomic and physiological diversity amongst strains of Thio – bacillus ferrooxidans, and a genomic comparison with Thiobacillus thiooxidans[J]. Archives of microbiology, 1982, 131: 68 – 76.

[12]Pronk JT, Meijer WM, Haseu W, et al. Growth of Thiobacillus ferrooxidans on formic acid[J]. Appl Environ Microbiol. , 1991, 57: 2057 – 2062.

[13]Pronk JT, Liem K, Bos P, et al. Energy transduction by anaerobic ferric iron respiration in Thiobacillus ferrooxidans. Appl Environ Microbiol. , 1991, 57: 2063 – 2068.

[14]Markosyan GE. A new iron – oxidizing bacterium – Leptospirillum ferrooxidans nov. gen. nov. sp[J]. Biol J Armenia, 1972, 25, 26 – 29(in Russian).

[15]Golovacheva RS, Golyshina OV, Karavaiko GI, et al. A new ironoxidizing bacterium, Leptospirillum thermoferrooxidans sp. Nov[J]. Mikrobiologiya, 1992, 61: 744 – 750.

[16]Rawlings DE, Tributsch H, Hansford GS. Reasons why 'Leptospirillum' – like species rather than Thiobacillus ferrooxidans are the dominant iron – oxidizing bacteria in many commercial processes for the biooxidation of pyrite and related ores[J]. Microbiology, 1999, 145: 5 – 13.

[17]Vian M, Creo C, Dalmastri C, et al. Thiobacillus ferrooxidans selection in continuous culture

[A]. In Fundamental and Applied Biohydrometallurgy, ed[C]. RW Lawrence, RMR Branion, H G Ebner, 1986, pp, 395 – 406. Amsterdam: Elsevier.

[18] Leduc LG, Ferroni GD, Trevors JT. Resistance to heavy metals in different strains of Thiobacillus ferrooxidans[J]. World journal of microbiology and biotechnology, 1997, 13(4): 453 – 455.

[19] Hallberg KB, Lindström EB. Characterization of Thiobacillus caldus sp. nov., a moderately thermophilic acidophile[J]. Microbiology, 1994, 140: 3451 – 3456.

[20] Bergamo RF, Novo MTM, Verissimo RV, et al. Differentiation of Acidithiobacillus ferrooxidans and A. thiooxidans strains based on 16S – 23S rDNA spacer polymorphism analysis [J]. Research in Microbiology, 2004, 155(7): 559 – 567.

[21] Dopson M, Lindström EB. Potential Role of Thiobacillus caldus in Arsenopyrite Bioleaching[J]. Appl Environ Microbiol., 1999, 65(1): 36 – 40.

[22] Guan Zhou Q, Bo F, Hong Bo Z, et al. Isolation of a strain of Acidithiobacillus caldus and its role in bioleaching of chalcopyrite[J]. World Journal of Microbiology and Biotechnology, 2007. (in press).

[23] Johnson DB. Genus IILeptospirillum Hippe 2000 (ex Markosyan 1972, 26)[A]. In Bergey's Manual of Comparative Bacteriology[C], ed. GGarrity, 2001, 1: 443 – 447. Berlin: Springer.

[24] De Wulf – Durand P, Bryant LJ, Sly LI. PCR – mediated detection of acidophilic, bioleaching – associated bacteria[J]. Appl Environ Microbiol., 1997, 63: 2944 – 2948.

[25] Hippe H. Leptospirillum gen. nov. (ex Markosyan 1972), nom. rev., including Leptospirillum ferrooxidans sp. nov. (ex Markosyan 1972) nom. rev. and Leptospirillum thermoferrooxidans sp. nov. (Golovacheva et al. 1992)[J]. International Journal of Systematic and Evolutional Microbiology, 2000, 50: 501 – 503.

[26] Coram NJ, Rawlings DE. Molecular relationship between two groups of Leptospirillum and the finding that the world and the Leptospirillum ferriphilum sp. nov. dominates South African commercial biooxidation tanks that operate at 40℃ [J]. Appl Environ Microbiol., 2002, 68: 838 – 845.

[27] Tyson GW, Ian Lo, and Baker BJ, et al. Genome – directed isolation of the key nitrogen fixer Leptospirillum ferrodiazotrophum sp. nov. from an acidophilic microbial community[J]. Appl Environ Microbiol., 2005, 71(10), 6319 – 6324.

[28] Hallberg KB, Johnson DB. Biodiversity of acidophilic prokaryotes[J]. Advances in Applied Microbiology, 2001, 49: 37 – 84.

[29] Goebel BM, Stackebrandt E. Cultural and phylogenetic analysis of mixed microbial populations found in natural and commercial bioleaching environ – ments [J]. Appl Environ Microbiol., 1994, 60: 1614 – 1621.

[30] Johnson DB. Selective solid media for isolating and enumerating acidophilic bacteria[J]. Journal of Microbial Methods, 1995, 23 (2): 205 – 218.

[31] Kishimoto N, Fukaya F, Inagaki K, et al. Distribution of bacterio – chlorophyll – a among aerobic

and acidiphilic bacteria and light enhanced CO_2 – incorporation in Acidiphilium rubrum[J]. FEMS Microbiological Ecology, 1995, 16: 291 – 296.

[32]和致中, 彭谦, 陈俊英. 高温菌生物学[C]. 北京: 科学出版社, 2001.

[33]Norris PR. Thermophiles and bioleaching[A]. Rawlings DE. In Biomining: Theory, Microbes and Industrial Process[C]. Springer – Verlag and Landes Bioscience, 1997, 247 – 258.

[34]Norris PR, Burton NP, Foulis NAM. Acidophiles in bioreactor mineral processing [J]. Extremophiles, 2000, 4: 71 – 76.

[35]Huber G, Spinnler C, Gambacorta A, et al. Metallosphaera sedula gen. and sp. nov. represents a new genus of aerobic, metal – mobilizing, thermoacidophilic archaebacteria[J]. Systematic and Applied Microbiology, 1989, 12: 38 – 47.

[36]Konishi Y, Tokushige M, Asai S, et al. Copper recovery from chalcopyrite concentrate by acidophilic thermophile Acidianus brierleyi in batch and continuous – flow stirred tank reactors [J]. Hydrometallurgy, 2001, 59(2): 271 – 282.

[37]赵月峰, 方兆珩. 极度嗜热菌 Acidianus brierleyi 浸出镍铜硫化矿精矿[J]. 过程工程学报, 2003, 3(2): 161 – 164.

[38]石贤爱, 李聪颖, 林晖, 等. 嗜热布氏酸菌对梅州黄铜矿的生物浸出过程特性[J]. 过程工程学报, 2005, 5(3): 332 – 336.

[39]Edwards KJ, Bond PL, Gihring TM, et al. An archaeal iron – oxidising extreme acidophile important in acid mine drainage [J]. Science, 2000, 287: 1796 – 1799.

[40]Dopson M, Baker – Austin C, Hind A, et al. Characterisation of Ferroplasma isolates and "Ferroplasma acidarmanus" sp. nov., extreme acidophiles from acid mine drainage and industrial bioleaching environments[J]. Appl Environ Microbiol., 2004, 70(4): 2079 – 2088.

[41]Hawkes RB, Franzmann PD, O'hara G, et al. Ferroplasma cupricumulans sp. nov., a novel moderately thermophilic, acidophilic archaeon isolated from an industrial – scale chalcocite bioleach heap [J]. Extremophiles, 2006, 10(6): 525 – 530.

[42]Norris PR, Clark DA, Owen JP, et al. Characteristics of Sulfobacillus Acido – philus sp. nov. and other moderately thermophilic mineral – sulphide – oxidizing bacteria[J]. Microbiology, 1996, 142: 775 – 783.

[43]Tuovinen OH, Niemelä SI, Gyllenberg HG. Effect of mineral nutrients and organic substances on the development of Thiobacillus ferrooxidans [J]. Biotechnology and Bioengineering, 1971, 13: 517 – 527.

[44]Johnson DB, Macvicar JHM, Rolfe S. A new solid medium for the isolatation and enumeration ofThiobacillus ferrooxidans and acidophilic heterotrophic bacteria [J]. Journal of Microbial Methods, 1987, 7: 9 – 18.

[45]Johnson DB, McGinness S. A highly efficient and universal solid medium for growing mesophilic and moderately thermophilic, iron – oxidizing, acidophilic bacteria[J]. Journal of Microbial Methods, 1991, 13: 113 – 122.

[46]徐浩. 工业微生物学基础及其应用[M]. 北京: 科学出版社, 1991.

[47] Tarnara F. Kondratyeva, Lyudmila NetaL Zinc – and arsenic ~ resistant strains of Thiobacillus ferrooxidans have increased copy numbers of chromosomal resistant genes[J], Microbilogy, 1995, 141: 1157 – 1162.

[48] 王敖全. 细菌适应突变研究进展[J]. 微生物学报, 1999, 39(3): 282 – 285

[49] Attia Y and E1 – Zeky M. Bioleaching of Gold Pyrite Tailings with adapted Bacteria[J]. Hydrometallurgy, 1989, (22): 291 – 300.

[50] 张在海, 王淀佐, 胡岳华等. 硫化矿细菌浸出的菌种选育研究进展[J]. 有色金属(选矿部分), 2001, 5: 35 – 40.

[51] Barros M E, C, Rawlings D E, Woods D R. Production and Regeneration of Thiobacillus ferrooxidans spheroplasts[J]. Appled and Enviroment Microbiology, 1985, 50, 3, 721 – 723.

[52] Ehrlich H L, Brierley C L Microbial Mineral Recovery[J]. New York: McGraw – Hill Publishing Company Professional and Reference Division Composition Unit, 1990, Part I: Biolcaching and biobeneficiation, 29 – 35.

[53] Zhang Zaihai, Qiu Guanzhou, Hu Yuehua, et al. The preliminary study of UV – induced mutagenesis of ferrous oxidizing activity of Thiobacillus ferrooxidans[M]. Transaction of no ferrous metals society of china, 2001, 11(5): 1 – 15.

[54] Kondo S, Yamagishi A, Oshima T. Positive selection for uracil auxotrophs of the sulfur dependent thermophilic archae bacterium sulfolobus acidocaldarius by use of 5 – Fluoroorotic Acid[J]. Journal of Bacteriology, 1991, 173(23): 7698 – 7700.

[55] Grogan D W. Selectable mutant pheno types of extremely Thermophilic Archaebacterium sulfolobus acidocaldarius[J]. Journal of Bacteriology, 1991, 173(23): 7725 – 7727.

[56] 何国正, 李雅芹. 氧化亚铁硫杆菌的铁和硫氧化系统及其分子遗传学. 微生物学报, 2000, 40(5): 563 – 565.

[57] Berger D. K, Woods D. R, Douglas E Rawlings. Complementation of escherichia Coli. σ^{54} (NrtA) – dependent formate hydrogenlyase activity by a cloned Thiobacillus ferrooxidans NrtA gene[J]. Jounal of Bactericlogy, 1990, 172(8): 4399 – 4406.

[58] Peng Ji – bin, Yan WangMing, Bao Xue Zhen. Expression of heterogenous arsenic resistance genes in the obligatal autotrophic bioming bacterium Thiobacillus ferrooxidans[J], Appled and Enviroment Microbiology, 1994, 60(7): 2653 – 265.

[59] 徐海岩, 颜望明, 刘振盈, 等. 利用氧化亚铁硫杆菌抗砷工程菌 Tf – 59(pSDX3)处理含砷金精矿[J]. 应用与环境微生物学报, 1997, 3(4): 366 – 370.

[60] Atkin A S. A study of the suppression of pyrite sulphur in coal froth flotation by T. ferrooxidans. Coal Preparation, 1987, 5: 1 – 13.

[61] Ohmura N, Saiki H. Desulfurization of coal by microbial column flotation. Biotechnology and Bioengineering, 1994, 44: 125 – 131.

[62] Attia Y A. Coal slurries desulphurization by froth flotation using T. f bacteria for pyrite depression. Coal Preparation, 1987, 5: 15 – 37.

[63] Attia Y A. Elseky M, Ismail M. Enhanced Separation pyrite from oxidized coal by froth flotation

using biosurfaee modification. International Journal of Mineral Processing, 1993, 37: 61 –71.

[64] Capes CE, Darcovich K. A hydrodynamic simulation of mineral flotation. Surface chemical effects for coal – oil agglomerate flotation. Fuel and Energy Abstracts, 1996, 37: 5 – 14.

[65] Kawatra S K. Depression of pyrite flotation by Microorganism as a function of pH. Proc of Processing and Utilization of High – sulful Coals. Elsevier Scientific Publishers, 1993, 6: 139 – 147.

[66]王军, 钟康年. 细菌对硫化矿可浮性影响的研究. 国外金属矿选矿, 1996, 5: 4 – 10.

[67]张明旭. 利用微生物调整表面强化煤炭中细粒黄铁矿的脱硫技术. 国外金属矿选矿, 1997, 8: 24 – 28.

[68] Van Loosdrecht. Electrophoretie Mobility and Hydrophobicity as a Measure to Predict the Initial Steps of bacterial Adhesion. Appl. Environ. Microbiol, 1984, 47: 495 –499.

[69] Van Loosdrecht M C M, Pot M A, Heijnen J J. Importance of bacterial storage polymers in bioprocesses. Water Science and Technology, 1997, 35: 41 –47.

[70] Smith R W, Microorganisms in Mineral Processing. Proceedings of the XIX IMPC. Mineral Engineering, 1995, 16: 87 – 90.

[71]王军. 低品位铜矿细菌浸出理论与工艺研究[D]. 长沙: 中南大学, 1999.

[72]张雁生. 低品位原生硫化铜矿的细菌浸出研究[D]. 长沙: 中南大学.

[73]尹华群. 在铜矿矿坑水微生物群落结构与功能研究中基因芯片技术的发展和应用[D]. 长沙: 中南大学, 2007.

[74]康健. 诱变前后混合微生物对铜、锌硫化矿浸出能力比较及其纯种分离研究[D]. 长沙: 中南大学, 2008.

[75]丁建南. 几种高温浸矿菌的分离鉴定及其应用基础与浸矿潜力研究[D]. 长沙: 中南大学, 2008.

[76]高健. 极端环境中嗜铁钩端螺旋菌的选择性分离、鉴定与特性研究[D]. 长沙: 中南大学, 2008.

[77]柳建设. 硫化矿物生物提取及腐蚀电化学研究[D]. 长沙: 中南大学, 2004.

[78]国土资源部, 《矿产资源规划 2008 – 2015》, 2008.

[79]中国有色金属工业协会, 《中国有色金属工业中长期科技发展规划》(2006—2020 年), 2005.

[80]李宏煦. 硫化铜矿的矿物生物提取[M]. 北京: 冶金工业出版社, 2007.

[81] James A. Brierley, A perspective on developments in biohydrometallurgy, Hydrometallurgy 94 (2008) 2 – 7.

[82] D. Barrie Johnson, Biohydrometallurgy and the environment: Intimate and important interplay, Hydrometallurgy 83 (2006) 153 – 166.

[83] Henry L. Ehrlich, Past, present and future of biohydrometallurgy, Hydrometallurgy 59 (2001) 127 – 134.

[84] J. A. Brierley, C. L. Brierley, Present and future commercial applications of biohydrometallurgy, Hydrometallurgy 59 (2001) 233 – 239.

[85] H. R. Watling, The bioleaching of sulphide minerals with emphasis on copper sulphides — A review, Hydrometallurgy 84 (2006) 81 – 108.

[86] Rawlings, D. E. (Ed.), 1997. Biomining: Theory, Microbes and Industrial Processes. Springer, New York.

[87] Rawlings, D. E., Johnson, D. B. (Eds.), 2007. Biomining. Springer, New York.

[88] Rossi, G. (Ed.), 1990. Biohydrometallurgy. McGraw – Hill Book Comany GmbH, New York. Edgardo R. Donati, 2007. Walfgang Sand, Microbial Processing of Metal Sulfides, Springer, New York.

[89] 杨显万. 微生物湿法冶金[M]. 北京: 冶金工业出版社, 2003.

[90] Boon M., J. J. Heijnen., Mechanisms and rate limiting steps in bioleaching of sphalerite, chalco – pyrite, and pyrite with *Thiobacillus ferroxidans*[J]. Biohydrometallurgical Technologies, 1993. 217.

[91] Tomas Vargas, Angel Ssnhuza and Blanca Escobar[J]. Biohydrometallurgical Technologies, 1993. 579.

[92] Toniazzo V., Mustin C., Benoit R., Humbert B. and Berthelin J. Superficial compounds produced by Fe (Ⅲ) mineral oxidation as essential reactions for biooxidation of pyrite by *Thiobacillus ferroxidans*. [J]. Biohydrometallurgy and the Environment Toward the Mining of the 21st Century, 1999. 177 – 199.

[93] Katrina J. Edwards, Bo Hu, Robert, J. Hamers, Jillian F. Banfiele. A new look at microbial leaching patterns on sulfide minerals[J]. FEMS Microbiology Ecology, 2001, 34: 197 – 206.

[94] Koch, G. H., Modern Aspects of the Electrochemistry, vol. 10. Plenum, New York, pp. 211 – 237.

[95] Shuey, R. T.,. Semiconducting Ore Minerals. Elsevier, New York.

[96] Elsa M. Arcea, Ignacio Gonzalez, A comparative study of electrochemical behavior of chalcopyrite, chalcocite and bornite in sulfuricacid solution. J [J]. Miner. Process. 67 (2002) 17 – 28.

[97] Palencia, I. Wan, R. Y. &Miller, J. D. The electrochemical bechavior of a semiconducting natural pyrite in the presence of bacteria[J]. Metallurgical Transactions B. 1991, 22B: 774.

[98] Chio, W. K., Torma, A. E. et al. Electrochemical aspects of zinc sulfohide leaching by Thiobacillus ferroxidans[J]. Hydrometal – lurgy. 1993, 33: 137 – 152.

[99] 李宏煦, 邱冠周, 胡岳华, 苍大强, 王淀佐. Electrochemical behavior of chalcopyrite in presence of *Thiobacillus ferrooxidans*[J]. Trans. Nonferrous Met. SOC. China 16(2006) 1240 – 1245.

[100] A. Lopez – Juarez, N. Gutierrez – Arenas, R. E. Rivera – Santillan. Electrochemical behavior of massive chalcopyrite bioleached electrodes in presence of silver at 35 ℃ [J]. Hydrometallurgy 83 (2006) 63 – 68.

[101] D. Bevilaqua, H. A. Acciari, A. V. Benedetti, C. S. Fugivara, G. Tremiliosi Filho, O. Garcia Jr. Electrochemical noise analysis of bioleaching of bornite (Cu_5FeS_4) by *Acidithiobacillus*

ferrooxidans［J］. Hydrometallurgy 83（2006）50 – 54.

［102］J. A. Munoz, M. L. Blazquez, F. Gonzalez, A. Ballester, F. Acevedo, J. C. Gentina, P. Gonzalez. Electrochemical study of enargite bioleaching by mesophilic and thermophilic microorganisms［J］. Hydrometallurgy（2006）.

［103］C. Gomez, M. Figueroa, J. Mufioz, M. L. Blfizquez, A. Ballester. Electrochemistry of chalcopyrite.［J］. Hydrometallurgy 43（1996）331 – 344.

［104］李宏煦，王淀佐，阮仁满. 硫化矿细菌浸出过程的电化学及其研究进展［J］. Nonferrous Metals 55（2003）.

［105］Got tschalk V, Buehler H. Oxidation of sulfides［J］. Econ Geol, 1910, 5：28.

［106］Hesky J B, Wadsworth M E. Galvanic conversion of chalco pyrite［J］. Metall Trans B, 1975, 6B：183.

［107］Nicol M J. Mechanism of aqueous reduction of chalcopyrite by copper, iron, and lead［J］. Trans Min Metall, 1975, 84：C206.

［108］Mehta A P, Murr L E. Kinetic study of sulfide leaching by galvanic interaction between chalcopyrite, pyrite and sphalerite in the presence of T. ferroxidans and thermophilic micro2 organism［J］. Biotech Bioeng, 1982, 24：919.

［109］Mehta A P, Murr L E. Fundamental studies of the cont ribution of galvanic interaction to acid 2bacterial leaching of mixed metal sulfides［J］. Hydrometallurgy, 1983, 9：23.

［110］Natarajan K A, Iwasaki I. Role of galvanic interactions in the bioleaching of Duluth gabbro copper2nickel sulfides［J］. Sep SciTech, 1983, 18：1095.

［111］Natarajan K A. Elect rochemical as pects of bio2leaching of base2metal sulfides［A］// Ehrlich H L, Brierly C L. Miccrobial minerals recovery［M］. New Yoke：McGraw – Hill Publishing company, 1990：81.

［112］Biegler, T., Horne, M. D. The electrochemistry of surface oxidation of chalcopyrite.［J］. Electrochem. Soc. 1985, 132：1363 – 1369.

［113］Yin, Q., Kelsall, G. H., Vaughan, D. J., England, K. E. R., Geochim. Cosmochim. Acta, 59（1995）, 1091 – 1100.

［114］Dutrizac, J. E.,［J］Metall. Trans., 12B（1982）, 371 – 378.

［115］李宏煦. 硫化矿细菌浸出过程的电化学机理及工艺研究［D］. 长沙：中南大学, 2001.

［116］K. Sasaki, Y. Nakamuta, T. Hirajima, O. H. Tuovinen. Raman characterization of secondary minerals formed during chalcopyrite leaching with*Acidithiobacillus ferrooxidans*.［J］. Hydrometallurgy（2008）.

［117］G. Senanayake. A review of chloride assisted copper sulfide leaching by oxygenated sulfuric acid and mechanistic considerations［J］. Hydrometallurgy 98（2009）21 – 32.

［118］Lilian Velasquez – Yevenes, Michael Nicol, Hajime Miki. The dissolution of chalcopyrite in chloride solutions, Part 1：The effect of solution potential［J］. Hydrometallurgy（2010）.

［119］D. C. Price, J. P. Chilton. The anodic reactions of bornite in sulphuric acid solution［J］. Hydrometallurgy. 7（1981）117—133.

[120] Lu, Z. Y., Jeffrey, M. I., Lawson, F., 2000a. An electrochemical study of the effect of chloride ions on the dissolution of chalcopyrite in acidic solutions[J]. Hydrometallurgy 56, 145 – 155.

[121] James A. Brierley, A perspective on developments in biohydrometallurgy, Hydrometallurgy, 94 (2008) 2 – 7.

[122] D. Barrie Johnson, Biohydrometallurgy and the environment: Intimate and important interplay, Hydrometallurgy, 83 (2006) 153 – 166.

[123] Henry L. Ehrlich, Past, present and future of biohydrometallurgy, Hydrometallurgy, 59(2001) 127 – 134.

[124] J. A. Brierley, C. L. Brierley, Present and future commercial applications of biohydrometallurgy, Hydrometallurgy, 59(2001)233 – 239.

[125] H. R. Watling, The bioleaching of sulphide minerals with emphasis on copper sulphides — A review, Hydrometallurgy, 84 (2006) 81 – 108.

[126] 周乐光. 矿石学基础[M]. 北京: 冶金工业出版社, 北京, 2007.

[127] 王濮, 潘兆橹, 翁玲宝. 系统矿物学(上、中、下册)[M]. 北京: 地质出版社, 1982.

[128] D. J. Vaughan, J. R. Craig, Mineral Chemistry of Metal Sulfides, Cambridge University Press, 1978.

[129] D. J. Vaughan, K. E. R. England, G. H. Kelsall, and Yin Q. Electrochemical oxidation of chalcopyrite (CuFeS$_2$) and the related metal – enriched derivatives Cu$_4$Fe$_5$S$_8$, Cu$_9$Fe$_9$S$_{16}$ and Cu$_9$Fe$_8$S$_{16}$. Am Miner. 80 (1995) 725 – 731.

[130] C. I. Pearce, R. A. D. Pattrick, D. J. Vaughan a, C. M. B. Henderson, G. van der Laan, Copper oxidation state in chalcopyrite: Mixed Cu d9 and d10 characteristics, Geochimica et Cosmochimica Acta, 70 (2006) 4635 – 4642.

[131] Todd, E. C., Sherman, D. M., Purton, J. A., Surface oxidation of chalcopyrite (CuFeS$_2$) under ambient atmospheric and aqueous (pH2 – 10) conditions: Cu, Fe L – and O K – edge X – ray spectroscopy. Geochimica et. Cosmochimica Acta, 67 (2003)2137 – 2146.

[132] Yuri Mikhlin, Yevgeny Tomashevich, Vladimir Tauson, Denis Vyalikh, Serguei Molodtsov, R̈udiger Szargan, A comparative X – ray absorption near – edge structure study of bornite, Cu$_5$FeS$_4$, and chalcopyrite, CuFeS$_2$, Journal of Electron Spectroscopy and Related Phenomena, l42 (2005) 83 – 88.

[133] T. Biegler, Reduction kinetics of a chalcopyrite electrode surface, Journal of Electroanalytical Chemistry 85(1977) 101 – 106.

[134] David Dreisinger, Nedam Abed, A fundamental study of the reductive leaching of chalcopyrite using metallic iron part I: kinetic analysis, Hydrometallurgy66(2002)37 – 57.

[135] J. Avraamides, D. M. Muir, A. J. ParkerCuprous hydrometallurgy Party VI. Activation of chalcopyrite by reduction with copper and solutions of copper (I) salts, Hydrometallurgy, 5 (1980)325 – 336.

[136] C. Klauber, A critical review of the surface chemistry of acidic ferric sulphate dissolution of

chalcopyrite with regards to hindered dissolution, Int. J. Miner. Process. , 86 (2008) 1 – 17.

[137] Jiang Lei, Zhou Huaiyang, Peng Xiaotong, Ding Zhonghao, The use of microscopy techniques to analyze microbial biofilm of the bio – oxidized chalcopyrite surface, Minerals Engineering, 22 (2009)37 – 42.

[138] Ake Sandstrom, Andrei Shchukarev, Jan Paul, XPS characterisation of chalcopyrite chemically and bio – leached at high and low redox potential, Minerals Engineering, 18(2005) 505 – 515.

[139] K. Sasaki, Y. Nakamuta, T. Hirajima, O. H. Tuovinen, Raman characterization of secondary minerals formed during chalcopyrite leaching with Acidithiobacillus ferrooxidans, Hydrometallurgy, 95 (2009)153 – 158.

[140] Y. Rodriguez, A. Ballester, M. L. Blazquez, F. Gonzalez, J. A. Munoz, New information on the chalcopyrite bioleaching mechanism at low and high temperature, Hydrometallurgy, 71 (2003) 47 – 56.

[141] V. Gautier, B. Escobar, T. Vargas, Cooperative action of attached and planktonic cells during bioleaching of chalcopyrite with Sulfolobus metallicus at 70℃, Hydrometallurgy, 94(2008) 121 – 126.

[142] 张在海, 王淀佐, 邓吉牛, 林大泽. 黄铜矿细菌转化与浸出机理探讨[J], 中国工程科学, 2005, 7(增刊): 266 – 268.

[143] Liu Xingyu, Shu Rongbo, Chen Bowei, Wu Biao, Wen Jiankang, Bacterial community structure change during pyrite bioleaching process: Effect of pH and aeration, Hydrometallurgy, 2009, 95(3 – 4): 267 – 272.

[144] Rapid and specific detection of Acidithiobacillus ferrooxidans and Leptospirillum ferrooxidans by PCR, Hydrometallurgy, 2008, 92(3 – 4): 102 – 106.

[145] Blanca Escobar, Karina Bustos, Gabriela Morales, Oriana Salazar, Development of a method to assay the microbial population in heap bioleaching operations, Hydrometallurgy, 2006, 83(1 – 4): 237 – 244.

[146] Qiu Guanzhou, Liu Xueduan, Zhou Hongbo, Microbial community structure and function in sulfide bioleaching systems, Transactions of Nonferrous Metals Society of China, 2008, (18): 1295 – 1301.

[147] Qijiong Chen, Huaqun Yin, Hailang Luo, Ming Xie, Guanzhou Qiu, Xueduan Liu, Micro – array based whole – genome hybridization for detection of microorganisms in acid mine drainage and bioleaching systems, Hydrometallurgy, 2009, 95(1 – 2): 96 – 103.

图书在版编目(CIP)数据

低品位复杂硫化铜矿生物浸出理论与实践/王军,覃文庆,邱冠周著.
—长沙:中南大学出版社,2015.11
ISBN 978 - 7 - 5487 - 2163 - 5

Ⅰ.低...Ⅱ.①王...②覃...③邱...Ⅲ.硫化铜 - 铜矿床 - 生物浸出
Ⅳ. TD862.1

中国版本图书馆 CIP 数据核字(2015)第 320151 号

低品位复杂硫化铜矿生物浸出理论与实践

王 军 覃文庆 邱冠周 著

□责任编辑 陈 澍
□责任印制 易建国
□出版发行 中南大学出版社
　　　　　社址:长沙市麓山南路　　　邮编:410083
　　　　　发行科电话:0731-88876770　传真:0731-88710482
□印　 装 长沙鸿和印务有限公司

□开　 本　720×1000　1/16　□印张 15.25　□字数 302 千字
□版　 次　2015 年 11 月第 1 版　　□印次　2015 年 11 月第 1 次印刷
□书　 号　ISBN 978 - 7 - 5487 - 2163 - 5
□定　 价　75.00 元